機器分析ハンドブック 3

●固体・表面分析編

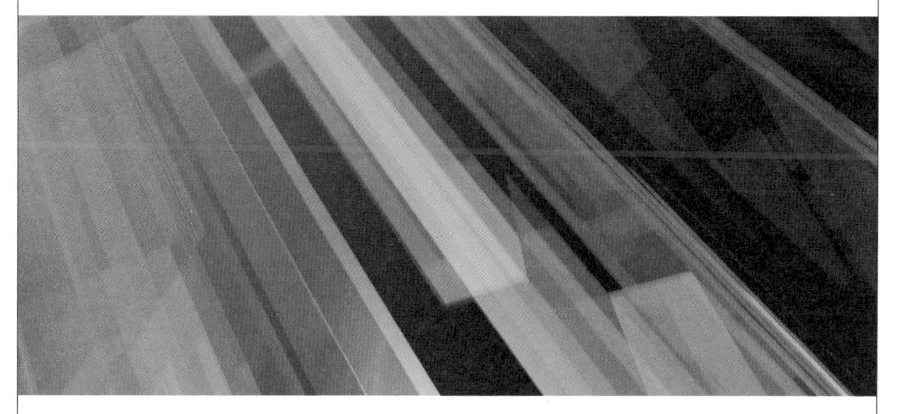

宗林由樹・辻 幸一・藤原 学・南 秀明 編

Handbook of Instrumental Analysis

化学同人

執筆者一覧

1 章　鈴木　晴(近畿大学理工学部)
専門は物性物理化学，熱力学

1 章　中野元裕(大阪大学大学院理学研究科)
専門は新規伝導性錯体の合成，分子磁性

2 章　南　秀明((地独)京都市産業技術研究所金属系チーム)
専門は分析化学

3 章　加賀谷重浩(富山大学学術研究部工学系)
専門は分析化学，水処理工学

3 章　井上嘉則(富山大学工学部)
専門は分析化学，高分子合成(主に吸着剤合成)

4 章　今井昭二(徳島大学大学院創成科学研究科)
専門は原子スペクトル分析学，環境分析化学

5 章　千葉光一(関西学院大学理工学部)
専門は環境分析化学，原子スペクトル分析

6 章　辻　幸一(大阪市立大学大学院工学研究科)
専門は物理分析化学，X 線分析

7 章　井田　隆(名古屋工業大学先進セラミックス研究センター)
専門は粉末 X 線回折，物理化学

8 章　藤原　学(龍谷大学先端理工学部)
専門は分析化学，錯体化学

9 章　田中隆明(侊技術士事務所)
専門は物理化学，光学，光学顕微鏡，偏光顕微鏡

10 章　中野裕美(豊橋技術科学大学教育研究基盤センター)
専門は無機材料，材料工学

11 章　小林　圭(京都大学大学院工学研究科)
専門は薄膜・表面・界面物性

「機器分析ハンドブック」シリーズ刊行にあたって

『機器分析ハンドブック』シリーズでは，化学研究に欠かせない分析機器を，はじめて扱う初心者にもわかるように，3分冊で解説しました．日本分析化学会近畿支部の有志の先生方の編集により，それぞれの機器の専門の方々に執筆していただくことができ，初学者から現場の研究者まで，幅広いニーズに応えられる内容になっております．

【有機・分光分析編】
赤外分光法
NMR 分光法
質量分析法
可視・紫外分光法，蛍光
近赤外分光法
ラマン分光法
ESR 分光法
スペクトルによる化合物の構造決定法

【高分子・分離分析編】
有機元素分析
ガスクロマトグラフ法
高速液体クロマトグラフ法
薄層，カラムクロマトグラフィー
電気泳動
動的光散乱法（DLS），ゲル浸透クロマトグラフィー（GPC）
表面プラズモン共鳴（SPR）
旋光度と円偏光二色性法（CD）
電気化学

【固体・表面分析編】
熱分析法
試料準備
原子吸光分析法
ICP 発光・質量分析法
蛍光 X 線分析法
X 線回折法
X 線光電子分光法
光学顕微鏡
電子顕微鏡
プローブ顕微鏡

本シリーズの前作ともいえる『第2版　機器分析のてびき』シリーズ（1996 年）の刊行から約四半世紀が経ち，その後継として新たに本シリーズが書き下ろされました．令和の時代も，分析機器の発展は続いていきます．本シリーズがその一助となることを願っております．

2020 年 3 月

化学同人編集部

まえがき

各種材料の物理的・機械的性質，電気的物性などは，材料を構成する元素組成やその構造に大きく依存する．新しい高機能材料を開発するためには，材料設計・製造と，これに指針を与える組成分析・構造解析がともに両輪となって働いていなければならない．したがって，これらの分析方法を学ぶことは大切である．加えて，触媒反応や光化学反応，材料の腐食現象はその表面から生じ，接着・接合や潤滑・摩耗なども材料表面の特性が大きくかかわっているため，材料開発においては表面形態の観察や表面分析も欠かせない．さらには，産業や社会インフラの高度化に伴い，半導体デバイスなどの電子部品の微細化や高機能化が進み，材料開発およびその不良解析に対応した微小部の分析も重要性を増している．

このような背景を踏まえて，機器分析ハンドブックの第3巻では，固体・表面分析に焦点を当てることにした．本書で取り上げた分析機器は，いずれも大学などでの教育・研究や企業での開発研究や製造現場で日常的に利用される基本的なものとした．

本書では，まず固体物質の相変化や熱物性について重要な情報を与える熱分析法，材料の組成分析を行う原子吸光分析法，ICP発光・質量分析法，蛍光X線分析法，さらに材料の構造情報を与えるX線回折法について解説する．次いで，表面分析法として利用頻度の高いX線光電子分光法，表面形態を観察する手段として欠かせない光学顕微鏡，電子顕微鏡，プローブ顕微鏡を紹介する．また，単に各機器分析法を列挙し説明するだけではなく，必要な試料調製法およびその注意点についても，それぞれの章で許される限り記載した．特に，原子吸光分析法やICP発光・質量分析法では，基本的に固体を均一に溶解させた溶液試料を対象とし，測定においてはマトリックスの影響が無視できない場合もある．そこで，実際に固体試料をこれらの方法で元素分析する場合に必要とされる試料準備(溶解と分離)については，独立した章として詳しく解説した．これらの試料前処理を正しく行うことで精確な分析値を得ることが可能となる．

最新の分析機器では，試料をセットしてボタンを押せば，解析された定量値が自動的に表示されるものが多い．つまり，分析機器の中身が見えず，ブラックボックス化している．便利ではあるが，表示されたデータをどう解釈してどう取り扱うかは，ユーザー次第である．いったん分析結果が報告されるとデータは一人歩きするので，危険な面もある．よって，分析機器の原理，装置構成をよく理解しておくことが大切である．本書では，大学で学ぶ学部生・院生に加えて，企業の若手研究者や分析に携わる初心者を対象として，各分析法の原理，装置構成，分析値が与えられる仕組みをできるだけていねいに説明することを心掛けた．本書の内容を理解していれば，得られた分析結果に対してどのような注意が必要かわかるはずである．

現在，万能の分析法はなく，一つの試料に対して複数の分析手段を駆使した多面的な評価が不可欠である．「機器分析ハンドブック1　有機・分光分析編」および「機器分析ハンドブック2　高分子・分離分析編」も参照しながら，本書を分析機器の傍らにおきつつ，日常的に利用されることを強く願う．

最後になりましたが，第一線でご活躍の著者の皆様には，わかり易く御執筆いただきましたこと，厚く感謝申し上げます．また，化学同人編集部の大林史彦様には，根気よく各分担著者と連絡を取っていただき出版にこぎつけることができましたこと，御礼を申し上げます．

2021年3月

固体・表面分析編　編者

宗林 由樹

辻 幸一

藤原 学

南 秀明

目　次

1 熱分析

鈴木　晴（近畿大学理工学部）・中野元裕（大阪大学大学院理学研究科）

1.1 はじめに

熱分析とは，物質の温度を任意のプログラムに従って変化させたときに，物質の物理的性質が温度とともにどのように変化するかを調べる分析手法である[1]．分析対象となる性質には，質量，寸法，電気的特性などさまざまなものがある（表 1.1）．しかし，一般には，物質の質量変化と熱量変化を対象とするものを熱分析と呼ぶことが多い（これに機械的特性である弾性や粘性変化を加える場合もある）[2]．

温度変化に伴って起こる試料の質量変化（気体の吸収や逃散）を調べる技法は熱重量分析（Thermo Gravimetric Analysis：TGA）と呼ばれ，ガスの吸脱着や化学反応，熱分解，蒸発などの質量変化を伴う化学変化・物理変化の検出およびその定量的な解析に用いられる．変化の対象が何であれ，出入りする物質（気体）の量を精密に決定することは，どのような現象が進行したかを理解するための基礎情報となることから，TGA は最も基本的な分析ツールといってもよい．

温度変化に伴って起こる試料への熱流入・熱流出を調べる技法は示差走査熱量測定（Differential Scanning Calorimetry：DSC）と呼ばれ，化学反応だけでなく融解や凝固などを含む相転移の検出とその転移熱の定量的な解析に用いられる．温度や熱量は熱力学体系に直接関係づけられる重要な物理量であり，そこから各相の安定性や転移による分子間力の変化，分子運動の変化などを知ることができる．熱量の定量的な測定は行わないものの，どの温度で吸熱・発熱が起こるかを検出する定性的な手法として示差熱分析（Differential Thermal Analysis：DTA）がある．今日では，DTA 単独で測定することは少なく，TGA とセットになった TG–DTA 装置で測定することが多い．ただし，DTA の測定原理は DSC とよく似ているため，両者の原理をあわせて理解しておくとよいだろう．

本章では，はじめに熱測定の基礎を簡単に説明してから，次に TGA について，最後に DTA と DSC について解説する．

表 1.1　熱分析の種類と得られる情報

対象とする物理量	測定法	得られる情報
質量	熱重量測定（TGA）	吸脱着，化学反応，熱分解，蒸発などによる質量変化
	発生気体分析（EGA）	発生ガスの種類
温度（温度差）	示差熱分析（DTA）	転移温度，反応温度など
熱量（エンタルピー）	示差走査熱量測定（DSC）	転移温度，転移熱量，熱容量，反応温度，反応熱量
力学的測定	熱機械分析（TMA）	膨張係数，転移温度，硬化・軟化温度
	動的熱機械測定（DMA）	弾性率，転移温度，硬化・軟化温度
長さ	熱膨張測定	膨張係数，転移温度
電気的特性	熱誘電測定	誘電率，緩和時間，電気伝導度
磁気的特性	熱磁気測定	磁化率，磁気緩和挙動

1.2 熱測定の基礎

温度 T の異なる二つの系が物質交換することなしに接触すると，二つの系のそれぞれでエネルギーが変化する．このエネルギー変化を「熱」という．二つの系の温度が同じであればこのエネルギー変化は起こらない (熱力学第 0 法則)．このような状態は「二つの系が互いに熱平衡にある」と表現される．つまり，温度の異なる系の一方はエネルギーを失って降温し，他方はエネルギーを得て昇温し，最終的に同じ温度へと収束することで熱平衡状態に到達する．

熱という概念は，ぼんやりイメージすることは簡単だが，正確に理解するのは思いのほか難しい．これは，そもそも系のエネルギー（内部エネルギー U）が化学結合や分子振動，あるいは電子スピンなど多数のエネルギー成分の総和であり，また熱としてのエネルギー移動も固体熱伝導(結晶の格子振動や金属電子の移動に伴う熱伝導など)や気体の対流，輻射(赤外線など)などさまざまな経路を通して起こり，微視的な機構を一つに限定しがたいからある．熱力学は，このようなエネルギーの内訳や移動経路の詳細によらず，エネルギー保存則 (熱力学第 1 法則) や自発的変化の方向を支配する法則 (熱力学第 2 法則) が一般的に成立する点が特徴である．一方，物質科学的な立場からは，観測された変化がどのエネルギー成分にかかわるかが重要となるので，熱力学的な測定結果の解釈にあたってはエネルギー成分の分離が必須となる．

ひと口に「系」と呼んだが，熱力学的な系 (特に大きな系の一部としての部分系) には，さまざまな種類がある．たとえば，容器に閉じ込められた気体や液体であったり，装置の一部の金属ブロックや 1 個の単結晶などであったりする．一般には，「何らかの境界で隔離された一定量の物質」と考えておくとよい．ここで，典型的な境界として，断熱壁と等温壁を区別しておく．断熱壁は熱としてのエネルギー移動を遮断するような境界で，壁そのものの温度は定義できない．一方，等温壁は系と外部環境との熱交換を許し，外部環境と同じ温度に保たれた境界である．

熱力学的な測定では，断熱壁に囲まれた系の中で何らかの変化（化学反応や液体の混合，物質の燃焼，ジュール熱の発生など）を起こして，その結果起こる温度変化を測定したり，等温壁を通じて系に流入・流出する熱量を評価したり，あるいは逆に熱を与えたり奪ったりしたときに系の中で起こる変化を観測する．断熱系の中で発生する熱量や等温系に出入りする熱量そのものを定量する方法を熱量測定(Calorimetry)といい，等温系で外部環境の温度を徐々に変化させながら系への熱流入・流出を行ったときの物質の性質（質量，粘弾性，磁化率など）変化を調べる方法を広く熱分析（Thermal Analysis)と呼ぶ．また，熱量測定と熱分析をあわせて熱測定と呼ぶ．

いずれの測定でも，系の温まりにくさの指標となる熱容量 $C \equiv \mathrm{d}U / \mathrm{d}T$ を常に考慮する必要がある．系への熱流入 Q が温度上昇 ΔT をもたらすとき，これを顕熱といい，$Q = C \cdot \Delta T$ で関係づけられる．一方，系の内部で相平衡が成り立っているような場合(たとえば氷と水の二相共存状態）には，系に熱の流入・流出があっても，そのエネルギーは一方の相の一部を(内部エネルギーの異なる)他方の相へ変化させるのに使われるため，系の温度は一定に保たれる．このとき出入りした熱量は潜熱と呼ばれる．

今日では，顕熱という用語はあまり使われず，潜熱という概念も相転移の転移エンタルピー $\Delta_{\mathrm{trs}}H$ の一部と考えることが多い．エンタルピー変化 ΔH は，物質の内部エネルギー変化 ΔU と同程度とみなすことができ，転移エンタルピー $\Delta_{\mathrm{trs}}H$ から相転移によって分子間相互作用や分子運動がどれほど変化したかを知る手がかりが得られる．また，転移温度 T_{trs} および転移エンタルピー $\Delta_{\mathrm{trs}}H$ から，相転移前後で分子配向や分子配列の「揺動の度合い」がどれほど変化するかを示す転移エントロピー $\Delta_{\mathrm{trs}}S$ ($\approx \Delta_{\mathrm{trs}}H / T_{\mathrm{trs}}$) も求められる．

本章では，系(試料物質)の温度を積極的に変化させたときの応答を調べるような測定方法を解説するが，その際には検出されたシグナルが顕熱の変化（つまり熱容量 C の変化）に起因するものか，潜熱を伴う変化（つまり相転移や熱分解）によるものかという点を意識すると，測定装置の中で起こっている現象を理解する助けとなる．

1.3　熱重量分析（TGA）

1.3.1　TGA の原理

熱重量分析（TGA）とは，物質の温度を任意のプログラムに従って変化あるいは保持させながら，その物質の質量を温度あるいは時間の関数として測定する手法である[2)]．TGA は，物質の熱分解反応プロセスや脱水・ガス吸着変化を解析するのに役立つことから，基礎的な物性研究から材料開発に至るまで幅広い分野で活用されている．なお，実際に測定されるのは重量であるが，解析に際しては特段の補正なくそれを質量として取り扱うのが一般的である．

TGA 装置は，天秤系，試料系，加熱系，記録系の 4 系統で構成され（図 1.1），加熱系(電気炉など)の内部におかれた試料系(試料，試料容器，および容器設置台など)の質

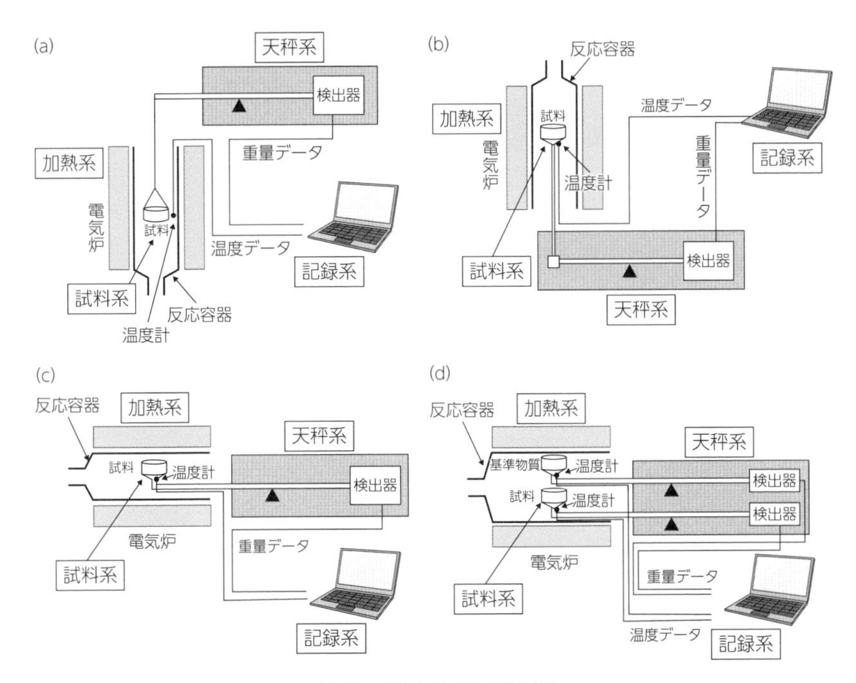

図 1.1　TGA 装置の概念図
(a)吊り下げ型，(b)上皿型，(c)水平型，(d)差動式の水平型装置．

量変化を天秤系で精密に測定して，記録系でデータ(温度と質量の時間変化)を保存する機構になっている．高精度に TGA 測定を実施するには，温度を変化させながら試料の質量変化をいかに精密に測定するかがカギを握る．

質量測定の方法としては，①吊り下げ型，②上皿型，③水平型の 3 種類があり(図 1.1 (a)～(c))，それぞれ長所と短所がある．たとえば，①の吊り下げ型は試料のおき方や浮力の影響を受けにくいが，炉の熱が天秤系に影響を及ぼしやすい．②の上皿型は試料の取り出しが簡単であるが，浮力の影響を受けやすい．③の水平型は炉の熱や対流による影響が小さいが，浮力や装置の熱膨張の影響を受けやすい[3]．また，浮力などの誤差を小さくする目的で，測定試料と基準物質を同一の炉内で加熱して，その質量差を記録する差動方式を採用する場合もある(図 1.1 (d))．市販装置では，上皿型や水平型の天秤に差動方式を組み合わせることが多い．差動方式を採用すると，浮力の影響や装置の熱膨張による零点のずれが測定試料と基準物質で同程度であるため，両者の質量差を測定することで，これらの影響を相殺できるという利点がある．また，差動方式にしたうえで，測定試料と基準物質の間の温度差を同時測定すれば DTA 測定も可能になる．これは，市販の装置で TG–DTA が普及している一要因でもある．

1.3.2 TGA の測定操作と注意点

TGA は精密な質量測定であるため，測定中には装置に不要な振動を与えないように配慮する必要がある．装置は安定した実験机またはストーンテーブルにおき，測定中は机に寄りかからないようにする．実験室のドアの開閉振動にも注意する．また，測定の数時間前に電源を入れて装置のウォームアップを行っておく必要がある．

測定前になったら，試料を入れる容器をセットして質量を測定する．試料容器は装置ごとに指定されていることが多く，材質はアルミニウム，白金，アルミナなどが一般的で，ふたは用いない．アルミニウム製の容器は安価であるが，660 ℃で融解するので，温度遅れの効果も考慮すると 600 ℃以上の測定には適さない(通常，アルミニウム容器の測定上限温度は 500 ℃に定められている)．容器が溶融すると，天秤部や電気炉などに著しい損傷を与え，装置全体の修理が必要になる．

試料容器の質量を測定したら，容器を装置から取り出して試料を入れ，再度装置内にセットして質量を測定する．空容器との質量差から，測定する試料質量を求めることができる．最適な試料量は装置ごとに異なるので，マニュアルや仕様書をていねいに読んでおくとよい．試料量が少なすぎると測定精度が低くなり，多すぎると脱ガス反応における応答が遅くなるほか，試料そのものの自発的な温度変化の影響が無視できなくなる．粉末試料の場合，粒度や粒度分布が測定結果に影響を及ぼすこともあるので注意を要する．

試料容器をセットする際には，天秤に不要な力学的負荷を与えないように細心の注意を払う必要がある．たとえば容器の外側に試料が付着していると，高温で反応が進んだ際に，反応した試料が容器と容器設置台を固着させてしまうことがある．このようなときに試料容器を力ずくで外そうとすると，天秤そのものに負荷がかかり，測定精度を下げてしまうばかりでなく，最悪の場合は天秤を変形させてしまうこともある(図 1.2)．予防策として，試料容器の設置台に少量のアルミナ粉末をまぶしておく方法などが提案されている．

試料がセットできたら容器を炉の中に移動させ，測定目的にあった気体を試料まわり

図 1.2 変形した設置台
試料容器を取り外す際に大きな負荷がかかったために変形してしまったTGA装置の試料設置台（水平差動型TG-DTA）．奥側の設置台が斜めに歪んでいる（近畿大学 木村隆良 名誉教授 提供）．

に流す．質量の時間変化をモニターして，測定値が安定するのを待って，温度プログラムに沿った測定をスタートさせる．

温度プログラムは，測定の目的に応じてさまざまに設定できる．一般には，一定の昇温速度で試料温度を変化させることが多く，その結果から，どの温度でどのような質量変化が起こるかを知ることができる．昇温速度は，毎分 10 ℃程度以下が望ましいとされている[4]．温度計が試料容器の設置台に付けられていることが多いため，昇温速度が速すぎると，温度計が示す温度と実際の試料温度の差が大きくなるからである．

複数の反応が多段階的に進行する場合も，昇温速度が速すぎると最初の反応が終了する前に次の反応が始まってしまい，各反応の質量変化を分離することが難しくなる．反応過程の詳細を解析する場合には，試料を反応温度で保持して，質量変化の時間依存性を調べる方法もある．また，反応による質量変化速度が一定になるように温度を制御する市販プログラムも存在する[5]．

測定中は天秤部から反応部に向かって気体を流す．これは，測定中に発生する気体生成物が天秤部を腐食するのを防ぐのが主な目的である．簡易的な測定では，空気を流せばよいが，空気中の酸素による酸化反応や水分の吸着反応などが質量の増減に影響する点に留意する必要がある．通常は，不要な反応を避けるために不活性ガス（ヘリウム，窒素，アルゴンなど）を流すことが多い．逆に，反応の詳細を調べるために反応性ガス（酸素など）を流すこともあるが，爆発などの安全性に十分配慮する必要がある．ガス流量は，少なすぎると装置保護の観点から望ましくないが，多すぎると気流によって質量測定が不安定になる．装置構造や測定目的に合わせて最適の流量を決める必要がある．

長期間使用していなかったTGA装置で測定を行う際や得られたデータが信用できない場合は，装置が正しく作動しているかをチェックする装置校正を行う必要がある．温度変化や時間経過とともに天秤の零点が変化することをドリフトと呼ぶが，このドリフト変化量がどの程度であるかを，空容器をセットした状態で確認（ブランク測定）するとよい．天秤系の熱膨張などに起因するドリフトは，装置固有の性質として補正すれば，より正確な質量変化を議論することが可能になる．

TGAの質量変化量校正は，基準分銅を用いて行う．装置が正常であるかをチェックする簡単な方法としては，シュウ酸カルシウム一水和物（$CaC_2O_4 \cdot H_2O$）のように多段階で熱分解する標準試料を用いて測定を行い，得られた結果が質量減少の理論値と許容範囲内で一致するか確認すればよい．温度校正は，TG-DTA装置の場合はDTAデータを参照すればよく，純度の高い金属試料の融点などで確認するのが簡単である．TGA単独装置では，キュリー点法（磁石が磁性を失う温度点を利用した温度校正法）や線材溶融法（高純度金属線材の融点を利用した温度校正法）などがある．

測定後は，室温まで降温してから試料容器を取り出す．安価なアルミニウム容器は使い捨てればよいが，高価な白金容器やアルミナ容器は洗浄して再利用する．試料が有機物の場合は，容器に付着した残留物（主に煤であることが多い）をバーナーなどで焼き切ればよい．試料に金属が含まれる場合は焼き切るだけでは不十分であり，酸処理など試料と容器の材質に適した洗浄操作を行う．最後に，容器設置台に汚れが付着していないかを確認して，汚れが確認されたときは，天秤に負荷をかけないように注意しながら洗浄を行う．

1.3.3 TGA の解析方法と測定例

一段階の質量減少が観測された場合の質量の温度依存性のグラフを図 1.3 に示す．このようなデータを TG 曲線と呼ぶ．質量が大きく減少している温度域（図 1.3 の B ～ C）で，何らかの化学反応または脱着反応が進んだことがわかる．反応前の領域（A ～ B）および反応後の領域（C ～ D）では質量変化はほとんど見られず，TG 曲線は平坦である．この領域はプラトー（plateau）と呼ばれる．多段階反応が進むケースなどで，連続する反応の分離が可能かどうかは，プラトー領域の有無で判断することができる．

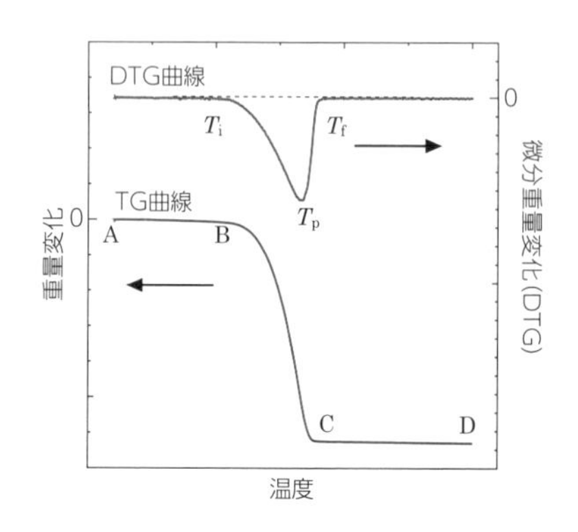

図 1.3　一段階の質量減少が観測された場合の TG 曲線および DTG 曲線

反応がどの温度で始まり，どの温度で最大加速したかを知るには，TG 曲線の時間に対する一次微分を見るとわかりやすい．これは，微分熱重量（Derivative Thermogravimetry：DTG）曲線と呼ばれ，微小な質量変化の確認や近接した多段階反応の判別にも役立つ．DTG 曲線を図 1.3 の上部に示す．質量変化は DTG 曲線では下向きのピークとして現れ，TG 曲線のプラトー領域では DTG 曲線はゼロになる．DTG 曲線がゼロから外れる温度（T_i）を反応開始温度，ピーク頂点の温度（T_p）を最大加速温度，ゼロに戻る温度（T_f）を反応終了温度とみなすことができる．なお，燃焼反応や熱分解が急速に起こるときには，小爆発の様相を呈して天秤系の棹（ビーム）を押しさげ，解析が困難なシグナルを与えることがある．測定後の試料の様子もよく観察しておくとよい．

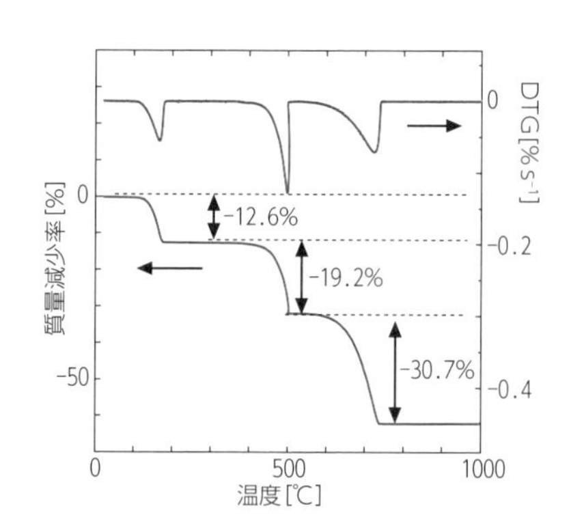

図 1.4　シュウ酸カルシウム一水和物（$CaC_2O_4 \cdot H_2O$）の TG 測定結果
昇温速度：10 ℃ min^{-1}．TG および DTG 曲線から 3 段階の反応が進行する様子がわかる．

図 1.4 に TG 測定結果の例として，シュウ酸カルシウム一水和物（$CaC_2O_4 \cdot H_2O$）の測定結果を示す．TG および DTG 曲線のいずれからも，1000 ℃までの昇温過程で 3 段階の質量変化が進むことがわかる．この三つの反応は下記の反応式で表される．

① $CaC_2O_4 \cdot H_2O \rightarrow CaC_2O_4 + H_2O \uparrow$
② $CaC_2O_4 \rightarrow CaCO_3 + CO \uparrow$
③ $CaCO_3 \rightarrow CaO + CO_2 \uparrow$

各段階で，水 (H_2O)，一酸化炭素 (CO)，二酸化炭素 (CO_2) が脱離するため，その分の質量が減少したと理解できる．理論的には，①の反応で質量が 12.34% 減少，②では 19.18% 減少，③では 30.14% 減少すると予想される．実測値は，それぞれ 12.6%，19.2%，30.7% であり，理論値とよく一致している．DTG 曲線からは，それぞれの反応開始温度 (最大加速温度) が①は 100 ℃ (165 ℃)，②は 365 ℃ (500 ℃)，③は 540 ℃ (725 ℃) と判断できる．

1.3.4 TGA の応用と発展

TGA 測定は，反応プロセスの解析にも役立つ．たとえば，昇温速度をさまざまに変えながら TG 曲線を測定することで反応速度の温度依存性がわかるため，そこから反応の活性化エネルギーを求めることもできる[5]．また，試料を反応温度で保持して，試料質量の時間変化を測定することで，反応速度定数を決定することもできる[5]．さらに，さまざまな昇温速度で得られた TG 曲線または DTG 曲線を反応速度モデルで同時フィットすることで，モデルの妥当性や反応速度，活性化エネルギーなどのパラメータを決定することもできる．詳細は，より専門的な教科書や学術論文を参照するとよい[6,7]．

TGA の長所は，昇温による質量変化を定量的に解析できる点にあり，起こり得る反応モデル候補が限定されていれば，質量変化量からどのモデルが妥当であるかを判断することができる．一方，どのような反応が起こるかが想定しづらい新規化合物や複数ステップの反応が同時に進行する化合物の場合，TGA の結果だけから何が起こったかを同定することは容易でない．そこで，この TGA の短所を補うために，分解や脱離によって生成した気体分子を他の分析手法で同時に調べる手法が開発されている．これは発生気体分析（Evolved Gas Analysis：EGA）と呼ばれ，TGA と組み合わせた TG–EGA 装置も市販されるようになってきた．EGA には種々の分析法があり，発生する気体の分子内振動モードを調べるフーリエ変換赤外分光（Fourier Transform Infrared Spectroscopy：FT–IR），生成気体分子の質量を決定することで分子種を同定する質量分析(Mass Spectrometry：MS)，複数種の分子が同時発生したときに，分子種ごとに分離してから質量分析を行うガスクロマトグラフィー質量分析(Gas Chromatography – Mass Spectrometry：GC–MS）などがある．また，反応の様子を録画できるようにカメラを内蔵した TGA 装置も市販されている．

1.4 示差熱分析（DTA）と示差走査熱量測定（DSC）

1.4.1 DTA と DSC の原理

示差熱分析 (DTA) と示差走査熱量測定 (DSC) は，いずれも物質からの熱の出入りを調べる分析法である．化学反応やガスの吸脱着だけでなく融解や結晶化などの相転移も熱の出入りを伴うため，その検出手段として TGA と同様にさまざまな分野で活用されている．

DTA と DSC は共通点が多く，DTA をより定量的にした手法が DSC であると考えてもよい．最近では，DTA は TGA の補助的な意味合いで使われることが多く，DTA 単独を分析手法として採用する例は少ない．しかし，DSC の測定原理を考える際に DTA の原理を理解しておくと役に立つので，本節では，はじめに DTA の原理を説明

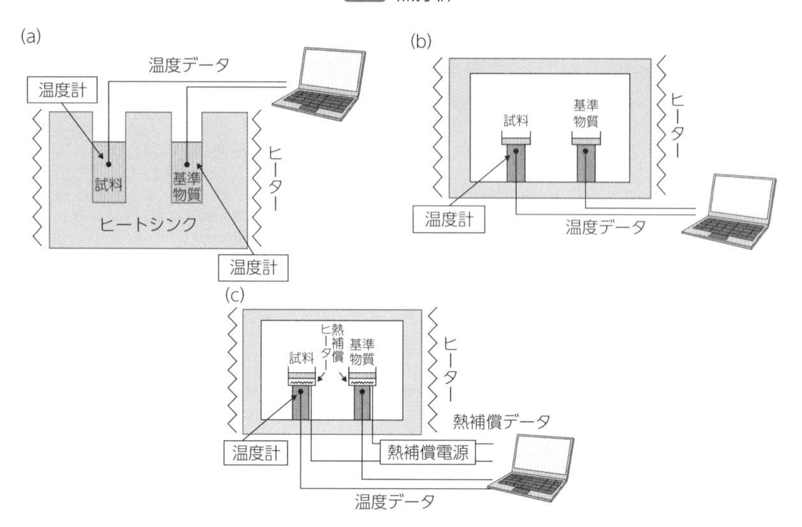

図 1.5　DTA および DSC 装置の概念図
(a) DTA 装置，(b)熱流束 DSC 装置，(c)入力補償(熱補償) DSC 装置.

して，そのうえで DSC の原理について解説する.

DTA では，これから性質を調べたい未知試料とすでに熱的な性質が明らかになっている基準物質を同じ熱環境下におき，両者の温度差を測定する．古典的な DTA 装置の概念図を図 1.5(a)に示す．未知試料と基準物質はいずれも，熱伝導率が高く試料よりずっと熱容量の大きい金属ブロック(ヒートシンク)と熱接触しており，それぞれに温度計が取り付けられている．ヒートシンクにはヒーターが付けてあり，一定の速度で昇温できるようになっている．基準物質には相転移などがない物質が用いられる (TG-DTA などでは，空容器を基準物質の代用とすることも多い).

測定は，設定した温度プログラムに従ってヒートシンクを昇温(または降温)して，測定試料と基準物質の温度差を記録する．試料が融解などの相転移を起こすと，転移の進行に一定の熱量が使われるため，試料の温度が基準物質よりも低くなる（図 1.6(a)). 基準物質と試料の温度差を時間に対してプロットすると図 1.6(b) のようになり，相転移の領域でピークを観測できる．これを DTA 曲線と呼ぶ．転移に必要な熱量が大きいほど, 試料と基準物質の温度差は大きくなり, DTA 曲線のピークも大きくなる. このピークの大きさから，転移に必要な熱量の大きさ (転移エンタルピー $\Delta_{trs}H$) を決定できるように改良された熱分析法が DSC である.

DSC の原理を解説する前に，DTA および DSC の名前について補足説明しておく. 両者に共通する D は Differential の頭文字であり，日本語で「示差」と訳される．これは試料と基準物質が示す挙動の差分を測定することを意味する．差分を測定するメリットは，相転移などの熱異常を感度よく検出できる点にある．温度変化に伴う熱の出入りには，相転移や化学反応だけでなく物質の熱容量 C が大きく影響する(図 1.6(a)において，相転移以外の領域においても試料と基準物質とで温度差が生じているのは，両者の熱容量の違いが反映されているからである)．試料に出入りする熱量を単独で測定するのでは，相転移に使われる熱量よりも温度上昇に使われる熱量のほうが大きくなり，相

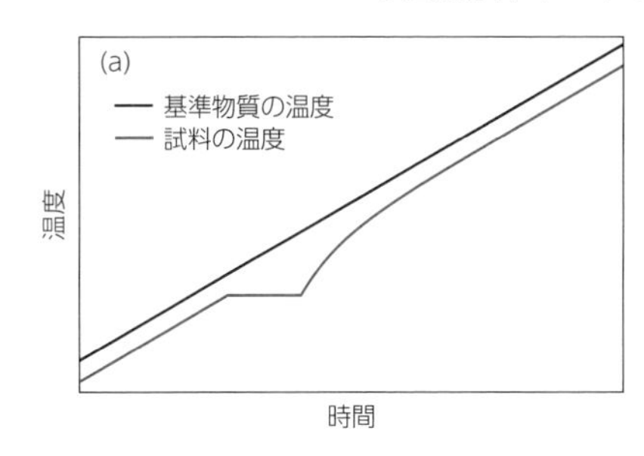

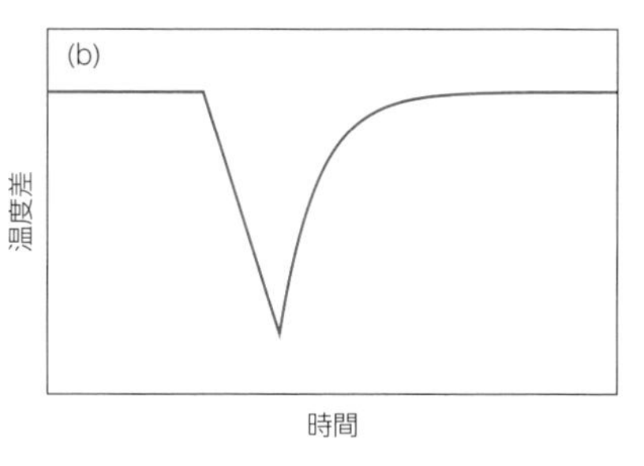

図 1.6　DTA 測定における試料と基準物質の温度変化を表す模式図

(a) 試料の熱容量が基準物質よりも大きい場合は，試料温度が基準物質の温度より低くなり，試料が相転移を示すと，さらにその吸熱によって温度が低くなる．(b) この結果，基準物質と試料の温度差（DTA 曲線）に下向きのピークが生じる．

転移検出の感度が下がってしまう．DTA や DSC では，試料と基準物質に出入りする熱量の差分を測定することで，このような感度低下を回避している．DTA の TA は Thermal Analysis であり，日本語では「熱分析」と訳される．これには，どの温度で熱的な異常（相転移など）が起こるかを「検出する」という意味合いが大きい．一方，DSC の SC は Scanning Calorimetry で「走査熱量測定」と訳される．「走査」は，連続的に温度変化をさせるという意味であり，「熱量測定」は物質に出入りする熱量の「大きさを決定する（定量する）」という意味合いが大きい．DTA は定性分析法であるのに対して DSC は定量測定法である点が大きく異なる．

DSC には，熱流束 DSC と入力補償（熱補償）DSC と呼ばれる 2 種類の測定原理の異なる装置がある．それぞれの装置の概念図を図 1.5（b），（c）に示す．熱流束 DSC では，試料と基準物質を加熱冷却炉（ヒートシンク）の内部におき，試料と基準物質の温度差からそれぞれに流れ込む熱流束（単位時間あたりに出入りする熱量）の差を求める．熱流束差がわかれば，その時間積分を計算することで出入りした熱量差の総量が算出できる．入力補償（熱補償）DSC では，試料と基準物質のそれぞれが入力補償（熱補償）ヒーターを備えており，両者の温度が同じになるように加熱操作が行われる．このときに要した入力補償（熱補償）エネルギーの差から，試料に出入りした熱量が直接求められる．なお，入力補償ヒーターでプログラム通りの昇温をさせることもできるので，その場合には必ずしもヒートシンクは必要ではない．

DTA と熱流束 DSC は，周囲の温度を上昇させたときの試料と基準物質の温度差を測定しているという点においては同じである．このため，熱流束 DSC を定量 DTA と呼ぶこともある．熱流束 DSC で，熱量を算出する原理を以下に簡単にまとめる．

試料（sample）に出入りする熱量を Q_s，時間を t とすると，熱流束は $\mathrm{d}Q_s/\mathrm{d}t$ と表すことができる．これは基準物質（reference）でも同じであり，熱量を Q_r とすれば熱流束は $\mathrm{d}Q_r/\mathrm{d}t$ となる．試料や基準物質に流入する熱量は，それぞれの温度 T_s，T_r と加熱冷却炉（furnace）の温度 T_f との差に比例することから，それぞれ以下の式で表される．

$$\frac{\mathrm{d}Q_s}{\mathrm{d}t} = \frac{1}{R}(T_f - T_s) \qquad \text{（試料に出入りする熱流束）} \qquad (1.1)$$

1

$$\frac{\mathrm{d}Q_{\mathrm{r}}}{\mathrm{d}t}=\frac{1}{R}(T_{\mathrm{f}}-T_{\mathrm{r}}) \quad \text{(基準物質に出入りする熱流束)} \tag{1.2}$$

ここで $1/R$ は比例係数であり，R は熱抵抗と呼ばれる．R は試料や基準物質と加熱冷却炉の間の熱の伝わりにくさを表しており，両者をつなぐ固定具の熱伝導率などに依存する．R は装置ごとに異なるので，装置定数と呼ぶこともできる．式(1.1)および(1.2)の差をとると

$$\frac{\mathrm{d}Q_{\mathrm{s}}}{\mathrm{d}t}-\frac{\mathrm{d}Q_{\mathrm{r}}}{\mathrm{d}t}=-\frac{1}{R}(T_{\mathrm{s}}-T_{\mathrm{r}}) \tag{1.3}$$

となり，左辺は試料と基準物質の熱流束差となり，右辺の括弧の中が温度差となる．つまり，あらかじめ装置定数 R の値がわかっていれば，温度差から熱流束差を導くことができることになる．R の値は，高純度の標準試料(インジウムなど)の融解エンタルピーなどから決定することができる．これを，装置のエンタルピー校正と呼ぶ．式 (1.3) の導出において，式 (1.1) と (1.2) の比例定数が同じ R で記述できたことには注意が必要である．これは試料と加熱冷却炉の間の熱抵抗 R_{s} と基準物質と加熱冷却炉の間の熱抵抗 R_{r} が同じ値 R で表されることを意味しており，試料と基準物質の熱環境が全く同じであることを前提としている．市販の装置では，試料と基準物質の位置が試料室内で空間的(熱的)に対称になるようにデザインされており，熱環境はほぼ同じと考えて差し支えない．

しかし，長期間の使用によって熱環境が変わってしまうことも多い．熱抵抗が同じであるかどうかは，試料と基準物質の両方に(同じ質量の)空容器を置いて測定を行い，熱流束差が常にゼロになるかどうかを確認すればよい．ゼロにならない場合は，その分だけ熱抵抗が違っていることになり，データ解析に補正が必要になる．市販装置の中には，R_{s} と R_{r} の違いを自動補正できるように設計されたものもある．詳細はカタログなどで確認するとよい．

熱流束差から熱量差を求めるには，熱流束差の時間積分をとればよい．

$$\int\left(\frac{\mathrm{d}Q_{\mathrm{s}}}{\mathrm{d}t}-\frac{\mathrm{d}Q_{\mathrm{r}}}{\mathrm{d}t}\right)\mathrm{d}t=Q_{\mathrm{s}}-Q_{\mathrm{r}} \tag{1.4}$$

基準物質が吸収した熱量 Q_{r} は，基準物質の熱容量 C_{r} がわかれば，その温度積分で見積もることができるため，式(1.4)の結果から試料に出入りした熱量 Q_{s} を求めることができる．通常は，Q_{s} の大きさそのものではなく相転移などで出入りした熱量 (転移エンタルピー$\Delta_{\mathrm{trs}}H$) が問題になるため，相転移に無関係な熱量変化はベースラインとして分離除去する (詳細は次項で説明する)．そのため，相転移がない基準物質の Q_{r} をわざわざ見積もることはせず，Q_{r} も含めたベースラインを見積もり，試料の転移エンタルピー $\Delta_{\mathrm{trs}}H$ を求めるのが一般的である．

入力補償(熱補償) DSC では，試料と基準物質に加える熱量を直接測定する．熱流束 DSC と入力補償 (熱補償) DSC の使い分け方は，測定のスタイルや装置メーカーの仕様に依存する．入力補償(熱補償) DSC では，外部熱源となる熱容量の大きな加熱冷却炉を使わなくてもよいので高速の温度変化測定に適しており，熱流束 DSC は加熱冷却炉の存在によって温度制御が安定するともいわれているが，それぞれの装置がどのよう

に設計されているかによって，その影響は異なる．詳細はメーカーの技術担当者に問い合わせるのがよいだろう．

1.4.2 DSC の測定操作と注意点

TGA 装置と同様に DSC 装置も安定した実験台に設置して，測定の数時間前に電源を入れてウォームアップをしておくことが望ましい．また，測定前に試料室が汚れていないことを確認しておく必要がある．とりわけ水分などが付いていると昇温とともに蒸発による吸熱が測定結果に大きな影響を及ぼす．水分の付着が疑われる場合は，試料室内を事前に 100 ℃以上に昇温（ベーキング）しながら不活性ガスを流すと影響を低減できる．

測定試料は専用の試料容器に入れて測定する．あらかじめ，質量の同じ容器を 2 個選び，その質量を記録しておく．そのうえで，片方の容器に試料を入れて再度質量測定を行い，容器に入れた試料量を求める．試料を容器に入れる際は，試料と容器の間の熱伝導(熱接触)をよくするように配慮する．熱接触が悪いと，試料設置台に取り付けられた温度計が試料温度を反映しにくくなるからである．

熱接触をよくする方法は，試料の形状などによってさまざまである．たとえば，いびつな形状の固体試料の場合，試料を容器内においただけでは数カ所の点接触にとどまるため，良好な熱伝導は期待できない．このようなときは，流動性の熱媒体(グリスなど)を試料と容器の間に塗ったり，ふたと一緒に試料を容器に圧着したりするなどの工夫が必要である．フィルム状の試料の場合は，容器底面サイズにフィルムを切り抜き，なるべく平坦な面が容器の底面に接触するようにセットすることが推奨されている．このとき，フィルムは複数枚重ねないほうがよい．粉末試料の場合は，容器底面に薄く広がるように試料を入れ，必要以上に試料を入れないように注意する必要がある．

液体試料の場合は，熱接触不良の心配は少ないが，試料の蒸発に気を付けなければならない．測定中の試料蒸発は，測定結果に悪影響を及ぼすだけでなく試料室を汚染する原因になる．通常，液体試料は専用の密封容器を使用する．市販されている密封容器はある程度の耐圧が保証されているが，容器の密封操作が不完全であると温度上昇とともに容器内圧が上昇して試料が漏れ出すこともある．念のため，測定後に試料の漏れ出しがないか（測定前後で質量が変化していないか）を確認するとよい．試料容器の材質は TGA と同様にアルミニウム，白金，アルミナなどから選ぶことができる．測定温度域と測定条件に合わせて，適切なものを選ぶ必要がある．繰り返しになるが，600 ℃以上の測定にアルミニウム容器を用いてはならない．

試料を容器に入れたら，基準物質を別の容器に入れ（空容器を基準物質とする場合もある），2 個の容器を試料室内にセットする．指定の場所にセットできたら試料室のふたを閉じて，温度が安定するまで待つ．試料室内には，酸化を防ぐ目的で不活性ガス(乾燥窒素ガスを用いることが多い）を流す．ガス流量が大きすぎると温度揺らぎが生じて測定データが乱れるので最適な流量を見つけておくとよい．準備が整ったら，温度プログラムに従って昇温または降温しながら測定を開始する．

温度プログラムは，測定の目的に応じて適切に設定する．昇温および降温の速度（走査速度）もさまざまに変えることができる．一般には，1 ～ 10 ℃ min^{-1} の範囲を採用することが多い．走査速度が高いと，熱量変化に要する時間が短くなるため，熱流束差としての信号が大きくなり，転移エンタルピーの小さい相転移の検出が可能になる（つまり，相転移の検出感度が高くなる）．一方，走査速度が高いと試料と温度計周囲の温度差も大きくなるため，読み取りの温度誤差が大きくなってしまう．走査速度は，測定の目的にあわせて決める必要がある．

なお，液体窒素やペルチェ素子などの冷熱源をもたないDSC装置の場合，自然放冷が最大の降温速度となるため，実際の降温速度が設定値よりも大幅に小さくなるケースもある．温度プログラムはあくまで設定値であり，実際の走査速度はデータを確認しなければわからない．冷熱源が備えられた低温DSC装置でも，到達できる低温限界の近傍では同じ問題が生じる．

低温DSC装置で0 ℃以下の測定を行う場合は，外部からの水蒸気の流入に注意する必要がある．たとえ流入速度が遅くても，一度試料室に入り込んだ水分は低温部分に凝結するため，長時間測定で多量の氷(霜)が蓄積される．このような状況で昇温方向の測定を行うと，0 ℃付近で試料室内の霜が融解するピークが観察されることになる．この信号は，霜が試料と基準物質のどちら側にあるかによってDSC信号としては発熱ピークにも吸熱ピークにもなり得る．低温測定を行っていて，再現性のとれないピークがこの温度域に現れた場合は，水分の可能性を最初に疑ってみるとよいだろう．水分の流入を防ぐには，不活性ガスの純度を確認し，流量を大きくするなど工夫するとよい．なお，試料室内部に霜がついてしまった場合はベーキング処理で水分を除去する必要がある．

測定が終了したら，試料と基準物質を取り出す．直前まで低温測定を行っていた場合は，試料室内部が室温に戻るまで，不活性ガスを流しながら待機するほうがよい．取り出した試料容器を再利用する場合は，TGAのときと同じ操作を行えばよい．

1.4.3 DSCの解析方法と測定例

図1.7に典型的なDSCの測定結果を示す．横軸を温度，縦軸を熱流束差にとってある（通常は「熱流束差」とは書かず，単に「熱流束(Heat Flow)」と書くことが多い）．熱流束は単位時間あたりに出入りする熱量なので，単位は$\mathrm{J\ s^{-1}}$すなわちW（ワット）になる．縦軸は発熱を正にとる場合と吸熱を正にとる場合がある（ここでは発熱を正にとってある）．図を描くときは，必ずどちらが発熱(吸熱)方向であるかを明記する必要がある．

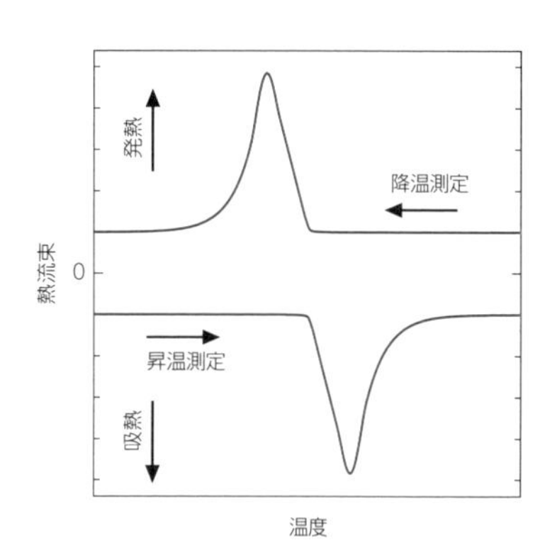

図1.7　DSC測定における，熱流束差の温度依存性（DSC曲線）を示す模式図

試料が相転移を示すと，昇温測定では吸熱ピークが，降温測定では発熱ピークが検出される．降温ピークは昇温ピークよりも低温側で観測されるが，過冷却などがなければ，ピークの立ち上がりの温度（相転移温度T_{trs}）は同じになる．

図1.7は，熱流速差の温度依存性を昇温測定と降温測定の両方をまとめて示したものである．このようなデータはDSC曲線と呼ばれる．昇温測定と降温測定の両方のDSC曲線を描く場合は，測定の方向がわかるように矢印を描き加えておくことが望ましい．同じ相転移を検出した場合でも，昇温測定か降温測定かによって，検出されるピークの発吸熱方向が逆になるからである．

昇温方向のDSC曲線に吸熱ピークが観測さ

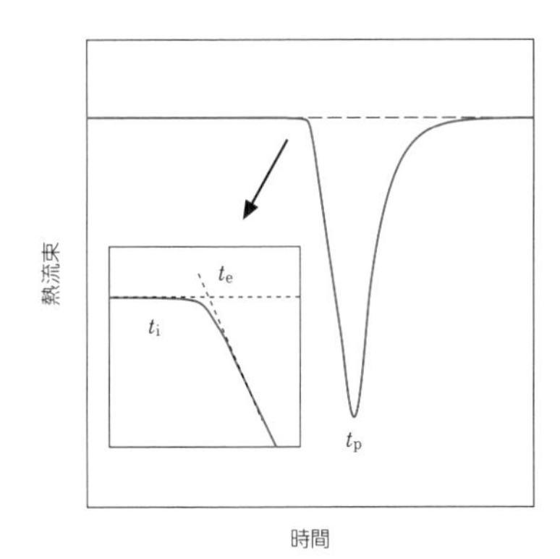

図 1.8 DSC 測定における熱流束差の時間依存性を表す模式図
一次相転移の場合．t_i はピーク開始時間，t_e は補外開始時間，t_p はピークトップ時間をそれぞれ表す．

れた場合は，何らかの相転移が起こったと考えるのが妥当である（分解反応や吸脱着の可能性もあるが，これはあらかじめ TGA 測定を行って質量変動の有無を調べておけば確認できる）．同じ温度で降温方向の DSC 曲線に発熱ピークが確認できれば，可逆な相転移を昇温と降温の両プロセスで確認できた可能性が高い．それぞれのピークの熱量（転移エンタルピー $\Delta_{trs}H$）を比較して，その大きさが同程度であれば，同じ相転移であったという確信がより強くなる．

転移温度や転移エンタルピーが大きく異なる場合は，複合的な要因を考える必要がある．たとえば，転移エンタルピー $\Delta_{trs}H$ の値は近いが転移温度が降温測定でより低温に観測される場合があり，このときは，降温測定において一度過冷却状態が形成されてから自発的な安定化（結晶化など）が進んだと解釈できる．最初の温度走査では観測されたシグナルが，温度走査を繰り返しても再現されない場合もある．これは，準備された試料が準安定状態にあり，最初の温度走査で安定相に落ち着いてしまったためである（単変転移）．これもまた試料の大事な情報の一つとなる．DSC 曲線には，相転移だけでなくガラス転移もステップ状の変化として観測される．これは，高温で熱容量に寄与していた分子運動がガラス転移温度（T_g）以下で急激に遅くなり熱励起できなくなることが原因である．

転移温度 T_{trs} と転移エンタルピー $\Delta_{trs}H$ を決定するには，横軸に時間，縦軸に熱流束差をプロットした図を用いる（図 1.8）．転移温度 T_{trs} は，相転移開始前の直線部分と相転移中の直線部分をそれぞれ延長した交点の補外開始時間（t_e）における温度（図 1.8 の挿入図）とすることが多いが [2)]，相転移の種類によっては，ピークの立ち上がり時間（t_i）における温度やピークトップ時間（t_p）における温度とするほうがよい場合もある．

これには，相転移の温度幅が密接にかかわっている．純物質の融解などの一次転移の場合は，加熱を続けても相転移が完了するまで試料温度は変化しない（相転移が潜熱をもって一定温度で進行する）．このとき，基準物質の温度は上昇を続けるため，DSC 曲線に現れる相転移ピークは一定の勾配で立ち上がる．したがって，ピークの立ち上がり時刻 t_i から相転移温度 T_{trs} を推定するのが妥当といえる．しかし，多くの相転移では転移温度よりも低温（または高温）の領域から熱容量が大きくなりはじめ（これを「熱容量の転移ピークに裾がある」と表現する場合がある），これが DSC ピークの立ち上がりに反映される．このようなときは，DSC ピークの立ち上がりが一定勾配になった領域で相転移が進行していると考え，補外開始時間 t_e から転移温度 T_{trs} を見積もるほうが妥当といえる．しかし，場合によっては相転移そのものが非常に広い温度範囲（数 10 ℃）にわたって起こることもある．例えば，タンパク質の変性などがこれに相当する．この場合には，DSC ピークの幅は，熱容量ピークの温度幅と同程度とみなすことができ，ピークの頂点時刻 t_p から転移温度 T_{trs} を導出するほうが妥当と判断される．

なお，試料と温度計の温度差による効果を検証するには，走査速度をさまざまに変えて測定し，転移温度 T_{trs} の走査速度依存性を確認するとよい．走査速度と転移温度の間

1

に直線的な関係が見出せれば，速度ゼロに外挿した温度を真の(走査速度に依存しない)転移温度とみなすことができる．

転移エンタルピー$\Delta_{trs}H$は，1.4.1項で述べたように，熱流束差を時間積分することで求められ，これは図1.8におけるピークの面積に相当する．熱流束差には，相転移以外に熱容量の大きさも影響するため，相転移の寄与のみを分離するためにベースライン（図1.8の破線）を差し引いてから面積を計算する．

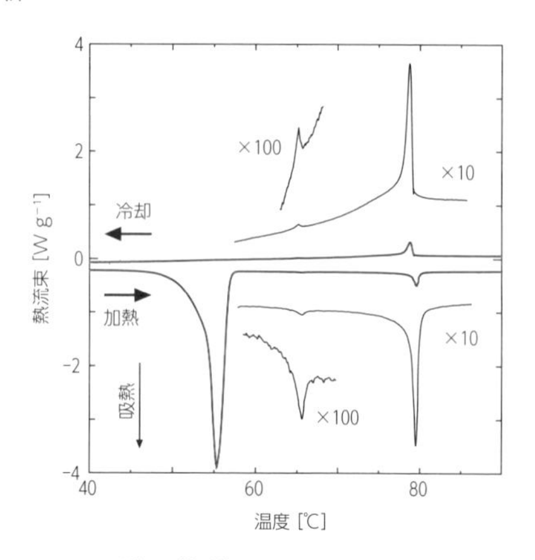

図1.9　液晶物質 4-cyano-4'-*n*-octyloxybiphenyl（8OCB)のDSC測定結果

昇温測定では53 ℃，66 ℃，79 ℃の3温度点で吸熱ピークが観測されており，それぞれ「結晶→スメクチックA液晶」,「スメクチックA液晶→ネマチック液晶」,「ネマチック液晶→液体」の相転移に対応する．降温測定では，66 ℃と79 ℃の転移は観測されているが，53 ℃の転移は過冷却により観測されていない．

ベースラインのとり方には任意性があり，直線関数を用いる場合，多項式関数を用いる場合，指数関数を用いる場合，転移の前後で2種類の直線関数を用いて転移温度で切り替える場合など複数の方式がある．転移前後で熱流束差がほぼ同じで安定していれば直線関数を用いるのが最も素直なとり方といえる．装置の熱抵抗差（$R_r - R_s$）が顕著な温度依存性を示していたり転移前後で試料熱容量が大きく変化したりする場合は，単純な直線関数によるベースラインの見積もりは妥当でない．熱抵抗差の問題が大きい場合は，相転移前後の熱流束差をスムーズにつなぐように多項式関数を用いる場合が多い．試料熱容量が転移の前後でステップ関数的に変化する場合は，指数関数を採用するのがよいと推奨する理論モデルもある[8)]．ベースラインのとり方は，転移温度T_{trs}の求め方と同様に，相転移の温度範囲によって大きく変わるため，どのような現象を観測しているかという点に留意したうえで方針を定める必要がある．転移温度T_{trs}，転移エンタルピー$\Delta_{trs}H$のいずれの解析においても，できればどの方式を採用したかを論文や報告書に明記しておくとよい．同じ現象であっても，解析方法によって結果が異なるからである．

具体的な測定例として，液晶物質として知られる4-cyano-4'-*n*-octyloxybiphenyl（略称8OCB）のDSC測定結果を示す（図1.9)．測定条件は，走査速度 ±3 ℃ min^{-1}，温度範囲は40～90 ℃を示している．ただし，75 ℃以下の降温測定は −3 ℃ min^{-1}よりも遅くなっている．

結果を見ると，昇温測定のDSC曲線には53 ℃，66 ℃，79 ℃の3温度点で吸熱ピークが観測されていることがわかる．三つのピークサイズは大きく異なり，とりわけ66 ℃のピークが小さいことが見て取れる．降温測定では66 ℃と79 ℃のピークは昇温測定と同じ温度で観測されており(降温測定であるため発熱ピークとして観測されている)，転移エンタルピーも，昇温測定と降温測定とで同程度であることがわかるが，53 ℃の相転移は，降温測定では観測されていない．これは，一次転移に特有の過冷却状態にあるためと考えられる．

8OCBの3個の相転移は，低温から「結晶⇔スメクチックA液晶」,「スメクチックA

液晶⇔ネマチック液晶」，「ネマチック液晶⇔液体」であることが知られている．DSC 測定の結果は，「結晶⇔スメクチック A 液晶」の転移が過熱や過冷却を示す一次転移であることや，スメクチック A 液晶とネマチック液晶のエネルギー的な違い（転移エンタルピー$\Delta_{trs}H$）が小さいことを示している．

1.4.4　DSC 測定の応用と発展

DSC 装置は，よく用いられる等速度の加熱冷却測定のほかにも，さまざまな使い方がある．たとえば，断続加熱することで試料の熱容量を求める方法や，融解ピークの幅から試料純度を求める方法，高分子の結晶化などを等温測定で追跡する方法などがある．いずれも，使用する装置の構造や試料周囲の熱環境を十分に理解したうえで測定・解析すれば，精度の高いデータを得ることができる．本書では，これらの発展的な測定方法の詳細については述べないが，複数の書籍でていねいに説明されているので参考にされたい[3, 4]．

近年は，より使いやすく，より多様なオプションを備えた DSC 装置が販売されるようになり，その使い方の幅はさらに広がりを見せている．たとえば，温度変調 DSC（Temperature Modulated DSC：TM–DSC）と呼ばれる測定法では，試料を等速度で加熱冷却するのではなく，短い周期で加熱冷却を繰り返しながら平均温度を上昇または下降させていく．周期の短い加熱冷却操作を温度変調と呼び，その変化の速さ（周波数）に相転移などの熱現象が追随できるかどうかで，熱的な応答を分離できると考えられている．たとえば，結晶性高分子の融解挙動において融解と結晶化が同時に進行することが知られており，TM–DSC を用いることで各成分を分離する試みが行われている[9]．

近年の目覚ましい発展としては，走査速度を非常に速くした高速 DSC の開発が挙げられる．ng オーダーの試料を 1000 ℃ s^{-1} の速度で測定できる装置も市販されている．走査速度が非常に高いので，通常は結晶化してしまう試料でも，そのガラス化挙動などを調べることが可能であり，新しい技術革新として期待されている[10]．

1.5　おわりに

本章では，代表的な熱分析手法として TGA と DTA および DSC を取り上げ，装置構成の概要と基本的な使い方，使用上の注意点に重点をおいて解説した．初めて熱分析に取り組む方々を想定して導入的な内容に絞ったため，具体的な装置設計や高度な測定・解析方法の説明は割愛した．詳細は，実験化学講座[4]や熱量測定・熱分析ハンドブック[3]，熱分析のみに焦点を絞った専門書籍[11, 12]などを参照されるとよいだろう．また実際に測定すると，使用する装置の種類や状態，測定する試料の物性や見たい現象によって，細かな技法が少しずつ変わることにも気づくだろう．測定やデータ解析の具体的な工夫は，学術雑誌「熱測定」の記事など（アーカイブスをウェブ上で閲覧できる）で紹介されているのでぜひ参照されたい[7]．

熱分析を行ううえで意識すべき重要な点の一つに「装置内部の熱環境をイメージできること」が挙げられる．TG–DTA や DSC では，直接計測しているのは天秤や温度計（または熱補償ヒーターの電流と電圧）の読み値であり，これを試料の質量変化や温度変化，さらには熱量変化に換算している．この換算の過程で，熱伝達による時間遅れが無視されていたり一定の熱抵抗 R が仮定されていたりするが，これはモデル近似であり，必

1

ずしも現実の測定状況を反映しているとは限らない．現実とモデルとのズレが大きくなると，測定結果の信頼度は低下してしまう．実際の測定では，試料温度を一定速度で変化させることが多いため，装置内部では常に温度勾配が生じており，熱伝達の問題は避けて通れない．このことを念頭に置いたうえで，得られたデータとその解釈の妥当性を精査するとよいだろう．

【参考文献】

1）T. Lever et al, *Pure Appl. Chem.*, **86**, 545 (2014).
2）熱分析通則，JIS, K 0129 (2005).
3）日本熱測定学会編，『熱量測定・熱分析ハンドブック　第3版』，丸善(2020).
4）日本化学会編，『実験化学講座〈6〉温度・熱、圧力　第5版』，丸善(2005).
5）小澤丈夫，熱測定，**28**，175 (2001).
6）古賀信吉，熱測定，**42**，2 (2015).
7）http://www.netsu.org/JSCTANetsuSokutei/
8）齋藤一弥他，熱測定，**14**，2 (1987).
9）石切山一彦，繊維と工業，**65**，428 (2009).
10）古島圭智，熱測定，**47**，58 (2020).
11）齋藤一弥，森川淳子，『熱分析　分析化学実技シリーズ　機器分析編13』，共立出版(2012).
12）吉田博久，古賀信吉，『熱分析　第4版』，講談社(2017).

2 試料準備 1　固体試料の溶解

南　秀明（(地独)京都市産業技術研究所金属系チーム）

2.1 はじめに

金属，セラミックス，有機物などの材料に含まれる微量無機成分を測定する方法として，誘導結合プラズマ発光分光分析法（ICP-OES）や誘導結合プラズマ質量分析法(ICP-MS)などが利用されている．これらの測定法は溶液試料を分析対象としているため，試料溶液の調製(水溶液化)が必要である．

試料溶液の調製法には乾式分解法（灰化法），湿式分解法（酸分解法），加圧酸分解法，マイクロ波加熱分解法，融解法などがあり，試料の材質，測定成分，定量法などを考慮して適切な方法を選択し，必要に応じて複数の分解法を併用する．たとえば，JIS G1258-1:2014「鉄及び鋼 -ICP 発光分光分析方法 - 第 1 部:多元素定量方法 - 酸分解・二硫酸カリウム融解法」では，混酸による酸分解を行った後，未分解残渣に対して融解法を適用している．

試料溶液の調製法の注意点は次の通りである．

①主成分および分析対象元素が完全溶解すること．
②試料溶液の調製に用いる試薬が定量を妨害しないこと．
③分析対象元素が揮散しないこと．
④分析対象元素の沈殿や吸着などが起こらないこと．
⑤コンタミネーション(汚染)ができるだけ少なく，空試験により補正できる範囲であること．
⑥試料，溶液の飛散を起こさないこと．

これらの注意点は金属に限らず，セラミックス，有機物などすべての試料に共通している．ここでは，試料溶液の調製法に関する実験器具，試薬などの基本項目および分解法，融解法について紹介する．特に融解法は図を交えて紹介する．

2.2 器具と試薬[1,2)]

2.2.1 実験器具

試料溶液の調製には，ビーカー，るつぼ，メスフラスコ，ピペットなどの実験器具を使用し，その材質にはホウケイ酸ガラス，石英ガラス，フッ素樹脂(PTFE，PFA など)，ジルコニア，白金，ニッケル，ポリエチレン樹脂(PE)，ポリプロピレン樹脂(PP)などがある．融解法に使用するるつぼの材質には白金，ニッケル，ジルコニア，石英ガラスなどがあり，使用する融剤により選択する．使用方法を間違えると，るつぼを損傷するおそれがある．

湿式分解法ではホウケイ酸ガラス製ビーカーを使用することが多いが，Na，B，Si，Al などの成分が溶出する．これらの成分の溶出が測定に影響しないことを確認する必要がある．例として，著者が一般的な実験室で確認した結果を図 2.1 に示す．ホウケイ

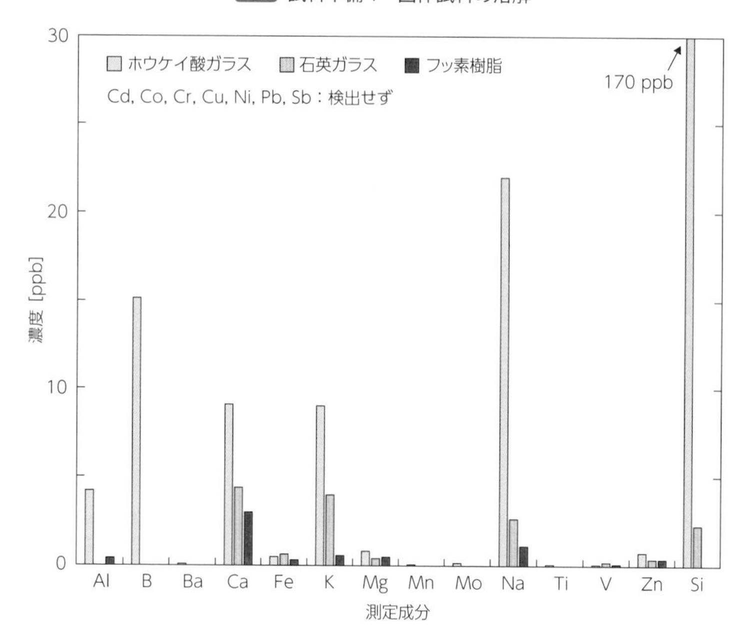

図 2.1　材質の違いによる溶出成分への影響
各ビーカーに硝酸（電子工業用硝酸 1，水 1）を 4 mL 加え，約 30 分間ホットプレート上で加熱還流させた後，PP 製遠沈管に処理液を回収した．蒸留水を加えて 50 mL とし，試験液を調製した．

酸ガラス，石英ガラス，フッ素樹脂（PTFE）製の各ビーカーに硝酸（電子工業用硝酸 1 体積＋水 1 体積）4 mL を加え，ホットプレート上で約 30 分間加熱還流させ，処理液を PP 製遠沈管に回収した．蒸留水を加えて試験液(50 mL)を調製し，試験液に含まれる金属成分を測定した．環境や試薬からの影響も含むと考えられるが，ホウケイ酸ガラス製ビーカーでは，Al，B，Ca，K，Na，Si などの各成分の溶出が確認された．一方，石英ガラスやフッ素樹脂製ビーカーを用いるとそれらの溶出はかなり抑えられていた．

また，器具からの汚染の事例として，溶液の定容に用いるメスフラスコの首および栓のすり合わせ部に汚れが付着することがある．特に濃度の高い溶液を調製した場合は，メスフラスコの首および栓の酸洗浄は必須である．そのため，鉄鋼用，非鉄金属用，微量用など目的ごとに専用のビーカーやメスフラスコなどを準備することは，汚染を防ぐ方法の一つである．

2.2.2　洗浄方法

実験器具は，購入した状態でも材料に含まれる触媒や製造に用いられた金型などの影響により清浄ではないと考えるほうがよい．そのため，JIS 規格に記載された方法[2)] などを参考にして，使用前に洗浄する必要がある．

ビーカーなどの洗浄方法の一例を示す．

①市販の器具洗浄液に半日漬けておく．
②水洗いし，酸溶液（適当な濃度の硫酸，約 1.1%）に半日漬ける．硫酸は揮散しにくい

ため，実験環境への影響が少ない．また，一般にICP-OESへの影響も認められない．ただし，ICP-MSなどでは硫黄の影響を受ける可能性がある．

白金るつぼの洗浄方法の一例を示す．

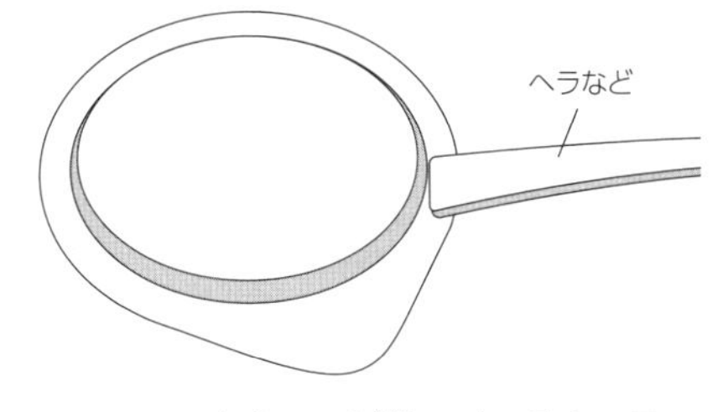

図 2.2　白金るつぼ蓋のメンテナンス
蓋のふちを平らにする．

①白金るつぼに薬さじ 1 杯分の炭酸ナトリウム - 炭酸カリウム混合融剤(1：1)を入れ，融解する．室温まで放冷した後，塩酸(1+1)を加え融成物を溶解し取り除き，水洗する．
② 500mL ビーカーに塩酸(希釈なし)を入れ，白金るつぼと白金るつぼ蓋を浸し，電熱器上で 5 分程度加熱する．ここで用いた塩酸は洗浄用として繰り返し使用する．
③白金るつぼと白金るつぼ蓋を蒸留水で洗浄し，バーナーで加熱し水分を除去する．
④デシケーター中で放冷した後，所定の場所に保管する．

保管する前に白金るつぼの変形や，白金るつぼと白金るつぼ蓋の密着性などを確認する．必要に応じて，図 2.2 に示すように，白金るつぼ蓋のふちを平らにする．

2.2.3　試薬

試料溶液の調製に使用する水や硝酸などの試薬は，測定する成分や濃度域に応じてさまざまな規格のものが用意されており，最適なものを選択する必要がある．

硝酸など，試薬の中には毒物や劇物に指定された危険なものもあるので，取扱いには十分に注意する．特にフッ化水素酸は皮膚への浸透力が高いので，厚手のゴム製手袋やゴーグルなどの保護具を着用し，身体や着衣に付着させないように気をつける．

化学薬品に関する安全データシート（SDS）を必要なときにすぐに確認できるように準備しておく．薬品を使用する際の注意点は試薬瓶内の試薬を汚染させないことである．そのため，ピペットを用いて試薬瓶から直接採取するのではなく，あらかじめ洗浄したビーカーなどに必要最少量の試薬を分取して，そこから採取する．

2.2.4　酸

試料溶液の調製に使用する塩酸，硝酸などの試薬の特徴を示す．

(1)塩酸(共沸点 108 ℃)

水素よりイオン化傾向が大きい金属を溶解できる．還元性をもつ．塩化物の多くは揮発性があるので，加熱乾固は避ける．

(2)硝酸(共沸点 121 ℃)

多くの金属の溶解に適している．イオン化傾向の小さい Ag まで溶解できる．酸化性の溶解作用がある．Sn はメタスズ酸として沈殿する．Al，Cr，Mo，W などは不動態化しやすい．

(3)王水(塩酸3体積，硝酸1体積の混酸)

次式の反応によって，酸化力の高い溶解作用がある．

$$3HCl + HNO_3 \rightarrow Cl_2 + NOCl + 2H_2O$$

(4)硫酸(共沸点338 ℃)

酸化または還元を伴わないで溶解できる．硫酸塩の多くは融点が高いので，揮散を抑制できる．濃硫酸より水で硫酸(1+5)程度に希釈するほうが分解力が増す．

(5)過塩素酸(共沸点203 ℃)

高温で強い酸化性を示す．有機物と過塩素酸のみの混合物を加熱すると，爆発する危険性がある．たとえば，Si分析において過塩素酸脱水処理をした場合，ろ過処理時に塩酸，水で十分に洗浄しておかないと，ろ紙の灰化時に爆発することがある．

(6)フッ化水素酸(共沸点120 ℃)

金属と錯塩を生成するので，Ti，Nb，Ta，W，Moなどの溶解に有効である．ただし，As，B，Te，Mo，Osなどのフッ化物は揮散するので注意が必要である．

2.3 試料溶液の調製(分解法)[1]

2.3.1 試料採取

①切断：精密切断機(水冷カッター)，せん断機，ボルトクリッパー，ボール盤，旋盤などを用いる．切断用砥石は，炭化ケイ素質系，アルミナ質系があり，材料，測定項目により選択する．

②粉砕：磁器，めのう，アルミナ，ムライト，炭化タングステン，炭化ホウ素などの材質の乳鉢を用いる．

注意：めのう製の乳鉢からはSiの混入に注意する。炭化タングステン製の乳鉢ではCoとWなどの混入に注意する．

③脱脂：エタノール，アセトン，ジエチルエーテルなどを用いる．

④エッチング：ここでは試料表面の酸化皮膜除去法として，銅地金の例を示す．分析試料をビーカーにとり，酢酸(1+50)を加える．試料の表面が淡紅色となれば，デカンデーションにより蒸留水で洗浄する．次にエタノール，アセトンで洗浄する．これを送風又は自然乾燥し，デシケーター中で2～3時間保存する．ただし，真鍮など合金の場合は，Pbなど一部の成分だけが溶出されるので注意が必要である．

2.3.2 揮散，沈殿

試料溶液の調製において，目的元素が酸との反応により揮散したり，沈殿したりしないように注意が必要である．たとえば，揮散しやすい化合物にはZn，Cd，Alなどの塩化物や，Si，B，Asなどのフッ化物がある．一方，沈殿を生じやすい化合物はBa，Pb，Caなどの硫酸塩，Al，Caなどのフッ化物，Ag，Pbなどの塩化物や，Ti，Zrなどのリン酸塩などである．

2.3.3　乾式分解法（灰化法）

乾式分解法は，試料をるつぼや蒸発皿に入れ，加熱して灰化させる方法である．高分子材料を含めたほとんどの有機物に適用できる．As，Se などは揮散しやすいため，硫酸の添加によりハロゲン化物を硫酸塩に変換させ揮散を抑えることができる．

灰化時に試料が急激に燃えると揮散するおそれがあるため，電熱器上で徐々に温度を上げながら穏やかに燃焼させる．炭化し煙が出なくなるまで電熱器上で予備灰化する．予備灰化後，すみやかに電気炉などで灰化する．灰化温度が高いと元素の揮散や灰化容器への吸着などが起こりやすいため，500 ～ 600 ℃程度で処理することが望ましい．また，Na，K の測定を目的とする場合は，石英または白金るつぼを用いる．

2.3.4　湿式分解法（酸分解法）

湿式分解法は，硝酸，塩酸，硫酸などの酸を単独もしくは適正に組み合わせて分解する方法である．ここでは，鉄鋼材料，非鉄金属材料（Al，Cu，Ni，Ti），有機物の例を示す．

(1) 鉄鋼材料

鉄鋼材料中の目的元素を ICP-OES で測定するための試料溶液の調製法には，塩酸と硝酸の混酸を用いて加熱分解し，未分解残渣を二硫酸カリウムまたは硫酸水素カリウム，炭酸ナトリウムで融解する方法の他，塩酸と硝酸の混酸を用いて加熱分解した後，硫酸とリン酸の混酸による硫酸白煙処理をする方法，硫酸とリン酸の混酸による硫酸白煙処理をする方法などがある．また，分解後の加水分解防止のために，酒石酸，クエン酸，過酸化水素などを添加する．

(2) Al および Al 合金

金属 Al は塩酸や硫酸に溶ける．また，水酸化ナトリウムや水酸化カリウムにも溶ける．濃硝酸には，表面に酸化皮膜を形成し不動態化する．

JIS H1306 や H1307 では塩酸（1+1）と過酸化水素，塩酸（1+1）と硝酸（1+1）の混酸が用いられ，JIS H1352 では 20 ～ 40％水酸化ナトリウム水溶液が用いられている．

(3) Cu および Cu 合金

金属 Cu および Cu 合金は硝酸に溶ける．JIS 法でも硝酸が多く用いられているが，Sn, Fe, As, Be, Sb が測定成分の時は，塩酸と過酸化水素の混酸が用いられている場合もある．

JIS 法（ICP-OES）の試料溶液の調製には，塩酸と硝酸の混酸が用いられている．JIS 法（Cu 分析）には，硝酸と硫酸の混酸，もしくは硝酸とフッ化水素酸とホウ酸の混酸が用いられ，後者は Pb，Sn，Si を含む試料にも適用できる．

(4) Ni および Ni 合金

金属 Ni は希硝酸にはすみやかに反応して分解する．しかし，濃硝酸では不動態化する．JIS 法（原子吸光法，ICP-OES）の試料溶液の調製には，硝酸や，硝酸と塩酸，硝酸と塩酸とフッ化水素酸との混酸などが用いられている．

(5) Ti および Ti 合金

金属 Ti は塩酸や硫酸に徐々に溶け，加熱すると容易に分解できる．フッ化水素酸とは激しく反応し分解する．硝酸とは難溶性のメタチタン酸を生じる．

JIS 法（Si 分析）では，塩酸（1+1）と硫酸（1+4）の混酸が用いられ，JIS 法（Fe など）では，塩酸(1+1)とフッ化水素酸(1+1)，硝酸(1+1)とフッ化水素酸(1+1)，硫酸(1+1)とフッ化水素酸(1+1)などの混酸が用いられている．

(6) 有機物

有機物は，硝酸，硫酸，過酸化水素，過塩素酸などの酸の組合せにより分解する．比較的に低温で分解処理ができる．そのため，As など揮散しやすい成分の測定にも利用できる．酸の組合せとしては硝酸と硫酸，硝酸と過塩素酸が一般的であるが，過塩素酸の使用は爆発の危険性があり注意が必要である．

硝酸と硫酸の混酸を用いる手順の一例を示す．試料 1 〜 2 g 程度をトールビーカーにはかり取り，硝酸 10 mL を加え，ホットプレート上で加熱分解する．反応がおさまったら，ホットプレートからいったん下ろし放冷した後，硫酸 2 mL を加えて再度加熱分解する．内容物が黒くなってきたら，硝酸 1 〜 2 mL を加える．硫酸白煙が生じる状態で，黒くならなくなるまでこの操作を繰り返す．内容物が無色〜淡黄色になれば分解を終了する．

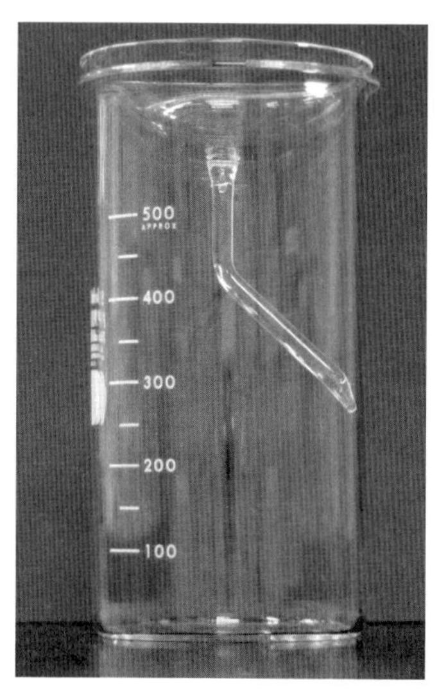

図 2.3　脚つき時計皿

発泡性の試料を分解する際は，トールビーカーなど背の高い容器を用いるか，試料量を少なくする．また，トールビーカーとともに，図 2.3 に示す脚つき時計皿を用いることで，分解時に試薬の還流効果を高め，突沸を防ぐ効果が期待できる[3)]．

2.3.6　加圧酸分解法

加圧酸分解法は，加圧分解容器を用いた酸分解法である．加圧分解容器は，フッ素樹脂製内部容器(内筒)と，試料分解中の内圧に耐えて密閉するためのステンレス製外部容器（外筒）から構成されている．フッ素樹脂の耐熱温度は 250 ℃で耐薬品性も高い．しかし，高温高圧下では塩酸，硝酸などがフッ素樹脂内部に浸透し，外部容器にさびが発生することがある．また，フッ素樹脂の電気絶縁性が高いため静電気を生じやすく，粉末試料をはかり取る際に試料が飛散するおそれがある．これを防ぐ方法として，イオナイザーの使用は有効である．外部容器の底にネジ穴を施してあると，分解処理後，ネジを使って内部容器を簡便に取り外すことができる．

加圧酸分解法の長所は次の通りである．

①高温高圧処理が可能である．
②揮散しやすい元素の前処理に有効である．

③外部からの汚染が少ない．

逆に，短所は次の通りである．

①分解中の様子を見ることができないため反応終了がわからない．
②一度に多量の試料が処理できない．
③有機物の分解に過塩素酸を用いた場合，爆発の危険性がある．

また，使用時の留意点は次の通りである．

①試料量は 1 g 以下とし，はじめは 0.1 g 程度から検討する
②容器内部の温度が設定温度になるまで約 2 時間を要する．

次に，各ファインセラミックスに加圧酸分解法を適用した事例を紹介する．

(1)アルミナ微粉末(JIS R1649：2002)

試料 1.00 g を白金るつぼに入れ，硫酸（1+3）15 mL を加える．白金るつぼごと加圧分解容器の樹脂容器に入れる．加圧酸分解処理(230 ℃，16 時間)を行う．

(2)窒化ケイ素微粉末(JIS R1603：2007)

試料 0.50 g を白金るつぼに入れ，白金るつぼごと加圧分解容器の樹脂容器に入れ，硝酸 1 mL，フッ化水素酸 10 mL を加える．加圧酸分解処理(160 ℃，16 時間)を行う．
冷却後内容物を白金皿に移す．硫酸 (1+1) 2 mL を加えて白煙処理し，蒸発乾固する．塩酸(1+1) 4 mL と蒸留水を加えて溶解する．

(3)炭化ケイ素微粉末(JIS R1616：2007)

試料 0.50 g を白金るつぼに入れる．白金るつぼごと加圧分解容器の樹脂容器に入れ，フッ化水素酸 5 mL および硝酸 8 mL を加え，次いで硫酸 5 mL を徐々に加える．加圧酸分解処理(240 ℃，16 時間)を行う．
加圧酸分解処理後，白金皿に移し入れ，砂浴上で加熱し，硫酸白煙がほとんど出なくなるまで蒸発する．放冷後，塩酸（1+1）5 mL および水約 20 mL を加えて水浴上で加熱溶解する．

(4)窒化アルミニウム

試料 (① 0.3 g，② 0.75 g) をフッ素樹脂 (PTFE など) 製加圧分解容器に入れ，(①塩酸 10 mL，②硫酸 (1+2) 15 mL) を加える．加圧酸分解処理 (200 ℃，① 3 時間，② 16 時間) を行う．

(5)窒化ホウ素

試料 0.5 g をフッ素樹脂 (PTFE など) 製加圧分解容器に入れ，フッ化水素酸 5 mL，塩酸 2.5 mL を加える．加圧酸分解処理(170 ℃，16 時間)を行う．

(6)ジルコニア

試料 0.2 ～ 0.5 g をフッ素樹脂(PTFE など)製加圧分解容器に入れ，硫酸(1+1) 5 ～ 10 mL を加える．加圧酸分解処理(230 ℃，4 ～ 24 時間)を行う．

(7)酸化チタン(チタニア)

試料 0.5 g をフッ素樹脂 (PTFE など) 製加圧分解容器に入れ，フッ化水素酸 2.5 mL，塩酸 2.5 mL を加える．加圧酸分解処理(150 ℃，3 時間)を行う．

(8)チタン酸バリウム

試料 0.5 g をフッ素樹脂 (PTFE など) 製加圧分解容器に入れ，塩酸 15 mL を加える．加圧酸分解処理(150 ℃，16 時間)を行う．

2.3.7 マイクロ波加熱分解法

マイクロ波加熱分解法は，マイクロ波加熱を利用した加圧酸分解法である．照射されたマイクロ波エネルギーが試料および溶媒に吸収され，分子振動により熱へと変換し，内部加熱および内部攪拌を起こすため，従来の加圧酸分解法に比べて分解を促進できる利点がある．分解容器にはフッ素樹脂（PTFE など）や石英ガラスが用いられている．市販されているマイクロ波加熱分解装置は，分解容器内の温度を温度センサーや赤外線センサーでモニターし，設定した温度プログラムにしたがってマイクロ波の出力が自動的に調整される．

通常，マイクロ波は PTFE などのフッ素樹脂容器には吸収されない．しかし，分解操作を繰り返していると，硝酸などの溶媒がフッ素樹脂の内部へ吸収され，マイクロ波がフッ素樹脂容器にも吸収されるようになる．そのため，フッ素樹脂容器の使用履歴に差があると，フッ素樹脂容器へのマイクロ波の吸収が異なり，結果として到達温度にバラツキが生じる．

一般に温度制御用のセンサーは一つの分解容器にだけセットされる．他の分解容器に比べて温度制御用容器の使用履歴が少ない場合，他の分解容器の温度はより高くなり，設定温度を超える危険性がある．逆に使用履歴が多い場合，マイクロ波の出力が抑えられ，分解容器によっては分解が十分に進まないおそれがある．そのため，できるだけ分解容器の使用履歴が均一になるようにする．分解容器の使用履歴の確認方法やフッ素樹脂内部に浸透した酸を除く方法などはメーカーに確認するとよい．また，微粉末の有機物試料では，急激な反応により容器の耐圧を超える可能性があるので，分解プログラムの設定に注意する．

2.4 試料溶液の調製(融解法)

2.4.1 準備

(1)トライアングル(三角架)の作り方

白金るつぼをバーナーで加熱する際に使用するトライアングル(三角架)は，ニクロム線，石英管，磁製管で作製する．図 2.4 に示すように，ニクロム線を磁製管と石英管で二重に覆い，連結部のニクロム線をねじって作製する．石英管が汚れると，汚れが白金るつぼに付着し，白金るつぼの質量が変わるので注意する．

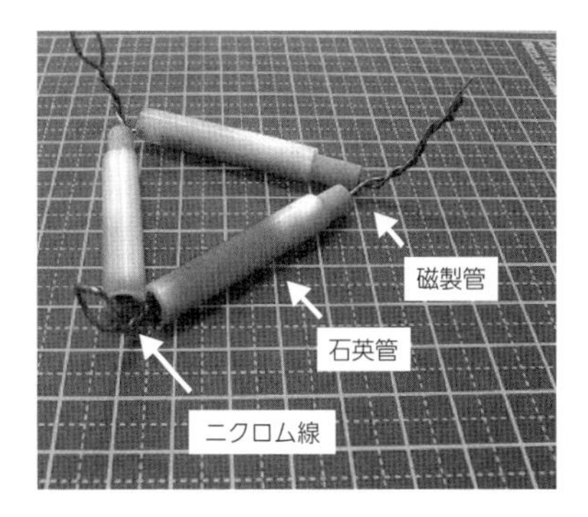

図 2.4　トライアングル(三角架)

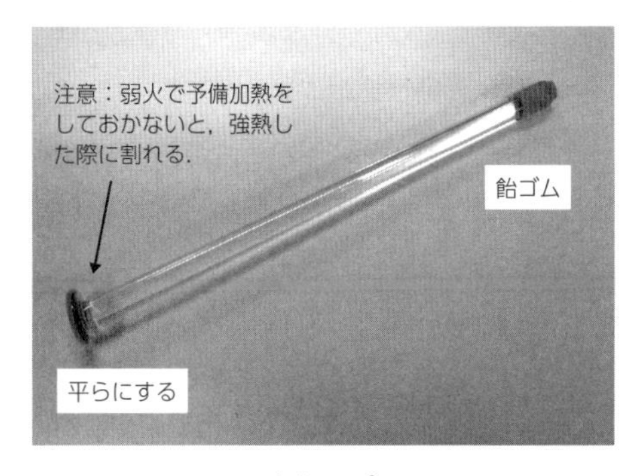

図 2.5　自作のポリスマン

(2)ポリスマン(攪拌棒)の作り方

ポリスマンは，るつぼの洗浄，沈殿の回収，ろ過をする時に固形分を押さえるなどのために使用する(図 2.5)．作り方の一例を示す．

①太さ 6 mm 程度のガラス棒を長さ約 17 cm 程度に切る．片方の端を丸くし，飴ゴムをつける．
②反対の端は，強熱し耐熱板に押し付けて平らな面にする．
注意：ガラス棒は，弱火で予備加熱しておかないと，強熱した際に割れる．

(3)白金るつぼの準備

①蓋と容器の密着性を確認する．必要であれば，白金るつぼ蓋のふちをヘラなどで平らにする．
②蒸留水で洗浄する．
③バーナーで加熱し，水分を除去する(5 分間)．
④デシケーター中で 30 分間放冷する．

(4)試料の準備

①秤量瓶を蒸留水で洗浄し，ホットプレートで加熱し水分を除去する．
②秤量瓶に試料を入れ，乾燥器で温度 105 ～ 110℃の設定で 2 時間以上乾燥させる．
③デシケーター中で保管し，秤量瓶の番号を記録する．

2.4.2　アルカリ融解 / 脱水重量法の操作手順[4)]

この操作手順は，長石などの無機材料中の SiO_2 およびその他の成分を測定するための試料溶液の調製法の一例であるが，酸分解後の未分解残渣処理にも利用できる．

(1)融解処理

①「秤量瓶＋試料」を秤量し，試料を白金るつぼに移す．その後，秤量瓶を秤量する．秤量値の差を試料量とする．
注意：試料中に有機物や硫化物を含むおそれがある試料の場合は，注意が必要である[4)]．
②図 2.6 に示すように，炭酸ナトリウム (Na_2CO_3) 約 2 g をはかりとり，その 2/3 ほどを白金るつぼに入れ，試料と炭酸ナトリウムをスパチュラや白金線などでよく混ぜ合わせる．炭酸ナトリウムは，事前にめのう乳鉢などで微粉末にしておく．
③図 2.7 に示すように，スパチュラについた試料を筆などで白金るつぼ内に落とす．
④試料を覆い隠すように，残り 1/3 の炭酸ナトリウムを入れる．
⑤図 2.8 に示すように白金るつぼを置き，白金るつぼの蓋をして，弱火で 5 分間加熱す

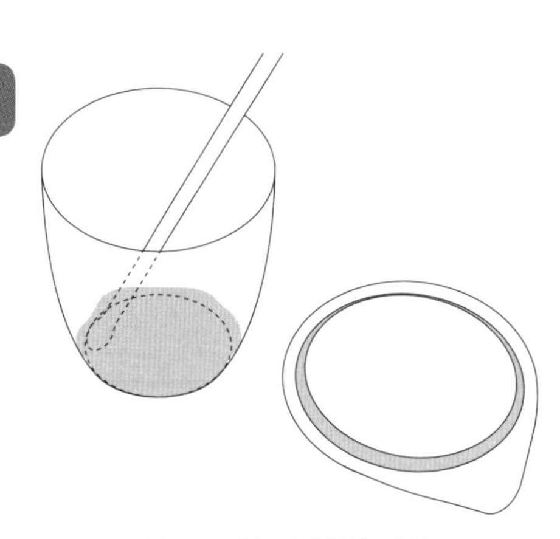

図 2.6 試料と融剤の混合

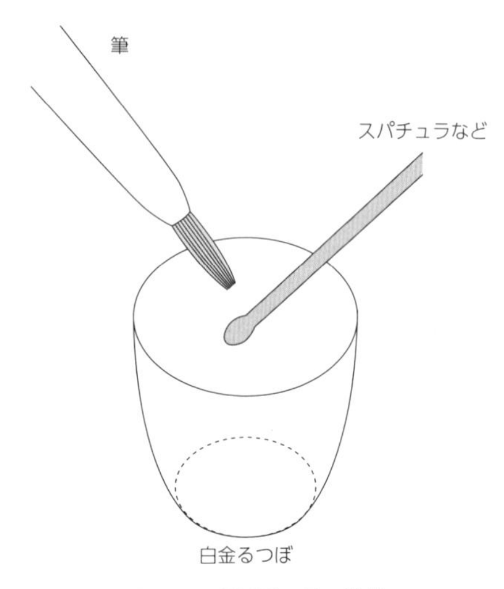

図 2.7 融解処理の準備
スパチュラについた試料を筆などで払い落とす．

る．るつぼ中の試薬などに含まれる水分が除去される．

⑥中火で加熱する（5 分間）．図 2.9 に示すように，内容物がブリッジ(棚吊り)を作るときは，マッフルの蓋をかぶせて加熱する．なお内容物が取れにくくなるため，加熱時間は長くても 10 分程度までがよい．

⑦マッフルの蓋をかぶせ，バーナーを全開にして試料を完全に融解する(5 ～ 10 分間)．

⑧いったんバーナーを止めて放冷する．再度，強火で，るつぼの下が赤くなる程度まで加熱する．このとき，図 2.10 に示すように，白金るつぼを回し融成物が壁面につくようにすると，融成物を取り出しやすくなる．炭酸ナトリウム融解における化学反応[1, 5, 6]は次の通りである．

$MSiO_3$（酸に不溶）+ Na_2CO_3 → MCO_3（酸に可溶）+ Na_2SiO_3（水に可溶）

（M：金属元素）

⑨図 2.11 に示すように，白金るつぼと白金るつぼ蓋をそのまま蒸発皿に入れ，塩酸(1 + 1)20 mL，蒸留水 10 mL を加える．時計皿で蒸発皿に蓋をして，水浴で加熱し，融成物を溶かす．

注意：マンガン含有物が多い試料の場合は，あらかじめ温水で溶解し，エタノール 2 mL を加えた後に塩酸を加える[4]．

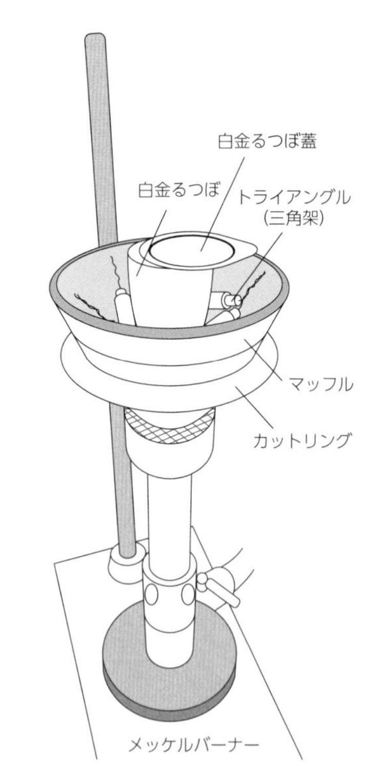

図 2.8 融解処理 1
最初は弱火で水分を除去する（5 分間）．メッケルバーナーはブンゼンバーナーに比べて高温になる．

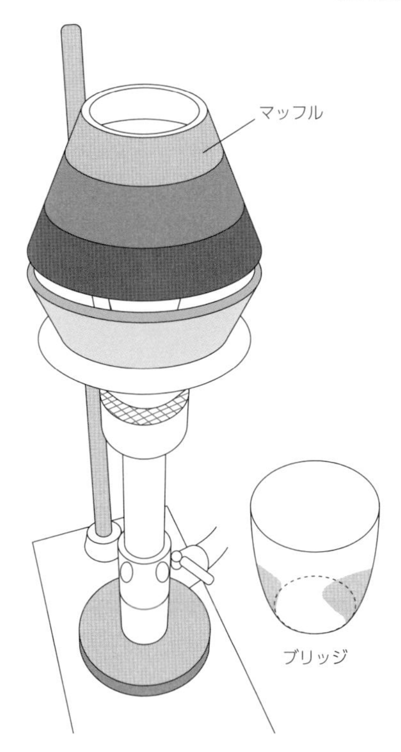

図 2.9　融解処理 2
内容物がブリッジを作るときは，マッフルの蓋をかぶせる(10 分程度まで).

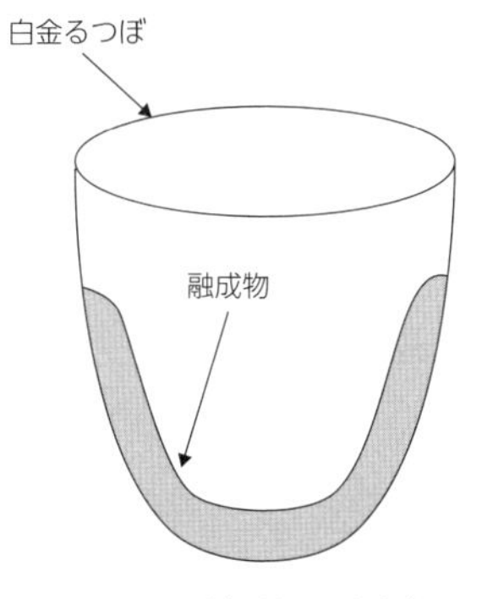

図 2.10　融解後の融成物

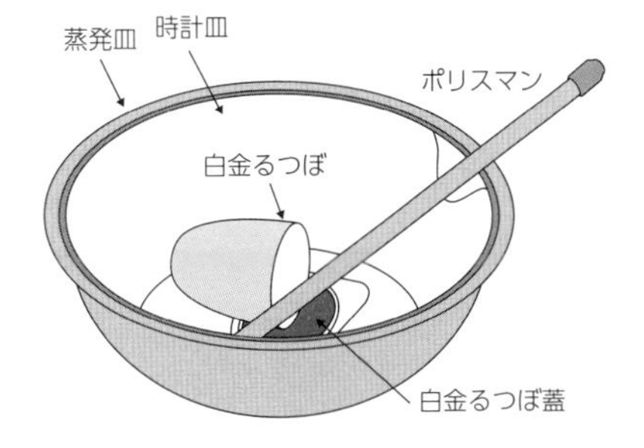

図 2.11　融成物の酸溶解
白金るつぼ，蓋をそのまま蒸発皿に入れる.

⑩融成物が白金るつぼから完全に溶けだしたら，図 2.12, 13 に示すように，白金るつぼと白金るつぼ蓋をポリスマンで引きあげ，蒸留水で洗浄する．この洗液も蒸発皿に加える.
⑪試料を水浴上で 1 ～ 2 時間加熱し，蒸発乾固させる.
⑫この間，試料が乾固してきたら，図 2.14 に示すように，ポリスマンの平らな方で析出した塩を押しつぶし粉砕する.
⑬蒸発皿を水浴から取り出し，放冷後，塩酸 5 mL を加え 1 分間放置する．温かい蒸留水 20 mL を加え，再度 5 分間水浴で加熱し，可溶性塩を溶解する．ろ紙粉末（一つまみ)を加え混ぜた後ろ過する．図 2.15 に示すように，最初はデカンテーションにより上澄み液のみをろ過する．ろ液は 250 mL メスフラスコに回収する．長脚漏斗を用いると，ろ過時間が短くなる.
⑭蒸発皿に約 60℃の塩酸(1+50)を入れ，蒸発皿を洗浄する。この液もろ過してろ液に加える．少量に分けて繰り返し洗浄する．このとき，ろ紙に残っている沈殿が洗浄される．図 2.16 に示すように，ポリスマンの「試料がよく残っているところ」をろ紙の切れ端でぬぐい取り，ろ紙上の沈殿に加える．蒸発皿内に熱水を入れ，ポリスマンの飴ゴム側を使って，底をぬぐい取り，沈殿に加える．ろ紙及び沈殿を熱水で十分に洗浄する.

2

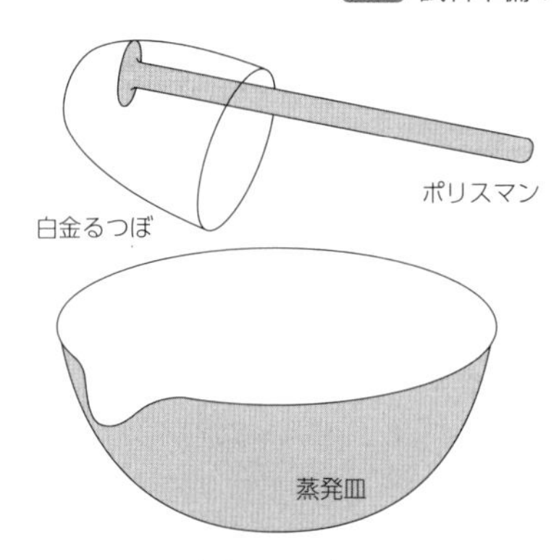

図 2.12　白金るつぼの取り出し方
るつぼを回転させながら，蒸留水を底面にかける．

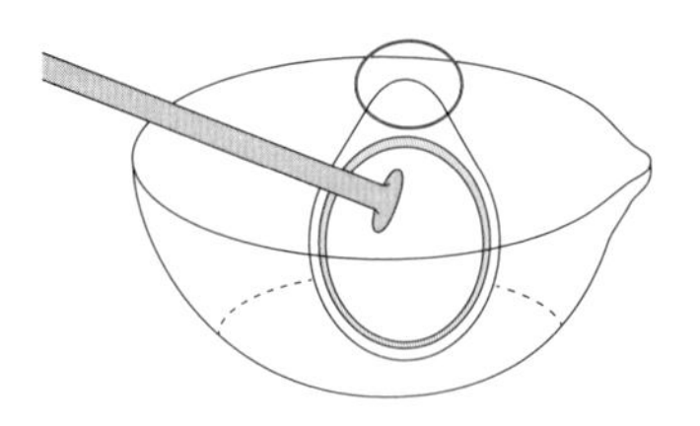

図 2.13　白金るつぼ蓋の取り出し方
ポリスマンを使って，蓋を蒸発皿の側面に立たせる．○のあたりに蒸留水をかけて，洗浄する．洗浄したところを持って，蓋全体を洗浄する．

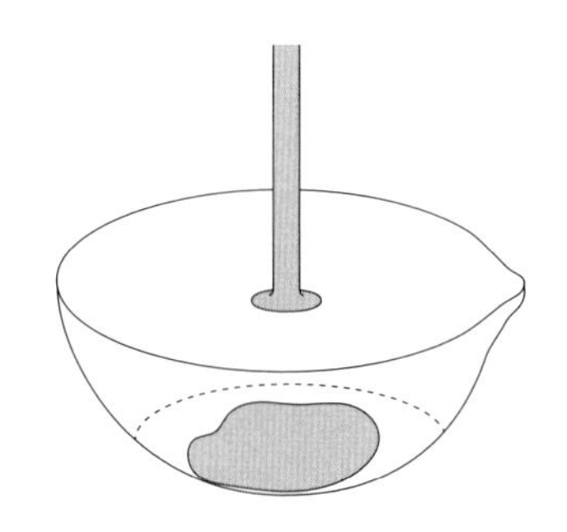

図 2.14　析出した塩の粉砕方法
ポリスマンの平らな方で，析出した塩を押しつぶす．

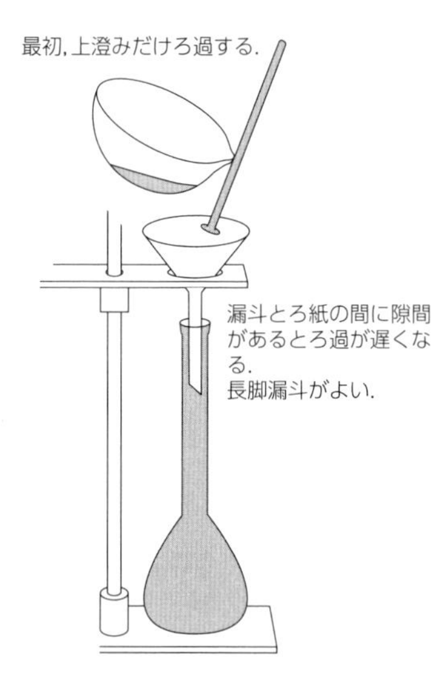

図 2.15　ろ過

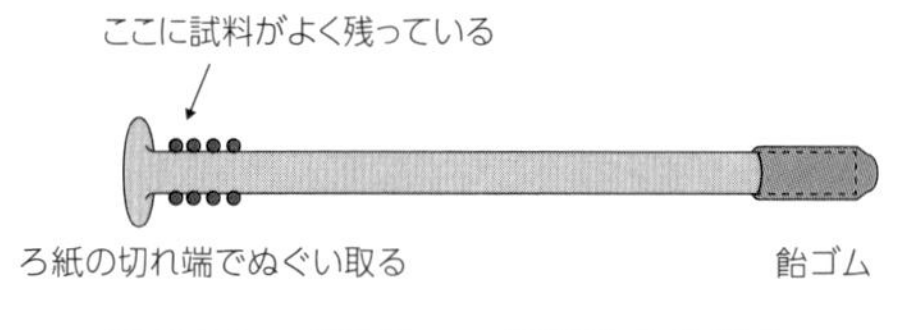

図 2.16　ポリスマン使用時の注意点

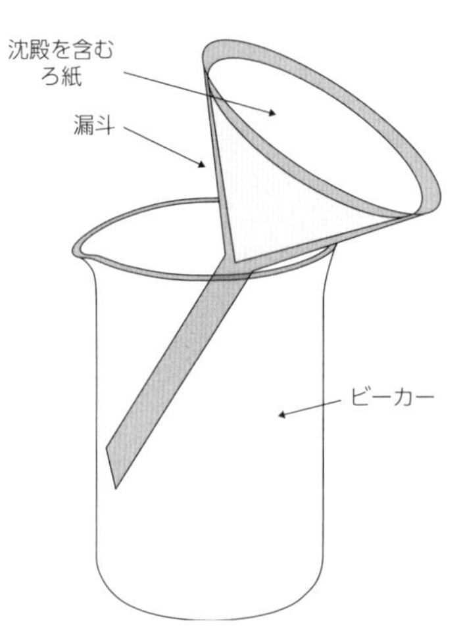

図 2.17　ろ紙の乾燥

⑮図 2.17 に示すように，沈殿を含むろ紙と漏斗を 200 mL のビーカーに移し，乾燥器で温度 110 ℃で乾燥させる．

注意：完全に乾燥させると次の作業がやりにくくなるので，ろ紙が少し湿った状態で止める．

⑯沈殿を含むろ紙を 2.4.2 項（1）⑩の融解処理に用いた白金るつぼに移し，電熱器上でろ紙が焦げる程度まで加熱する．

注意：白金るつぼは，洗浄しないでそのまま使用する．

⑰1100 ℃に設定したマッフル炉で約 1 時間強熱する．

⑱デシケーター中で室温まで冷却した後，白金るつぼを秤量する（w_1）．恒量となるまで強熱を繰り返す．

注意：燃焼条件は規格により異なる．

(2) HF 処理

①白金るつぼの内容物を水で湿し，硫酸（1+1）3 滴を加え，フッ化水素酸を 5 mL 加える．水浴上で加熱し，フッ化ケイ素として蒸発させる（2 ～ 3 時間）．おおよそ減った時に，再度，フッ化水素酸を 5 mL 加え，操作を繰り返す．

②湿り気を帯びた状態になったら，水浴で白金るつぼの外側に付着した水垢を取り除くために，白金るつぼの外側を希塩酸に浸す．その後蒸留水で白金るつぼの外側を洗浄する．

③ドラフト内で，白金るつぼを弱火のバーナーで 5 分間加熱した後，バーナーを全開にして，さらに 5 分間加熱し，残っているフッ化水素酸を蒸発させる．1100 ℃に設定したマッフル炉に約 5 分間入れる．

④白金るつぼをデシケーター中で 30 分間放冷した後，秤量する（w_2）．秤量差（w_1-w_2）が主酸化ケイ素の量である．次項（3）の試験液中に含まれる溶存酸化ケイ素の量を求め，両者の和から試料中の酸化けい素の含有率を算出する．

HF 処理の化学反応[7]は次の通りである．

$$SiO_2 + 4HF \rightarrow SiF_4\uparrow + 2H_2O$$
$$SiO_2 + 6HF \rightarrow H_2SiF_6 + 2H_2O$$

H_2SiF_6 は，蒸発乾固させると，次の反応を起こして揮散する．

$$H_2SiF_6 \rightarrow SiF_4\uparrow + 2HF$$

(3) 白金るつぼ中の Si 以外の残成分の回収

注意点は，一般に脱水分離したケイ酸は純粋ではなく，微量の Fe，Al，Ti などの酸化物を含むことである．また，ごく微量の Cd，Ni，Cr なども吸着され混入する．

①二硫酸カリウム約 2 g を 2.4.2 項（2）④で用いた白金るつぼに入れる．

②ドラフト内で，白金るつぼを弱火のバーナーで軽く加熱し，内容物を溶かす．次に，中火でるつぼの底が少し赤くなる程度まで加熱する．

③白金るつぼを放冷後，2.4.2 項（1）⑮で使用したビーカーに蒸留水 50 mL を入れ，融

成物を白金るつぼごと浸す．このビーカーをホットプレート上で加熱し，融成物を溶かす．この溶液を 250 mL メスフラスコのろ液に加える．二硫酸カリウム融解における化学反応は次の通りであり，この時発生する SO_3 が試料に作用する[6, 7]．

$$2KHSO_4 \xrightarrow{400\sim600℃} K_2S_2O_7 \xrightarrow{750℃以上} K_2SO_4 + SO_3$$

④ 250 mL メスフラスコのろ液に蒸留水を標線まで加えて定容とし，これを試験液とする．

2.4.3 アルカリ融解 / 凝集重量法の操作手順[4)]

(1) 試薬

使用する試薬は炭酸ナトリウム，ホウ酸，ポリエチレンオキシド溶液である．ポリエチレンオキシド溶液は次のように調製する．ポリエチレンオキシド 0.05 g を粗秤し，200 mL ビーカーにとる．蒸留水 70 mL を加え，水浴で加熱して溶解する．この溶液を 100 mL メスフラスコに入れる．この溶液は，2 週間以上経過したときは使用しない．

(2) 融解処理

①白金るつぼに試料を精秤し，炭酸ナトリウム 1.8 g とホウ酸 0.2 g を加えて混ぜ合わせる．この混合物を最初は低温で加熱し，次第に温度をあげ，1000 ℃で約 10 分間強熱する．

注意：2.4.2 項(1)①と同じ．

②白金るつぼを放冷し，蒸発皿に入れ，塩酸（1+1）20 mL と蒸留水 10 mL を加え，水浴上で加温する．白金るつぼの融成物を溶解させる．その後，白金るつぼをポリスマンで引き上げ蒸留水で洗浄する．

注意：2.4.2 項(1)⑨と同じ．

③この溶液を水浴上で加熱し，ゼリー状になるまで濃縮させる．次にろ紙粉末(一つかみ)とポリエチレンオキシド溶液 10 mL を加えて，十分に混ぜ合わせる．5 分間放置後，No.5B ろ紙で沈殿(SiO_2+ 不純物)を分離する．

④ろ過した後，沈殿を熱塩酸（1+50）で数回洗浄し，さらに熱水で十分に洗浄する．ろ液は 250 mL メスフラスコに受ける．ここまでの液量は 150 ～ 180 mL 程度にする．

注意：ホウ酸はケイ酸中に共沈しやすく，二酸化ケイ素中に酸化ホウ素として混入しやすい．この状態でフッ化水素酸処理を行うと，次の反応によりフッ化ホウ素として揮散する．そのため，二酸化ケイ素が高値となるから注意しなければならない[8)]．

$$B_2O_3 + 6HF \rightarrow 2BF_3\uparrow + 3H_2O$$

⑤沈殿(SiO_2+ 不純物)とろ紙を乾燥器で乾燥した後，白金るつぼに移し入れ，低温で灰化した後，1100 ℃で 1 時間強熱する．恒量になるまで繰り返す．デシケーター中で放冷後，白金るつぼを秤量する．

(3) HF 処理

① 2.4.3 項（2）⑤で用いた白金るつぼに少量の水を穏やかに加え内容物を湿らせる．硫酸（1+1）3 滴とフッ化水素酸 5 mL を加え，水浴上で加熱し，SiO_2 を SiF_4 として揮散させる．再度，フッ化水素酸 5 mL を加え，操作を繰り返す．湿り気を帯びた状

態になったら，電熱器上もしくはバーナーで加熱し，蒸発乾固させた後，マッフル炉で約5分間1100℃で強熱する．デシケーター中で放冷した後，白金るつぼを秤量する．
②白金るつぼ内の残渣に対して，アルカリ融解/脱水重量法の操作手順（3）以降と同じ操作を行う．

2.5　おわりに

以上，試料溶液の調製法について網羅的にまとめた．操作方法などの技能だけでなく，物質の化学形態により揮散のしやすさが異なるなどの化学反応を意識することが大切である．本章が試料溶液の調製技術をさらに発展させ，分析化学に科学・技術・技能の三位一体として貢献できることを願っている．

【参考文献】

1）中村洋監修，『分析試料前処理ハンドブック』，丸善(2005)，p. 54，p. 85，p. 888，p. 892.
2）高純度試薬試験方法通則，JIS K8007：1992，化学分析方法通則，JIS K0050：2019.
3）南秀明他，分析化学，**54**，1107（2005）.
4）藤貫正，大森貞子，地質ニュース，No.215，32（1972）.
5）椿勇，『鉱石分析法』，内田老鶴圃(1975)，p. 8.
6）本浄高治，『基礎分析化学』，化学同人(1998)，p. 25.
7）稲本勇，ぶんせき，357（2005）.
8）渡辺光義，大槻聡子，分析化学，**57**，31（2008）.

【参考図書】

金属標準溶液の調製法の一覧表がある．
・原口紘炁，『ICP発光分析の基礎と応用』，講談社サイエンティフィック(2001).
・高橋　務，村山精一編：『日本分光学会測定法シリーズ5　液体試料の発光分光分析─ICPを中心として』，学会出版センター（1983）.
・日本分析化学会編，『機器分析実技シリーズ　ICP発光分析法』，共立出版（1988）.
・不破敬一郎，原口紘炁編，『ICP発光分析　化学の領域，増刊127号』，南江堂（1983）.

JIS規格の項目ごとの試料溶液の調製法の一覧表がある．
・中村洋監修，『分析試料前処理ハンドブック』，丸善（2005）.
・日本分析化学会編，『試料分析講座　鉄鋼分析』，丸善（2011）.

元素ごとに溶解剤の記載および反応式の記載がある．
・高木誠司，『新訂　定性分析化学　中巻・イオン反応編』，南江堂（1995）.

元素ごとに試料溶液の調製法の記載がある．
・無機応用比色分析編集委員会編，『無機応用比色分析』，共立出版(1974).

試料溶液の調製法全般の記載がある．
・日本分析化学編，『改訂五版　分析化学便覧』，丸善（2003）.
・上本道久監修，『ICP発光分析・ICP質量分析の基礎と実際─装置を使いこなすために─』，オーム社（2008）.
・平井昭司監修，『現場で役立つ金属分析の基礎，鉄・非鉄・セラミックスの元素分析』，オーム社（2007）.
・日本分析化学会編，『分析化学実技シリーズ　機器分析編・17　誘導結合プラズマ質量分析』，共立出版（2015）.

金属，セラミックスなど材料別の試料溶液の調製法の記載がある．

・梅澤喜夫他監修，『最新の分離・精製・検出法，原理から応用まで』，エヌ・ティー・エス (1997)．
・田崎裕人企画編集，『微量金属分析とその前処理技術』，技術情報協会 (2015)．

食品，有機物などの試料溶液調製法の記載がある．

・日本薬学会編，『衛生試験法・注解，1990　付．追補(1995)』，金原出版 (1995)．
・日本食品科学工学会，新・食品分析法編集委員会編，『新・食品分析法』，光琳 (1996)．

その他，JIS規格の解説や日本分析化学会の「ぶんせき」には試料溶液調製法の入門講座，解説，ミニファイルなどの特集がある．特に，JIS規格の解説は検討した内容が詳細に記載されている．

3 試料準備 2　分離操作

加賀谷重浩(富山大学学術研究部工学系)・井上嘉則(富山大学工学部)

3.1 はじめに

固体試料を溶解した試料溶液（多くの場合は水溶液）には，その試料に含まれる複数の成分がさまざまな割合で存在している．また，この溶液には試料の溶解に用いた酸などの試薬も多量に含まれる．機器分析で少量または微量の成分を定量する場合，この溶液をそのまま分析機器に導入すると多量に存在する成分（夾雑成分，マトリックス成分）などによる干渉により定量値の精度が下がる．最近の分析機器にはこのような干渉を抑制するための機能を備えたものが増えてきているが，それでも抑制しきれないこともある．このような場合，干渉を引き起こす成分（干渉成分）と定量する成分（定量成分）とを以下のように分離することが解決策の一つである（図 3.1）．

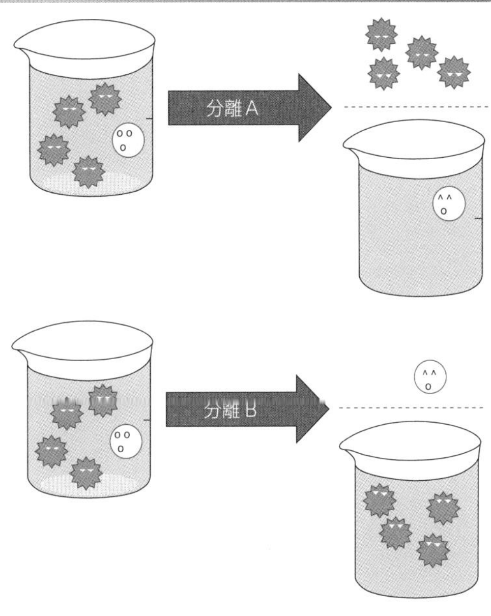

図 3.1　干渉成分と定量成分との分離例

①干渉成分を除去し，定量成分を溶液に残存させる（分離 A）．
②干渉成分を溶液に残存させ，定量成分を回収する（分離 B）．

多量の固体試料を溶解して試料溶液を調製する場合はどちらの分離も適用できるが，少量の固体試料を取り扱う場合は試料溶液中の定量成分量が少なくなるため分離 B を適用し同時に濃縮も行う場合が多い．ここでは水溶液に含まれる微量元素（特に金属イオン）の定量のために有用な分離方法を紹介する．

3.2 液液抽出法

試料溶液に，水と混和せず二相に分かれる有機溶媒などを加え，激しく振り混ぜることにより，その溶媒に干渉成分または定量成分を移行（分配）させる方法である．この方法は，上記の分離 A，B の両方に適用できる．

3.2.1 原理

通常，水溶液中の金属イオンは，有機溶媒を加えただけでは有機相に分配しない．分配させるためには，水に不溶でかつ有機溶媒に可溶な形に変える必要がある．たとえば，有機溶媒に可溶な配位子（キレート試薬）を加えて水溶液中の金属イオン M^{n+} と無電荷錯体を形成させると，金属イオンを有機相に分配させることができる(キレート抽出系)．キレート試薬 HL を含む有機相を水相に加え激しく振り混ぜると，式(3.1)に示す反応が起こり，平衡に達する．

3

$$M^{n+}_{aq.} + n\,HL_{org.} \rightleftarrows ML_{n\ org.} + n\,H^{+}_{aq.} \tag{3.1}$$

ここで，aq.，org. はそれぞれ水相，有機相を意味する．式(3.1)の平衡定数を K_{ex}，分配比 D を $[ML_n]_{org.}$ / $[M^{n+}]_{aq.}$ とすると，D は式(3.2)に示すように水溶液の pH および有機相中のキレート試薬濃度に支配されることがわかる．

$$D = [ML_n]_{org.} / [M^{n+}]_{aq.} = K_{ex}\,[HL]^{n}_{org.} / [H^{+}]^{n}_{aq.} \tag{3.2}$$

D が大きい条件で抽出を行えば，金属イオンを有機相により多く分配させることができる．抽出率 E（%）を用いると，全量のうちどれだけが有機相に分配されたかが分かりやすくなる．E は D を用いて式(3.3)のように表すことができる．

$$E = 100\,D / (\,D + V_{aq.} / V_{org.}) \tag{3.3}$$

ここで $V_{aq.}$，$V_{org.}$ はそれぞれ水相，有機相の体積である．キレート試薬 HL を用いて複数の金属イオンを含む試料溶液から抽出を行う場合，一般に錯体 ML_n の安定度定数が大きいものほど抽出されやすく，D，E ともに大きな値となる．ただし，安定度定数が大きい配位子(特に環状配位子)には錯体の生成速度が小さいものがあるので注意が必要である．

また金属イオン M^{n+} と，反対の電荷をもつ嵩高いイオン（イオン会合性試薬）とを静電相互作用に基づき会合させて無電荷のイオン対（イオン会合体）を形成させることで，大きな分配比 D を得ることができる（イオン対抽出系）．イオン会合性試薬 A^{-} を用いた抽出は式(3.4)のように表すことができる．

$$M^{n+}_{aq.} + n\,A^{-}_{aq.} \rightleftarrows M^{n+}\cdot A^{-}_{n\ org.} \tag{3.4}$$

3.2.2　操作方法

キレート液液抽出法の基本的な操作は以下の通りである(図 3.2)．

① pH を調整した水溶液と，キレート試薬を含む有機溶媒とを分液漏斗に加える．
②分液漏斗上部の栓を装着し，これが下になるように手にもち，数回振盪(しんとう)した後，コックを開けてガス抜きをする．この操作を数回繰り返し，ガスがほとんど出なくなることを確認する．
③分液漏斗を一定時間，激しく振盪する．
④分液漏斗のコックを下向きにして静置し，水相と有機相とを分相する．
⑤コックを開き，分液漏斗内の下相を取り出す．

栓には溝があり，この栓を装着したまま回転させると分液漏斗の空気抜き穴を開閉することができる．振盪の際には空気抜き穴を確実に閉じ，また内部の溶液を取り出す際

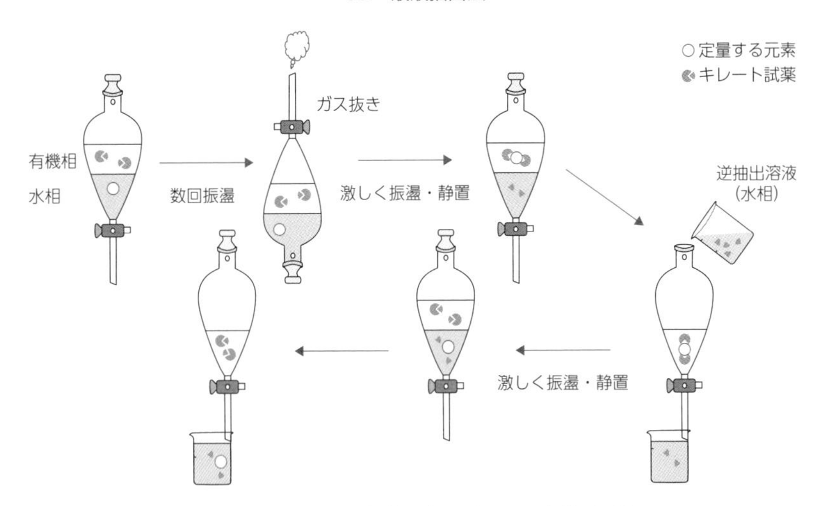

図 3.2　液液抽出操作の概要(キレート抽出系)

には忘れずに開ける．上記の操作では，ジエチルエーテルや 4- メチル -2- ペンタノン(メチルイソブチルケトン，MIBK）のように有機溶媒の密度が水より小さい場合は有機相が，クロロホルムのように有機溶媒の密度が大きい場合は水相が分液漏斗内に残る．

なお，MIBK やクロロホルムは特定化学物質障害予防規則（厚生労働省）において特定化学物質(第 2 類物資：特別有機溶剤等)に指定されているため，取扱いなどに関しては規定に従う必要がある．定量する元素（定量元素）は分離 A であれば水相に，分離 B であれば有機相に含まれる．その後，必要に応じて加熱，減圧，ガス吹き付けなどにより溶媒を揮発させて定量元素を濃縮し，機器分析に用いる．イオン対抽出系における操作もほぼ同様である．なお，キレート試薬やイオン会合性試薬が水に溶けやすければ，それらを水相に加えてもよい．

たとえば，試料溶液に夾雑成分・マトリックス成分として多量に含まれる鉄(Ⅲ)イオンは，高濃度塩酸溶液中で鉄(Ⅲ)のクロロ錯イオンと溶媒和した H^+ とのイオン対を形成させ，これを MIBK に抽出することで除去できる(分離 A)．試料溶液中の微量銅(Ⅱ)イオンは，8-キノリノールをキレート試薬として用いれば pH 2 以上でクロロホルムに抽出できる(分離 B)．微量元素の分離にはキレート抽出系が広く用いられる．抽出に用いられるキレート試薬の例を表 3.1 にまとめる．

有機溶媒が機器分析による定量に干渉を及ぼす場合には，以下の逆抽出操作を行う．

①最初の抽出操作後，分配比 D がきわめて小さくなるように条件(たとえば pH)を整えた水相を有機相に加え，振盪する．
②静置した後，水相を取り出す．

この水相を機器分析に用いる．なお，水相を蒸発乾固し，残渣を再溶解して定量元素を濃縮することもある．

抽出操作には，大量の有機溶媒を使用することもある．用いる有機溶媒には危険物や有害物も多い．そのため，有機溶媒の使用量を大幅に削減した方法[1)] や有機溶媒の代わ

表 3.1　液液抽出法に用いられるキレート試薬の例

キレート試薬	有機溶媒の例	抽出可能元素の例
8-キノリノール(Oxine)	クロロホルム，トルエン	Al, Cd, Co, Cu, Fe, Mn, Mo, Ni, Pb, V, Zn
ジエチルジチオカルバミン酸ナトリウム(DDTC)	ジイソブチルケトン，3-メチル-1-ブタノール，クロロホルム	As, Cd, Co, Cu, Fe, Mn, Ni, Pb, Zn
ピロリジンジチオカルバミン酸アンモニウム(APDC)	MIBK，ジイソブチルケトン	Ag, Cd, Co, Cr, Cu, Fe, Mn, Mo, Ni, Pb, V, Zn
N-ニトロソ-*N*-フェニルヒドロキシルアミンアンモニウム(Cupferron)	クロロホルム，MIBK	Al, Co, Cu, Fe, Mn, Mo, Pb, V, Zn

りにイオン液体を用いる方法が提案されている[2]．

定量元素を分配させるためには長時間の振盪がしばしば必要となる．アセトンなどの分散剤を添加して有機相の分散度合を高めることにより時間を大幅に短縮できるが，分相には遠心分離などの利用が必要となる．その他に，均一溶液から温度や pH の変化，塩の添加などにより相分離を起こし，生成した相に定量元素を抽出する方法[3]，抽出後の有機相を固化して分離する方法[4]なども提案されている．

3.3　固相抽出法

定量成分を捕捉する官能基をもつ固体と試料溶液とを接触させることにより，定量成分を固体表面に分配させる方法である．この方法は分離 B に適用される場合が多い．

3.3.1　原理

スチレンとジビニルベンゼンとを低架橋度で共重合した球状樹脂(スチレン系樹脂)などに，スルホ基などの陽イオン交換基または第四級アンモニウム基などの陰イオン交換基を導入したものをイオン交換樹脂と呼ぶ．これらの樹脂と陽イオン M^+ または陰イオン X^- を含む水溶液とを接触させると式(3.5)および式(3.6)の反応が起こる．

$$R\text{-}SO_3^-\cdot H^+ + M^+ \rightleftarrows R\text{-}SO_3^-\cdot M^+ + H^+ \tag{3.5}$$

$$R\text{-}N^+(R')_3\cdot OH^- + X^- \rightleftarrows R\text{-}N^+(R')_3\cdot X^- + OH^- \tag{3.6}$$

ここで R は樹脂，R' はアルキル基などを表している．一般に，正でも負でも電荷の大きなイオンほどイオン交換されやすい．同一価数のイオンの場合，水和イオン半径が小さいものほどその水和イオンの電荷密度が大きくなるのでイオン交換に有利であり，同族イオンであれば原子番号が大きいものほどイオン交換されやすい．捕捉されたイオンは，樹脂と高濃度の酸溶液，塩基溶液，または塩溶液とを接触させることにより溶出させることができる．

金属イオンと配位結合できる基を導入した樹脂をキレート樹脂と呼ぶ．たとえば，金属イオン M^{2+} と配位子 HL とが 1：2 で錯形成する場合，この配位子を導入した樹脂と金属イオンを含む試料溶液とを接触させると式(3.7)の反応が起こる．

$$R\text{-}(LH)_2 + M^{2+} \rightleftarrows R\text{-}L_2M + 2\,H^+ \tag{3.7}$$

イオン交換反応または錯形成反応を利用するこれらの分離は，液液抽出法におけるイオン対抽出系，キレート抽出系と類似の原理に基づく．液液間での分配の代わりに固液間での分配を利用することで，有機溶媒の使用量を大きく減らすことができる．

3.3.2　操作方法

固相抽出法に用いられる市販樹脂の例を表 3.2 にまとめる．イオン交換樹脂では，陽イオン交換基としてカルボキシ基など，陰イオン交換基として第三級アミノ基なども利用される．キレート樹脂では，多くの元素を捕捉できるアミノカルボン酸基，より選択性の高いポリアミン基などがよく用いられる．分離 B には，試料溶液に樹脂を入れて撹拌する回分式操作(バッチ法)または充填した固相抽出カートリッジ(図 3.3)に溶液を通液する流れ式操作(カラム法)が用いられる．

基本的な回分式操作は以下の通りである．

① pH などを調整した試料溶液に樹脂を加え，一定時間撹拌する．
②ろ過，遠心分離などにより樹脂を回収する．
③回収した樹脂に酸などを加え，捕捉された定量元素を溶出する．

溶出溶液を適宜希釈し，機器分析に用いる．樹脂には微量の不純物が捕捉，吸着されていることがあり，使用前にこれらを取り除く操作(コンディショニング)が必要となる．

樹脂中の有機物を取り除くためにはメタノールなどの有機溶媒に浸漬する．陽イオン交換樹脂の場合は塩酸などの酸溶液，陰イオン交換樹脂の場合は水酸化ナトリウム溶液などの塩基溶液への浸漬，塩化ナトリウム溶液などの塩溶液への浸漬を数回繰り返す．アミノカルボン酸型キレート樹脂の場合は，硝酸，純水，酢酸アンモニウム溶液などに順次浸漬する．弱酸性・弱塩基性イオン交換樹脂またはキレート樹脂を用いる場合は，定量元素の捕捉率は試料溶液の pH に依存するので，あらかじめ pH と捕捉率との関係を確認しておく．なお，樹脂を加えると溶液の pH が変化する場合がある．必要に応じて試料溶液に緩衝液などを加えるが，緩衝液中の各種イオンが定量元素の捕捉に影響しないかをあらかじめ確認しておく必要がある．

一方，基本的な流れ式操作は以下の通りである(図 3.4)．

①適量の樹脂をカートリッジに充填する．
②カートリッジに pH などを調整した試料溶液を通液し，定量元素を樹脂に捕捉させる．

表 3.2　固相抽出法に用いられる市販イオン交換樹脂およびキレート樹脂の例

商品名	販売元	基材樹脂	官能基	捕捉可能元素の例
【イオン交換樹脂】				
Dowex 50W×8	富士フイルム和光純薬(株)	スチレン系	スルホ基 $-SO_3M$	陽イオン全般
Amberlite IRC76	オルガノ(株)	アクリル系	カルボキシ基 $-COOH$	
Dowex 1×8	富士フイルム和光純薬(株)	スチレン系	第四級アンモニガム基 $-N^+(CH_3)_3\ X^-$	陰イオン全般
Amberlite IRA67	オルガノ(株)	アクリル系	第三級アミノ基 $-N(CH_3)_2$	
【キレート樹脂】				
Chelex 100	Bio-Rad Laboratories	スチレン系	イミノ二酢酸基 $-N(CH_2-COOH)_2$	Cd, Co, Ca, Cu, Fe, Mg, Mn, Ni, Pb, Sr, Zn
ムロキレート B-1	室町ケミカル(株)			
InertSep ME-2	ジーエルサイエンス(株)	メタクリレート系	イミノ二酢酸基＋第三級アミノ基 $-N(R)_2$	Cd, Co, Cu, Fe, Mn, Ni, Pb, Zn
Nobias Chelate PA-1	(株)日立ハイテクフィールディング	メタクリレート系	イミノ二酢酸基＋エチレンジアミン三酢酸基 $-N(CH_2-COOH)-CH_2-CH_2-N(CH_2-COOH)_2$	Al, Cd, Co, Cu, Fe ,Mn, Ni, Pb, Zn, REEs
Presep Poly Chelate	富士フイルム和光純薬(株)	メタクリレート系	カルボキシメチル化ポリエチレンイミン基 $-(NH-CH_2-CH_2)_x-(N(CH_2-CH_2-NH_2)-CH_2-CH_2)_y-(N(CH_2-COOH)-CH_2-CH_2)_z-N(CH_2-COOH)_2$	Cd, Co, Cu, Fe, Mn, Ni, Pb, Zn, REEs
Diaion CR20	三菱ケミカル(株)	スチレン系	ポリアミン基 $-CH_2-NH-(CH_2-CH_2-NH)_n-CH_2-CH_2-NH_2$	Ag, Cd, Co, Cu, Fe, Mn, Ni, Zn
Diaion CRB03	三菱ケミカル(株)	スチレン系	メチルグルカミン基 $-N(CH_3)-CH_2-CH(OH)-CH(OH)-CH(OH)-CH(OH)-CH_2-CH$	B

REEs：希土類元素

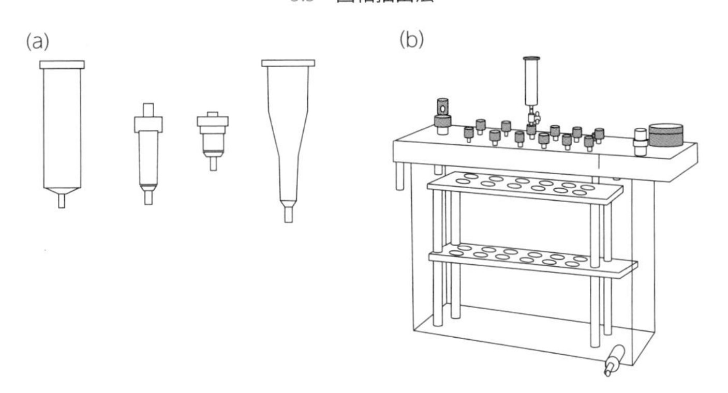

図 3.3　市販の固相抽出カートリッジと固相抽出マニホールドの例
(a)固相抽出カートリッジ，(b)固相抽出マニホールド．

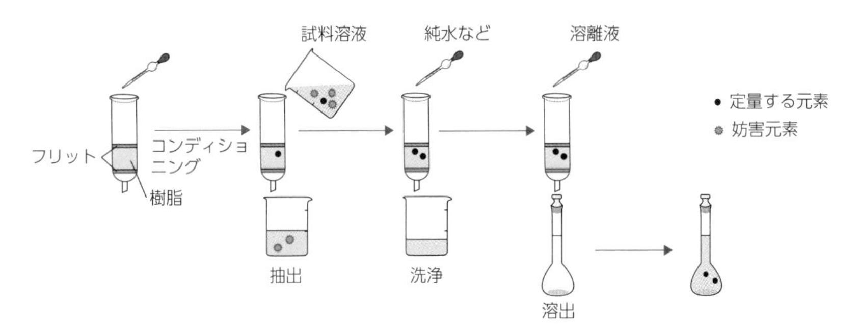

図 3.4　固相抽出操作の概要

③純水などを通液し，カートリッジ内を洗浄する．
④酸などの溶離液を通液し，捕捉された定量元素を溶出する．

カートリッジ内の樹脂は数十 μm サイズの細孔をもつ高分子製板（フリット）で挟み込んで使用するのが一般的である．樹脂充填済みのカートリッジも市販されている．溶液は重力，加圧，減圧，ポンプ送液などにより通液するが，市販の固相抽出マニホールド(図 3.3)などを利用すると便利である．

樹脂のコンディショニングは，試料溶液を通液する前に適切な溶液を通液して行う．なお，基材が低架橋度のスチレン系樹脂では，試料溶液の通液速度（流量）が速い場合，定量元素の捕捉率が低下することがある[5]．高架橋度のメタクリレート系樹脂の場合は流量の影響を受けにくいが，流量と捕捉率との関係はあらかじめ確認しておくべきである．

溶出時に，回収率を高めるために，カートリッジ内に溶離剤を加えてしばらく放置することもある．溶出後のカートリッジは，再びコンディショニングを行うことにより再利用できることがある．カラム法は，樹脂を充填したカートリッジを用いた比較的閉鎖された系での操作となるので，バッチ法に比べ容器や環境（雰囲気）からの汚染（コンタミネーション）を低減できるという利点がある．

3.4 共沈法

試料溶液に適切な試薬を加えて沈殿を生成させ，溶液に含まれる定量成分をこの沈殿に捕集する方法である．この方法もほとんど分離Bを目的として適用される．

3

3.4.1 原理

多くの金属イオンM^{n+}は水に難溶な水酸化物$M(OH)_n$を形成する．この沈殿は，水溶液中の金属イオン濃度と水酸化物イオン濃度との積が溶解度積K_{sp}より大きくなると生成する(式(3.8))．

$$K_{sp} < [M^{n+}][OH^-]^n \tag{3.8}$$

ある金属水酸化物が沈殿するとき，その条件（pH）ではK_{sp}を超えないため沈殿しないはずの金属イオンなどがともに沈殿する現象を共沈と呼ぶ．共沈は沈殿表面への吸着，沈殿が生成する過程における取り込み(吸蔵)，沈殿の金属イオンと置き換わる形での取り込み(固溶体形成)などにより起こると考えられている．

試料溶液に多量に含まれる金属イオンを沈殿させる場合もあるが，一般には適切な金属イオン（担体元素，CE）を加える．沈殿させるために加える試薬を沈殿剤，生成する沈殿を共沈剤と呼ぶ．金属水酸化物以外にもさまざまな沈殿が共沈剤として用いられている．代表的な共沈剤と捕集できる元素とを表3.3にまとめる．

表3.3　共沈剤の例

分類	共沈剤	捕集できる元素の例
無機沈殿	水酸化鉄(III)	Al, As, Cd, Co, Cr, Cu, Mn, Ni, Pb, Se, Y, Zn, REEs
	水酸化アルミニウム	Cd, Co, Cr, Cu, Fe, Mn, Ni, Pb, Y, Zn, REEs
	水酸化マグネシウム	Cd, Co, Cr, Cu, Fe, Mn, Pb, Y, Zn, REEs
	硫化銅(II)	As, Bi, Cd, Fe, Ga, In, Pb, Sb, Zn
	リン酸イットリウム	Al, Bi, Cd, Cr, Fe, Pb, Zn
	金属テルル	Ag, Au, Hg, Pd, Pt
	金属パラジウム	Ag, Au, Ge, Sb, Se, Sn, Te
有機沈殿	銅-8-キノリノール錯体	Al, Ca, Cd, Cu, Fe, Hg, Mg, Mn, Zn
	コバルト-ピロリジンジチオカルバミン酸錯体	Ag, As, Cd, Dr, Cu, Mo, Ni, Pb, Pd, Se, Zn

REEs：希土類元素

3.4.2 操作方法

金属水酸化物を共沈剤とする共沈法の基本的な操作は以下の通りである(図3.5)．

①試料溶液に担体元素を加えた後，塩基溶液(沈殿剤)を少しずつ加え，溶液のpHを上昇させる．
②生成した金属水酸化物を沈殿させるため，溶液を静置する．
③吸引ろ過または遠心分離などにより生成した金属水酸化物をすべて回収する．
④回収した金属水酸化物を酸などで溶解する．

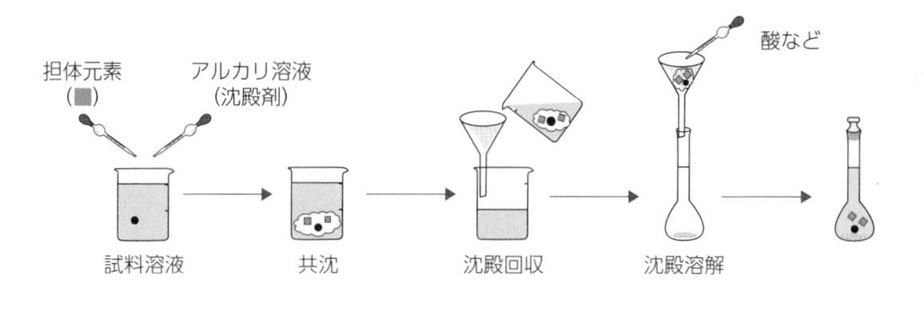

図 3.5　共沈操作の概要
金属水酸化物共沈法.

塩基溶液としてアンモニア水がしばしば用いられるが，アンモニアと錯形成する金属イオンの場合，その回収率は高 pH 領域で低下する．試料溶液の pH を急激に上昇させると生成する沈殿が細かくなり，沈降と回収とに長時間を要することがある．沈殿回収には，沈殿溶解に用いる酸などに耐性のある親水性ポリテトラフルオロエチレン (PTFE) 製やガラス製のフィルターが広く用いられる．

溶液量が大きくなければ，遠心分離も適用できる．共沈剤を溶解した後の溶液には多量の担体元素が含まれるので，担体元素の選択の際には定量元素の捕集率だけでなく，後の機器分析への影響も考慮しなければならない．金属水酸化物以外の共沈剤を用いる場合も，担体元素，沈殿剤および沈殿条件，沈殿溶解に用いる溶液は機器分析への影響を考慮して選択する．

一連の操作の中で，最も煩雑なのは沈殿回収である．定量元素 (TE) が共沈剤に捕集されているので，沈殿をすべて回収しなければならない．金属水酸化物は綿状沈殿となる場合が多く，ろ過に長い時間がかかる．また，容器壁に付着した沈殿の回収には熟練を要する．しかし，一般に定量元素は共沈剤中にほぼ均一に存在し，共沈剤と定量元素との回収量の間には強い相関があるので，これを利用すれば沈殿をすべて回収する必要はない[6]．既知量の担体元素の量 (CE_0) を加え，共沈した後，沈殿を溶解した溶液中の定量元素の量 (TE_1) とともに担体元素 (CE_1) を定量する．試料溶液に含まれていた定量元素の量 (TE_0) は式 (3.9) で求めることができる．

$$TE_0 = TE_1 \times CE_0 / CE_1 \tag{3.9}$$

担体元素が試料溶液に含まれる場合や機器分析により定量困難な場合には，共沈剤に定量的に共沈する元素 (内標準元素，ISE) を担体元素とともに加え，これを担体元素の代わりに式 (3.9) に用いることができる．これにより沈殿回収操作は格段に迅速かつ簡便になる．

3.5　その他の方法

蒸発・気化分離法，電解分離法なども利用することができる[7,8]．中でも電解分離法は有用で，電極に還元析出する電位が元素により異なることを利用した方法である．試料溶液に電極を挿入し，これに電位をかけることにより，多量に含まれる元素を電極上に析出させて除去することができる (分離 A)．また，定量元素を析出させた後，電位を変化させることでその元素を溶出させることもできる(分離 B).

3.6 おわりに

以上，いくつかの分離方法について説明した．正確で高精度な定量値を得るためには，用いる機器の理解を深め，適した分離方法を採用することが重要である．その際，試料溶液に含まれる干渉成分や定量成分の種類や含有量，溶解に使用した試薬やその濃度，機器分析における各種干渉など，すべてを考慮する必要がある．

3

【参考文献】

1) 小島功，鈴木章文，分析化学，**42**，435 (1993).
2) 平山直紀，分析化学，**57**，949 (2008). 平山直紀，*J. Ion Exchange*，**22**，73 (2011).
3) 五十嵐淑郎，押手茂克，ぶんせき，702 (1997).
4) 藤永薫，ぶんせき，118 (2008).
5) S. Kagaya *et al*, *Anal. Sci.*, **29**, 1107 (2013).
6) 加賀谷重浩，分析化学，**65**，13 (2016).
7) 松宮弘明，平出正孝，鉄と鋼，**97**，36 (2011).
8) 小熊幸一，上原伸夫，鉄と鋼，**100**，818 (2014).

【さらに詳しく勉強したい読者のために】

液液抽出法
- 関根達也，長谷川佑子，有機合成化学，**41**，633 (1983).
- 関根達也，長谷川佑子，鉄と鋼，**74**，234 (1988).

固相抽出法
- 田口茂，ぶんせき，134 (2001).
- 田口茂，ぶんせき，343 (2008).
- 高久雄一，ぶんせき，604 (2004).
- 古庄義明他，分析化学，**57**，969 (2008).
- 井上嘉則，分析化学，**64**，811 (2015).
- 加賀谷重浩，井上嘉則，ぶんせき，521 (2016).

共沈法
- 芦野哲也，まてりあ，**44**，125 (2005).

全法共通
- 小熊幸一，ぶんせき，110 (2008).

4 原子吸光分析法

今井昭二（徳島大学大学院創成科学研究科）

4.1 はじめに

日本における原子吸光分析の研究は，偏光ゼーマン補正原子吸光法の先駆的な開発から始まり歴史も長く，ハードおよびソフトの情報が多く蓄積されている．原子吸光法は，原子蒸気を発生させる原子化部がフレーム方式および電気加熱方式に分類される．真空系を必要としないので，装置のメンテナンスは簡便である．

光学システムの改良によって明るい光学系と測定ノイズの低減が実現し，検出限界は大幅に改善された．とくに有害元素の Cd，Pb，As の検出限界は ICP-MS にも匹敵する．測定に要する試料量が数 10 μL ～サブ mL と少量であるため希少な試料の分析を得意とし，マトリックス修飾剤が複雑な組成をもつ実試料の前処理を簡素化できるケースも多い．現在では，試料と元素にあわせて多彩な市販オプションによる最適化が実現できる．

4.2 原理

測定原理は，図 4.1 に示すように，測定元素に特有の単色光の輝線スペクトルが基底状態の原子蒸気中を通過するときに起こる共鳴吸収を利用したランバート・ベール（Lambert-Beer）の法則による吸光光度法である．吸光度（Abs）は，通過する基底状態の原子の蒸気の長さ（L）と原子の密度（N_0）の積に比例し，$\mathrm{Abs}=\varepsilon \cdot L \cdot N_0$ と表される．ここで，ε は分光光度法におけるモル吸光係数に相当する比例係数である．

原子蒸気中の原子の密度は，原子化の効率が一定である限り試料中の濃度（C）に比例する．$\mathrm{Abs}=\varepsilon' \cdot L \cdot C$ である．目的元素の輝線スペクトルの放射光源は，測定元素ごとに最適なものを選択する．

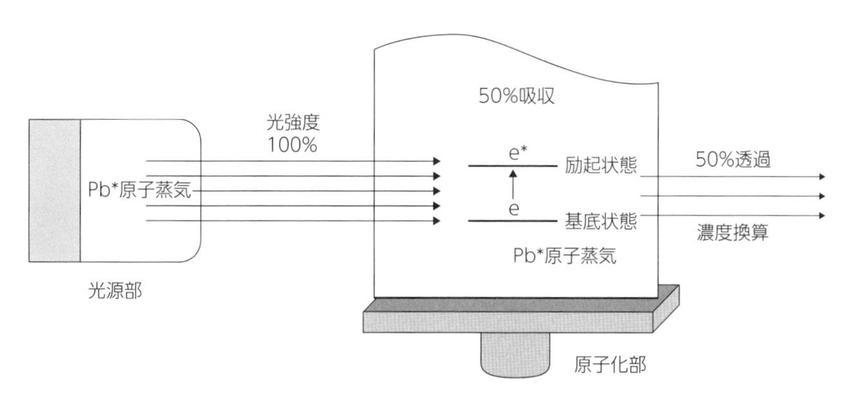

図 4.1 原子吸光装置の原理図（Pb 分析の場合）

4.3 測定可能元素

原子吸光法で分析可能な69元素を図4.2にまとめた．アルカリ金属，アルカリ土類金属，重金属，半金属，希土類元素など多様である．フレーム原子吸光分析法ではppm（mg L^{-1}）～数10 ppb（μg L^{-1}），電気加熱原子吸光分析法では数10 ppb～サブppbの濃度で測定できる．

測定の目安として，代表的な元素の検出限界を濃度に換算して表4.1にまとめた．元素ごとにフレーム原子吸光法（FAAS）およびグラファイト炉を用いた電気加熱原子吸光法（GFAAS）における検出限界を測定溶液中の濃度で示した．有害元素のAs，Cd，Cr，Cu，Pbなどの環境基準レベルの濃度測定にはGFAASが有効であり，GFAASでは耐熱性元素Al，Mo，Si，Ti，Vなどの高感度分析も可能である．イオン化エネルギーが比較的低いCa，Mg，Na，Kなどのアルカリ・アルカリ土類金属の分析にはFAASが適している．希土類元素のDyや希少元素のLiの分析も実用的な分析ができる．最近は，GFAASにおける検出限界がマトリックス修飾剤により向上した元素もある．

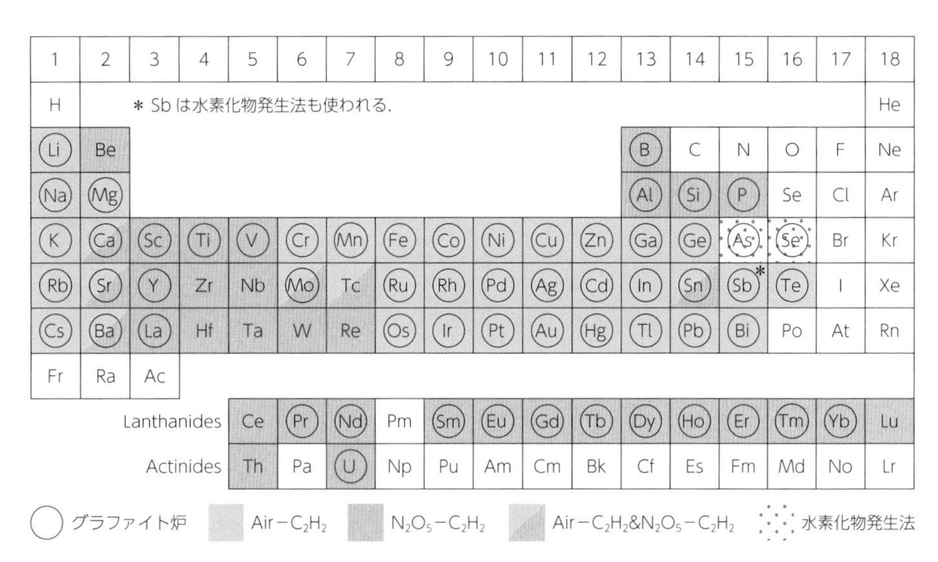

図4.2　原子吸光法で測定可能な元素

4.4 装置の概要

4.4.1 原子吸光装置

原子吸光分析装置は，光源部，試料原子化部，分光部（光学系），検出部，データ処理部（表示部）兼制御部のPCステーションから構成されている．分子吸収を測定する可視・紫外光の分光光度計と比較すると，光源部には分析元素を陰極に含む中空陰極ランプ（ホロカソードランプ），溶液セルのかわりに原子化部，分光部が測定試料の後側に配置されている点が特徴的である．

原子吸光分析において，目的元素による正確な原子吸光のみを測定するためには目的

表 4.1　フレーム原子吸光分析法(FAAS)とグラファイト炉原子吸光法(GFAAS)における検出限界*1

元素	λ(nm)	FAAS (ppm)	GFAAS (ppb)*2, 3	元素	λ(nm)	FAAS (ppm)	GFAAS (ppb)*1
Ag	328.1	0.005	0.005	Li	670.8	0.005	0.3
Al	309.3	0.1	0.3	Mg	285.2	0.0005	0.001
As	193.7	0.2	1	Mn	279.5	0.003	0.01
Au	242.8	0.02	0.5	Mo	313.3	0.1	0.3
B	249.8	6	2.6*4	Na	589.0	0.005	0.01
Ba	553.6	0.05	2.5	Ni	232.0	0.005	1
Be	234.9	0.002	0.03	Pb	283.3	0.01	0.1
Bi	223.1	0.05	1	Pd	247.6	0.02	1
Ca	422.7	0.002	1	Pt	265.9	0.1	10
Cd	228.8	0.005	0.005	Rh	343.5	0.03	3
Co	240.7	0.005	0.3	Sb	217.6	0.2	0.3
Cr	359.3	0.005	0.5	Se	196.0	0.5	5
Cs	852.1	0.05	0	Si	251.6	0.1	1
Cu	324.8	0.005	0.1	Sn	224.6	0.06	5
Dy	404.6	0.4	4*5	Sr	460.7	0.01	0.3
Fe	248.3	0.005	0.3	Ti	364.3	0.2	25
Ge	265.2	1	15	Tl	276.8	0.8	1
Hg	253.7	0.5	5	V	318.4	0.04	5
In	303.9	2	1	W	255.1	3	
K	766.5	0.005	0.05	Zn	213.9	0.002	0.003

*1：鈴木正巳，『機器分析実技シリーズ　原子吸光分析法』，p. 41-42，共立出版(1984).
*2：GFAAS の検出限界(pg)を試料体積を 20 μL として濃度に換算した。
*3：C.W. Fuller: "Electrothermal Atomization for Atomic Absorption Spectrometry", The Chemical Society, London(1977).
*4：Y. Yamamoto, T. Shirasaki, A.Yonetani, S. Imai , *Anal. Sci.*, **31**, 357 (2015).
*5：荒木俊充，乾哲朗，中村利廣，分析化学，**64**，595(2015).

元素以外の成分によるバックグラウンド吸収を補正する必要がある．図 4.3 に，偏光ゼーマン効果を用いたバックグラウンド補正可能なフレーム原子吸光分析装置とグラファイト炉による電気加熱原子吸光分析装置の概念図を示す．

光学系において，分光器は原子化部のフレームやグラファイト炉からの発光成分とホロカソードランプの封入ガスからの発光成分を除去し，原子スペクトル成分を測定するために原子化部と受光部の間に設置する．偏光ゼーマン効果を用いたバックグラウンド補正法を用いる場合には偏光子を分光器の後方に配置し，水平成分と垂直成分を同時にモニターする．最終的に光の強度を光電子増倍管や半導体検出器を用いて電気信号へ変換し，吸光度や濃度に換算する．原子化方式の選択のために原子化部を交換する装置または直列や並列で配置されている装置などがある．

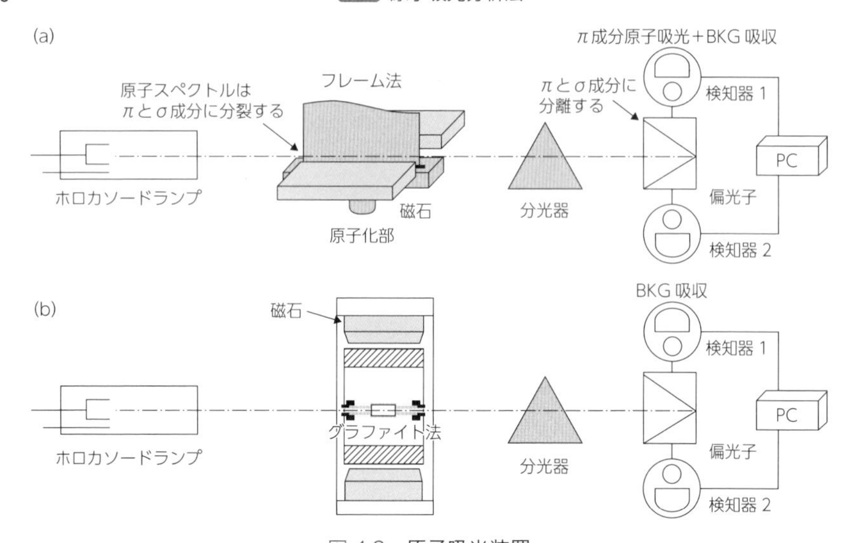

図 4.3　原子吸光装置
(a) フレーム原子吸光装置，(b) グラファイト炉原子吸光装置.

4.4.2　光源部（中空陰極ランプ）

原子吸光装置の光源部には，目的元素の原子スペクトルを放出する特殊な光源が必要である．図 4.4(a) に，代表的な光源である中空陰極（ホロカソード）ランプの外観を示した．測定元素の単体金属やそれを含む合金などを適当な方法で内張したカップ状の陰極(カソード)とタングステン，ジルコン，タンタルのような高融点金属製のリング状の陽極(アノード)をもち，光の取り出し口の窓板に石英，水晶および特殊ガラスなどの平面カット板が用いられる．

図 4.4(b) に発光の機構の概要を示した．このランプには Ne，Ar などの不活性なガスが 4 ～ 10 Torr の低圧で封入されており，両極に約 500 V の電圧をかけると陰極内で Ne の励起やイオン化が起こる．希ガスイオンは電場で加速され陰極内壁面に衝突する．その運動エネルギーにより表面から目的元素の原子がスパッタ(飛散)される．その飛散した原子が加速電子などと衝突し励起状態になり，さまざまな遷移に基づいて多数のスペクトル線や封入ガスからの発光スペクトルと混ざって放射される．原子吸収確率の高い波長の輝線スペクトルを分光器で選別し，分析線として利用する．

中空陰極ランプの保証寿命は，電流値と積算時間の積で規定され，多くは 5000 mA･h

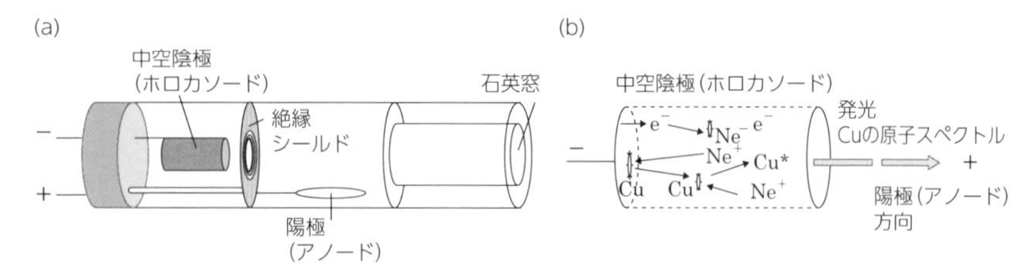

図 4.4　光源部
(a) ホロカソードランプ，(b) ホロカソード内部.

であり，As や Se などは 3000 mA・h である．ランプ電流値を上げるとスペクトル線強度は増加して明るくなる場合があるが，適正値を超えるとランプ内部での自己吸収のため発光スペクトルの形状が崩れる．寿命が近づくと輝度の低下やフラツキが起こり，自動化された装置においても分析値に影響がでる．

ランプ電流値を下げれば発光スペクトル形状はシャープになる傾向があるが，下げすぎるとノイズの増加で感度が低下する．安定した精度が必要なら，最適な発光を得るために 15 ～ 20 分程度のウォーミングアップが必要である．出光窓はキムワイプなどの光学系クリーニングペーパーやアルコール(またはエーテル混合液)などを用いて拭き取り清掃する．市販の装置では，電流値や光軸も自動調整される．

中空陰極ランプは，目的元素に応じて専用のものを使用する．単元素ランプが基本であるが，Ca–Mg，Cd–Pb，Cd–Zn，Na–K，Si–Al，Sr–Ba，Fe-Ni，Ca–Mg–Al，Ca–Mg–Zn，Cu–Fe–Mn，Cu–Mn–Si，Cu–Fe–Ni，Cr–Cu–Mn，Fe–Mn–Ni，Cr–Cu–Fe–Mn–Ni，Co–Cr–Cu–Fe–Mn–Ni など複数の元素を組み合わせた複合ランプも市販されている．これらは複数の元素の分析に用いることができるため自動連続分析やコストの面で有効である．

4.4.3　原子化部(アトマイザー)

試料の原子化法には，主に二つの方法がある．アセチレンと空気などによるシート状の化学炎を用いたフレームアトマイザーとグラファイト炉に電流を流すことで発生するジュール熱を用いた電気加熱アトマイザーが代表的である．

(1)フレームアトマイザー

図 4.5 に，予備混合型のシート状フレームモジュールを示す．溶液試料は，ネブライザーで霧粒となる．噴霧の直後にディスパーサー（衝突玉）に衝突することで，霧粒はさらに微細化する．スプレーチャンバー内で試料ガス(アセチレンガス)と助燃ガス(空気または酸化二窒素）に予備混合される．ガスと混合された試料は，スロットからシート状フレームに導入され燃焼させるとシート状フレーム中で原子蒸気が発生し目的元素が原子化される．

平衡状態に達した領域で時間－吸光度プロファイルを測定する．大きな粒子の霧粒はスプレーチャンバー内で沈降し，吸引された試料の 85 ～ 90%がドレインとして除去される．測定条件の最適化のための制御項目は，バーナーの高さ位置，助燃ガス流量，

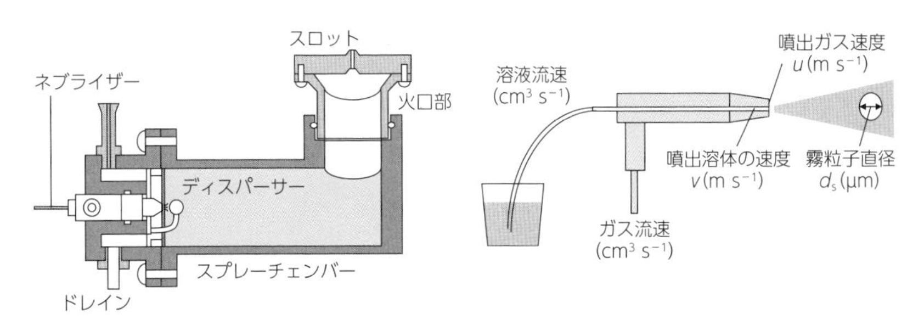

図 4.5　フレーム原子化部とネブライザー
日立ハイテクサイエンスより．

4

燃料ガス流量，試料吸引速度である．

ネブライザーで生成する霧粒子の大きさは試料の粘性，密度，表面張力やガス流速によって異なり吸光度が変化する．そのため，標準溶液と測定溶液の液性を合わせるなど注意が必要である．噴出したエアロゾルの平均粒径は，抜山－棚沢が 1939 年に報告した液体噴霧における粒度分布関数の有名な実験式(抜山・棚沢の式)で与えられる．

$$d_s = \frac{585}{u - v}\left(\frac{\sigma}{\rho}\right)^{0.5} + 597\left(\frac{\eta}{(\sigma\rho)^{0.5}}\right)^{0.45}\left(\frac{10^3 Q_L}{Q_G}\right)^{1.5} \tag{4.1}$$

ここで，d_s は霧滴の平均直径（μm: 体積／表面比），u は噴出ガスの速度（m s^{-1}），v は噴出液体の流れの速度(m s^{-1})，σ は表面張力(dyn cm^{-1})，ρ は噴出液の密度(g cm^{-3})，η は噴出液の粘度(Pa s)，Q_L は噴霧液の流速(cm^3 s^{-1})，Q_G は噴霧ガスの流速(cm^3 s^{-1})である．

(2)電気加熱アトマイザー

図 4.6 に，グラファイト炉原子化電気加熱アトマイザーを示した．アルゴンパージ状態で試料溶液の微少量を，オートサンプラーやマイクロピペットでグラファイト炉中央部にある直径約 1 mm の穴から導入できる．試料量は，20 μL が一般的であるが最大 100 μL まで導入できるものもある．グラファイト炉の酸化による劣化を防ぐため炉全体がアルゴンガスでパージされている．

溶液試料の脱溶媒の乾燥段階，有機物の除去と目的元素を酸化物などへ変換する灰化段階，それに続く原子化段階で一気に 2800 ℃程度まで昇温させ発生した原子蒸気の原子吸光を時間－吸光度プロファイルとして測定する．測定条件の最適化のための制御項目は，加熱温度プログラム，グラファイト炉内アルゴンパージガス流量，および試料導入量である．

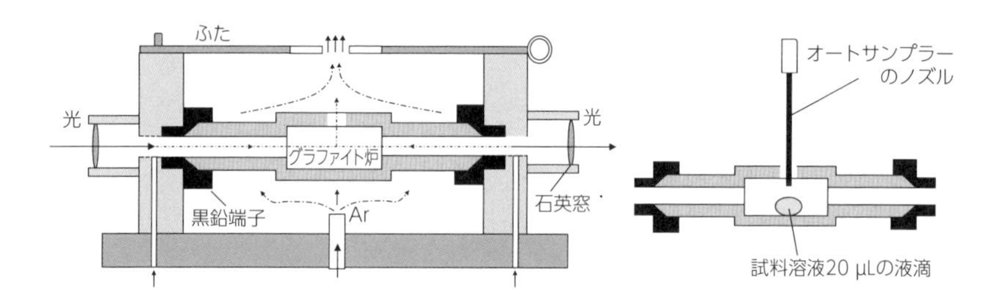

図 4.6　グラファイト炉電気加熱アトマイザー

図 4.7 に，グラファイト炉を例示した．グラファイト炉には，高温になるとその還元性によって金属酸化物を還元して原子蒸気を効率よく発生させる効果がある．マスマン型グラファイト炉には，多結晶黒鉛を加熱圧縮した黒鉛材から削りだしたノンパイロ(NPG)炉(図 4.7 ④)と炉の表面に厚み 50 μm 程度の熱分解グラファイトをコーティングしたパイロ(PG)炉にも試料室の大きさの異なる炉(図 4.7 ①，③)がある．電子顕微鏡観察による SEM 写真から，NPG 炉の表面は多孔質の凸凹であり，PG 炉ではスムーズ(平滑)な表面であることがわかる．

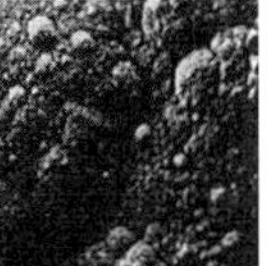

グラファイト炉表面電子顕微鏡写真

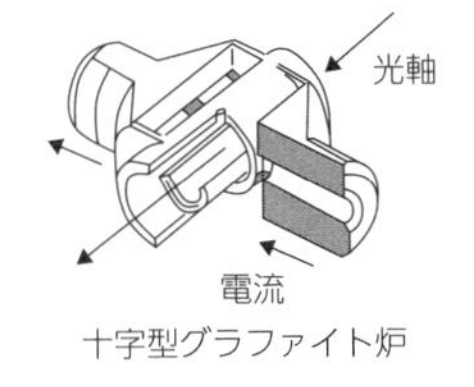

十字型グラファイト炉

代表的なマスマン型グラファイト炉

形状	特徴
①	・原子化温度が高く，汎用的な炉 ・炭化物の生成を低減 ・パイログラファイト炉
②	・分散注入することにより，試料溶液の拡散を抑制し測定精度を向上 ・原子化温度が高く，汎用的な炉 ・炭化物の生成を低減 ・パイログラファイト炉
③	・原子化温度が高く，汎用的な炉 ・炭化物の生成を低減 ・Mo,V などの溶融点元素の測定に推奨
④	・ノンパイログラファイト炉 ・還元性を必要とする元素
⑤	・試料中入口が大きく，試料溶液の拡散を防ぐ構造 ・有機物を多く含有する試料 ・乾燥段階で泡立つ試料に有効 ・再現性の向上 ・ノンパイログラファイト炉
⑥ プラットフォーム	・Ω型プラットホームがあらかじめチューブに挿入された一体型 ・試料を輻射熱で加熱することで，炉内が熱平衡に達してからの原子化で共存物質による干渉を低減 ・パイログラファイト炉

（炉の写真：日立ハイテクサイエンス提供）

図 4.7　グラファイト炉の種類と材質
炉の模式図：パーキンエルマージャパン提供．

NPG 炉の多孔体としての性質を改良した PG 炉の炉壁表面は，NPG 炉の凸凹な表面が熱分解黒鉛層でコーティングされているために反応性が抑制され，物質の浸漬も起こりにくいという特徴がある．PG 炉では，テーリング，メモリー効果の改善，高感度化が見られる．

炉の形状は，工夫を凝らしたものとしてマスマン型ではツインインジェクション炉（図 4.7 ④），カップ炉（図 4.7 ⑤）およびプラットホーム炉（図 4.7 ④）および十字型では湾曲したプラットホームを内蔵したグラファイト炉など多様で，その分析特性にも影響する．マスマン炉は光軸方向に電流が流れるため，中央部の試料導入室の温度ムラが少なく，炉の昇温速度を大きくできるため原子吸光シグナルのピーク高さが大きい．大容量導入にはツインインジェクション炉（図 4.7 ④）を用いると精度よく分析できる．グラファイト炉では，炉内部の体積が＜ $2\ \mathrm{cm}^3$ と小さいため，高濃度マトリックスでは共存物質のガス化による吐き出し効果（物理干渉）の影響を受ける．管の炉の中央部にカップ状の試料室をもつグラファイト炉は，高濃度マトリックス試料の分析に有効である．交流ゼーマン法の原子化装置で使用する十字型炉は，光軸と直交した方向に電流が流れるためにチューブの均一な温度分布が得られやすい．

(3) その他のアトマイザー

水素化物発生（HG）－加熱石英炉では，ヒ素（As），セレン（Se），アンチモン（Sb）の高感度分析（数 ppb オーダ）が可能である．還元気化水銀冷蒸気発生（CVG）－石英セル法は，常温で気体の水銀の測定に用いる．

4.4.4 分光器と検出器

分光器には，ツェルニ・ターナー型，エバート型，エッシェル型などがある．入射光と分光した光を同じ凹面ミラーでシェアしているエバート型と違い，ツェルニ・ターナー型モノクロメーターは入射光を受けるミラーと分光した光を受けるミラーが独立しているので鏡面反射に基づく迷光成分の分離がよい．エッシェル型は二次元に分光できる特徴をもち，半導体検出器を組み合わせた同時多元素分析が可能である．

検出器は，光電子増倍管または半導体検出器がほとんどの装置において用いられており，検出器に入射した光の強度をその強度に応じた電気信号に変換する．

4.5 測光データの処理

原子蒸気の発生とともに，気相中に存在する酸化物などの副生成物による分子の吸収バンドによる光吸収や光散乱による減光の効果も同時に吸光度として測定することになる．これらの分光学的干渉をまとめてバックグラウンド吸収と呼ぶ．真の原子吸収を求めるために見かけの吸光度からのバックグラウンド吸収の補正が必要である．

4.5.1 ゼーマン効果バックグラウンド補正法

ゼーマン効果バックグラウンド補正法には，全波長範囲において補正可能であるというメリットがある．原子蒸気に磁場をかけると，原子スペクトルはゼーマン効果によって π と σ 成分線に分岐する偏光特性をもつが，分子スペクトルは影響を受けない．

図 4.8 に，この効果を利用したゼーマン効果バックグラウンド補正法の原理を図示した．原子蒸気は，π 成分（磁場に平行な方向から観測するとその偏光成分）の光は吸収するが，σ 成分（磁場の垂直な方向の偏光成分）の光では吸収が極端に弱くなる．σ 成分のほとんどが分子スペクトルや光散乱に原因する．π 成分と σ 成分の差が，真の原子吸収である．平行成分と垂直成分を時間分解で測定する光学系と同時に観測できる光学系の装置では，単一光源と光路上での機械駆動によるノイズが低減されるため高感度測定に好都合である．

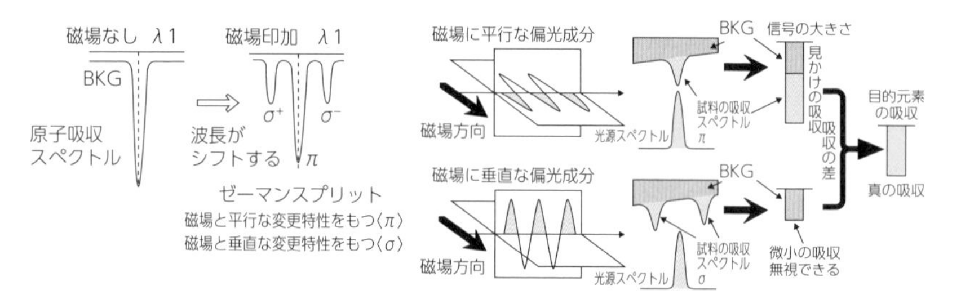

図 4.8 偏光ゼーマンバックグラウンド補正法の原理
日立ハイテクサイエンスより．

4.5.2　重水素ランプバックグラウンド補正法

図 4.9 に，重水素(D_2)ランプを光源としたバックグラウンド補正法の外観図を示した．重水素ランプは，波長が 324.7 nm までの UV 領域における補正に用いられる．測定時のスペクトルバンド幅（スリット幅）は原子の輝線スペクトルの線幅よりずっと広い．線幅が小さい原子吸収は無視できる程度に小さく，バックグラウンド吸収のみが測定できることになる．複数の光源と光路，メカニカルチョッパーなどの駆動部の影響が補正に現れやすい．

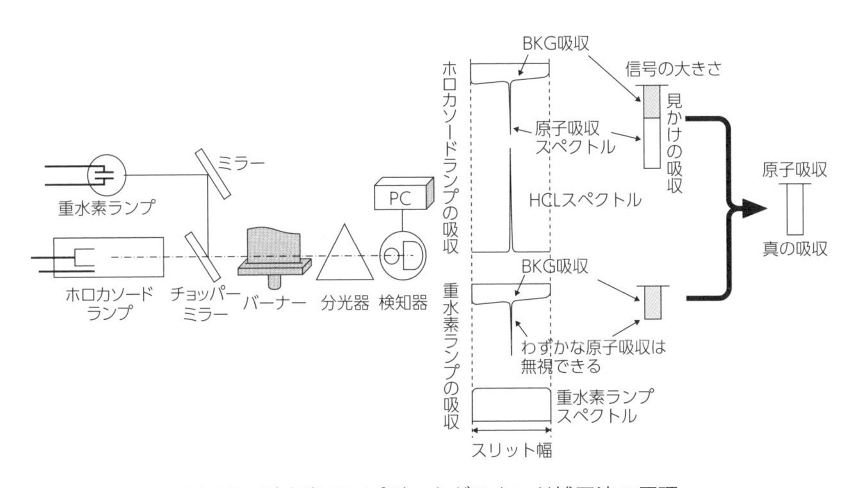

図 4.9　重水素ランプバックグラウンド補正法の原理
日立ハイテクサイエンスより．

4.6　共存物質の干渉と抑制

4.6.1　分光学的干渉

分光学的干渉は，マトリックス元素の原子吸収スペクトルによる近接線の干渉，原子化部からのバンドスペクトルや光源の発光スペクトルとの重なり，比較的濃厚な溶液試料の際に見られるエアロゾル粒子などによる光散乱がある．Ni 中の微量 Cd，Cu，Pb 分析，および Fe，Cu，Pb 中の Sb 分析では近接線の影響が出る場合がある．Pb 中の Sb 分析では，重水素ランプバックグラウンド補正法よりも偏光ゼーマンバックグラウンド補正法のほうがバックグラウンドが正確に補正できる．分子吸収や光散乱の干渉の程度は，バックグラウンド補正の方法によって異なる場合もある．

4.6.2　物理干渉

物理干渉は目的元素に無関係であり，測定試料の粘性などの物理的性質に原因がある．塩類や水溶性有機物は測定溶液の粘度を上げ，アルコールなどの有機溶媒は水溶液に比べ表面張力が小さい場合が粘度を下げる．塩類，酸，有機物などの共存物質を多く含む試料や温度も溶液の粘度や表面張力の変化の原因になる．

オートサンプラーの使用においては，インジェクションチューブへの吸い込み量の不均質性と排出量の変動による導入量の不安定さ，およびチューブの外側への粘着などの影響が表れる．フレーム原子吸光では，ネブライザーから噴出したエアロゾルの大きさに影響が現れやすく，グラファイト炉原子吸光法では炉内での試料の広がりに違いが生じて感度・正確さ・繰り返し測定の再現性が悪くなる．

物理干渉の影響を抑制するためには，標準添加法やマトリックスマッチング法が有効である．粘度の高い試料に，乾燥段階での試料溶液の突沸を防ぐ目的で界面活性剤 Triton X-100 を 1%添加すると，測定の再現性が改善される．

4.6.3 化学干渉

化学干渉には，①耐熱炭化物や耐熱酸化物などの難揮発性化合物の生成，②高蒸気圧化合物の生成による比較的低温での測定元素の揮散損失，③イオン化ポテンシャルの低いアルカリ・アルカリ土類元素などで起こる原子蒸気のイオン化損失，④気相化学種の解離平衡に影響を与える解離状態への干渉があげられる．

フレーム原子吸光法では，Ca はリン酸塩，ケイ酸塩，および硫酸塩と難解離性塩を生成して原子化効率が低下する負の干渉を受ける．La (1000 mg/L) のように干渉物質と競合する物質の添加と同時の多燃料フレームの使用が干渉抑制に効果がある．Ca は Al，Zr，V からも干渉を受けるので，キレート抽出による分離が有効である．酸化二窒素－ C_2H_2 の高温バーナーフレームを用いる方法で，Ca より低いイオン化ポテンシャルをもつ K をイオン化抑制剤として添加すれば，特に干渉の強い Al やリン酸が共存しても十分定量できる．

グラファイト炉原子吸光法では，灰化段階における目的元素の気化，基底状態の原子の生成を抑制する分子の生成，および耐熱性物質の生成による原子化段階での原子化効率の低下などが干渉の原因である．共存するハロゲン化物は，共沸や担体蒸留により元素ロスを促進することもある．Pb に対する塩化物の干渉は，$PbCl_2$ としての灰化段階で蒸発するために吸収強度は低下するが，Pd 系マトリックス修飾剤で干渉を抑制できる．表 4.2 に示すマトリックス修飾剤は，最適灰化温度も向上して共存物質の除去に役立ち干渉を抑制する効果がある．Al，Sr，Cr，Mn，Ni，Co，Cu に対する NaCl の干渉は，EDTA の添加が有効である．二次文献（参考文献 4）参照）や学術誌 *J. Anal. Atom. Spectrom.*, **18**, 808(2003) などとして例示される 2000 年前後の ASU Review の総説を利用して修飾剤の情報を収集できる．

表 4.2 マトリックス修飾剤による灰化温度の向上

修飾剤		灰化温度(℃)				
元素	mg/L	As	Cd	Pb	Se	Sn
without		400	300	400	400	400
Pd	500	1400	700	1400	1200	600
Ni	1000	1400	700	1200	1200	1400
Mg	1000	1300	300	1200	1200	1600
Al	1000	1400		1200		1600

4.7　分析操作

4.7.1　アトマイザー

フレーム原子吸光法では，市販の標準バーナーは空気－アセチレンフレーム（2000 ℃），空気－水素フレーム（2000 ℃），アルゴン－水素フレーム（1600 ℃）が使用できる．測定元素は，Pb，Cd，Fe，Cu，Mn，Cr，Au，K，Ag，Zn，Na，Ca，Mg などである．高温バーナーは Al，B，Ba，Be，Ca，Ge，Si，Sc Ti，V，W，Zr など耐熱性元素や希土類元素に適した酸化二窒素－アセチレンフレーム（3000 ℃）が使用できる．

分析のためのバーナーの高さ位置と助燃ガス流量，燃料ガス流量の最適化は，一定濃度の分析元素の溶液を噴霧しながら最大の吸光度が測定されるよう調整を行い測定する．図 4.10 に Cd と Cr の例を示す．初期状態での測定は，回避すべき注意点である．噴霧試料の粘度に応じて最適な吸入量に調節する場合がある．通常，試料体積は 1 mL であるが，マイクロサンプリング法を利用すれば 0.02 ～ 0.5 mL 程度である．

グラファイト炉原子化法では，乾燥段階，有機物の除去と目的元素を酸化物などへ変換する灰化段階，それに続き一気に 2800 ℃程度まで昇温させ発生した原子蒸気中の原子吸光を時間－吸光度プロファイルとして測定する原子化段階がある．図 4.11 に加熱条件の検討状況と最適化の指針を示した．初期状態で測定を行わず，加熱温度や時間などの条件の最適化を行う必要がある．たとえば，Pb 分析では一連の測定サイクルで約 3 ～ 5 分かかる．

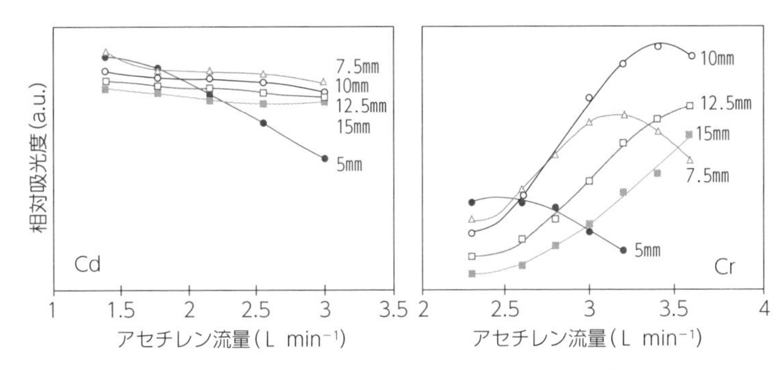

図 4.10　アセチレン流量とフレーム高さの影響
日立ハイテクサイエンス

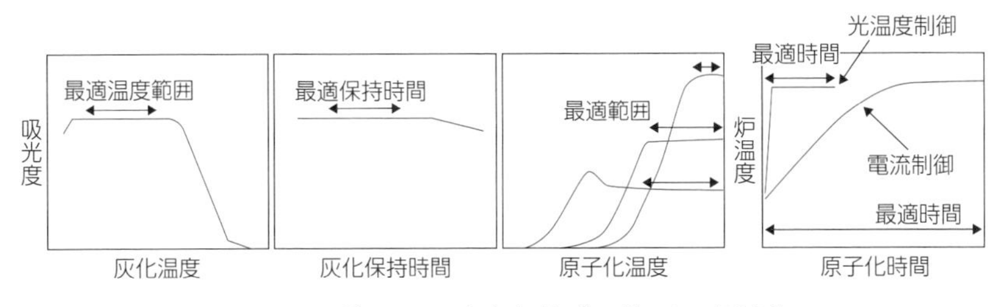

図 4.11　グラファイト炉加熱プログラムの最適化

表 4.3　偏光ゼーマン原子吸光法における主な分析線(nm)と感度比

元素	分析線	吸収感度比	元素	分析線	吸収感度比	元素	分析線	吸収感度比
Sb	217.6	1	Pb	283.3	1	Na	589.0	1
	206.8	0.88		261.4	0.003		589.6	0.19
	231.1	1.24		368.3	0.002		330.2	0.002
Fe	248.3	1	Ni	232.0	1		330.3	
	248.8	0.34		303.8	0.02	Mg	285.2	1
	252.7	0.23		305.1	0.06		202.5	0.04
	302.1	0.24		323.3	0.02	Cu	324.8	1
	305.9	0.02		337.0	0.04		216.5	0.15
	344.1	0.01		341.5	0.31		222.6	0.02
	372.0	0.16		346.2	0.14		242.2	0.006
	373.7	0.08		351.5	0.1		249.2	0.04
	392.0	0.003		352.5	0.22		327.4	0.38

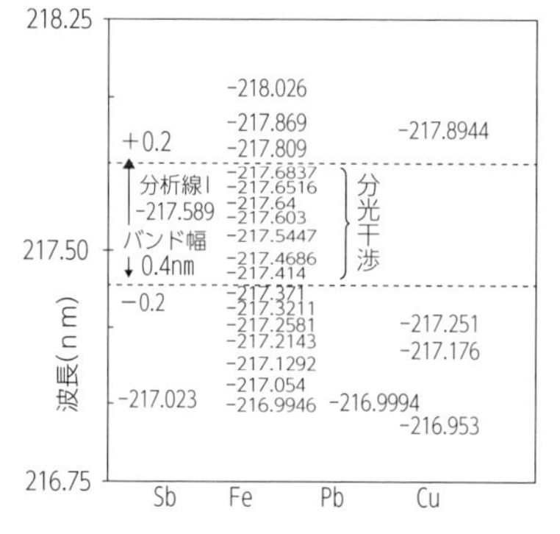

図 4.12　Sb の分析線と近接線

原子化段階の昇温方式は，高感度であることから最大電流で瞬間的に炉を加熱し高速で昇温($2000\ ^{\circ}\mathrm{C\ s^{-1}}$)する光温度制御方式が一般的である．マトリックス濃度に応じてアルゴンガス流量も最適化する．試料の状況によってはマトリックスの蒸発と目的元素の原子化が分離できる電流制御方式を用いるケースもある．

4.7.2　分析線の選択と近接線

表 4.3 に原子吸光測定に用いる代表的な分析線を示す．分析には，吸収感度比を 1 と定義した，吸収感度が最も強い共鳴線(第一分析線)を用いる．しかし，共存物質に含まれる共存元素の近接線の干渉，バックグラウンド吸収やノイズの影響を抑制したり，または濃度が高い試料を測定したいときには吸収感度比が低い波長の共鳴線を用いる．これを第二分析線という．

分析線に関する深い理解は，測定元素の分析線付近に存在し，かつスペクトルバンド幅以内に存在する共存元素の分析線(近接線)に原因した分光学的干渉の理解に役立つ．最近は，制御ソフト内に分析線と感度比が表示される装置が多い．たとえば，図 4.12 に示す Sb 分析線 217.6 nm に対してバンド幅 0.4 nm の範囲(±0.2 nm)内に存在する 217.414 nm から 217.6837 nm 間の Fe の吸収帯による分光学的干渉に注意する．多量の Pb や Cu 共存下では分光干渉の影響が懸念される．SN 比，検出限界，感度などの最適化を検討し，分析線を選択する．

4.7.3　時定数

時定数とは，光学系で検出される吸収強度の生データの平滑化処理に関するパラメーターであり，吸光度の出力の鋭敏さを示す．時定数は，0.02，0.05，0.1，0.2，0.5，1

~ 5 秒まで多様である．時定数を 0.1 や 0.5 秒など長く取ると吸光度の時間変動が平滑化され吸光度は幾分低下するがノイズの低減に有効である．

フレーム原子吸光法では，0.5 秒以上の長めの時定数を用いる．測定する元素の測定条件における吸光度レスポンスとノイズのバランスから時定数を最適化が必要である．グラファイト炉原子吸光法では時定数 0.1 秒を用いることが多い．時定数が最小の 0.02 秒を用いると鋭敏な応答が得られ感度が向上する．

4.7.4 Cd と Pb の測定法

Pb の市販の原子吸光分析用標準溶液（1000 ppm）を 1% 硝酸で希釈して標準溶液を準備した．Pb 濃度は，0，1.0，2.0，5.0 μg L^{-1} とする．Pd マトリックス修飾剤(10000 ppm）を純水で 10 倍希釈してワーキング溶液を準備した．標準的な機器条件は表 4.4 である．測定液 60 μL と Pd 修飾剤 5 μL をオートサンプラーによってグラファイト炉内に注入し，混合する．Pb の検量線を求めたときの測定結果の例を表 4.5 に示す．検量線は，[Pb]=0.0188×[abs]（二乗相関係数 R^2=0.9988）である．検量線を作成して，検出限界（ブランクの SD の 3 倍値，0.03 ppb），感度（1%吸収を示す 14 pg = 0.23 ppb×60 μL）を求めよう．また，標準溶液の Cd 濃度が 0，0.5，1.0，2.0 ppb において測定液 20 μL を導入したとき検出限界 0.003 ppb と感度（1%吸収：1.3 pg =0.064 ppb×20 μL)が得られる．

表 4.4　GFAAS における Pb と Cd の分析例

ステージ	温度(℃) Pb	温度(℃) Cd	時間 (s)	Ar (mL m^{-1})
乾燥	80–120	80–120	40	200
灰化 1	120–800	—	20	200
灰化 2	800–800	300–300	20	200
原子化*	2700–2700	1500–1500	5	30
浄化	2800–2800	1800–1800	4	200
冷却			30	200
時定数	0.02 s	0.1 s		

分析線波長(nm) Pb: 283.3, Cd: 228.3; スリット幅 1.3 nm
＊光温度制御 ON

表 4.5　Pb の GFAAS における検量線の測定例

[Pb] ppb	実測値 Abs	SD	補正値 Abs
0	0.0015	0.0002	0
1	0.0193	0.0006	0.0178
2	0.0371	0.0001	0.0356
5	0.0967	0.0002	0.0952
LOD	0.03 ppb	1%abs	0.23 ppb

4.8　試薬類，器具・環境の汚染対策

汚染(コンタミ)を防ぐため，水は超純水装置による精製水を用いる．洗ビン中で保存した純水は，大気や容器からのコンタミがある．液性を保つための酸，分解試薬，濃縮の溶離液などもコンタミの原因になるので，実験ごとの不純物の確認や除去を実施する必要がある．不純物量の少ない高純度試薬，たとえば関東化学社製では 10 ppt（ng L^{-1})以下の不純物量の高純度試薬や 100 ～ 200 ppt と少し不純物濃度が高くなるがリーズナブルな価格の高純度試薬を試薬ブランク値の許容範囲を考慮して使用する．高純度試薬の操作上や保存中のコンタミを防ぐ手立ても重要である．市販の JCSS 化学分析用のトレーサブル標準溶液を用いることで信頼性が向上する．また，分析値を定期的に

チェックすることも重要である．

高密度ポリエチレン（HDPE）以外にもPFAやPTFEなどのフッ素樹脂容器がコンタミ削減に有効である．ガラス器具からは微量のFeが溶出するので，ppb分析に不都合である．実験操作時にはポリエチレン製のディスポ手袋が実験者からのコンタミを抑制する．HEPAフィルター付きの空気清浄機，実験室内の腐蝕対策，エアロゾル発生源と外部からの侵入経路の削減が課題である．器具類の洗浄には塩酸や硝酸を用いるが，アルカリ系重金属洗浄剤（富士フィルム和光純薬コンタミノンLなど）も有効であり，実験室環境のサビ対策に便利である．

4.9　前処理

固体試料の分解法は，湿式分解法，乾式燃焼法，融解法の三つに分けられる．湿式分解法は，Al，Ca，Fe，K，Mg，Na，Pb，Znなどの環境からコンタミを受けやすい元素に有効である．発生ガス量の少ない試料では，テフロン(PTFE)ビーカーによる開放系での処理に加え，耐圧ボンベでの密閉系におけるマイクロ波加熱方式やステンレスジャケットにテフロン容器を収納した高圧テフロン分解容器が有効である．オートクレーブ中に石英製の分解容器を装備した高圧灰化装置が開発されており，石炭の分解も可能である．

ホットプレート(ブロックヒーターを含む)方式の加熱装置よりマイクロ波加熱装置を用いる報告例が増えている．ホットプレート加熱では，20～30個の試料を同時に処理できるマスメリットや分解時間が長いために同時に分析作業を進めると時間的なメリットが大きい．マイクロ波加熱では，分解時間が短い時間短縮メリットがあるが，一度に処理できる試料数がやや少ない．双方の長所と短所を理解して，相互補完的に用いる．いずれでも，有機物試料の分解で多量のガスが発生する試料には，電気炉加熱灰化を用いるがAs，Hg，Sb，Cd，Sn，Pb，Zn，Agなどが揮散して損失が問題になる．マトリックス修飾剤の添加が有効な場合がある．表4.6に，試料の前処理法をまとめた．

最近は，有機溶媒の削減できる固相抽出法としてイミノ二酢酸系のキレート樹脂固相抽出による分離濃縮法が利用されている．ノビアスキレート樹脂（日立ハイテクフィールディング)や3M™ エムポア樹脂(ジーエルサイエンス)などがある．

表4.6　試料の前処理法の例

試料	前処理法	
鉄鋼	塩酸―硝酸分解法	混酸(リン酸，硫酸)
銅合金	硝酸―フッ酸-硫酸分解法 混酸(硝酸，塩酸)分解法 臭化水素酸，臭素混合溶液―硝酸分解法	硝酸分解法
アルミニウム合金	塩酸―過酸化水素水分解法 混酸(硝酸，塩酸，硫酸)―硝酸分解法	
ニッケル合金	硝酸分解法	
岩石，鉱物	硝酸―フッ酸分解法 塩酸―硝酸分解法 炭酸塩融解法	硫酸―フッ酸分解法 硫酸―硝酸分解法 炭酸塩-ホウ酸塩融解法
潤滑油，重油	乾式灰化法　有機溶媒で希釈して直接測定	

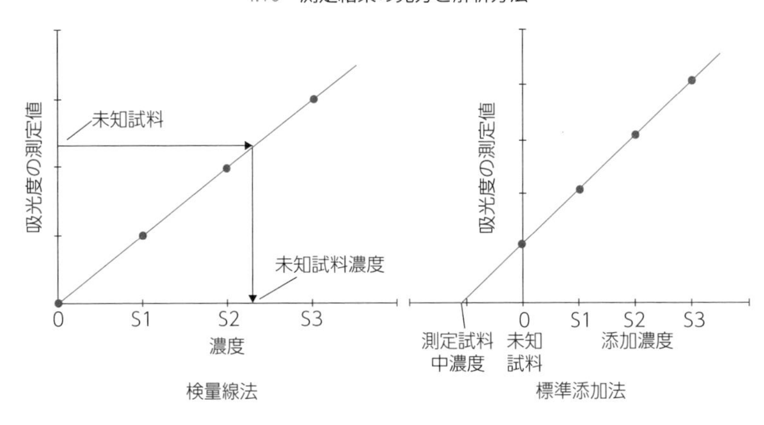

図 4.13　検量線法と標準添加法

4.10　測定結果の見方と解析方法

図 4.13 に示すように，定量法には検量線法と標準添加法がある．装置の検出下限や実際の状況を踏まえた定量下限を知っておくことは，分析の計画を立てるのに役立つ．JIS K 0121「原子吸光分析通則」や J-STAGE などデータベース検索した分析事例の学術論文，装置メーカーの Web 上の応用例を参照するとよい．

4.10.1　検量線法

標準溶液には，トレーサビリティーが確立されている市販の原子吸光用金属標準溶液を用いるが，その他にも鉄鋼標準物質や高純度金属なども利用できる．標準溶液を酸性状態で適宜希釈して測定元素の濃度と吸光度の直線関係（ランバート・ベールの法則）を示す検量線を作成し，未知試料の吸光度から測定元素濃度を算出する．最近の装置には，オートサンプラーの発展により PC 制御部に QC（品質管理）サンプルを一定の未知試料間隔ごとに測定し，許容範囲に収まっているかを判定するチェック機能もある．

検量線法による定量分析において共存物質による干渉の程度は定量結果の信頼性に影響するため，既知濃度の金属標準溶液をスパイク添加した際の目的元素濃度の増分を定量する試験を行い確認する．金属標準溶液の代わりにブランク溶液をスパイク添加した試料を無添加試料と呼ぶ．スパイク添加試料と無添加試料の濃度差によって求めたスパイク添加濃度に対する回収率（百分率）から判断する．リカバリーチェック（添加回収率確認）機能も自動化されている．

$$\text{回収率(\%)} = \frac{\text{(添加試料の定量値)} - \text{(試料の定量値)}}{\text{(添加濃度)}} \times 100 \tag{4.2}$$

検量線法を適用するか標準添加法が必要なのかの判断については，それぞれの分析で要求される精度によって異なり，明確な基準はない．参考として，アメリカの環境保護庁（EPA）で採用しているグラファイト炉原子吸光法の判断基準では，回収率が 100±15% 以内であれば検量線法でよく，この範囲を超えた場合は標準添加法を用いることとされている．未知試料に対する添加回収実験においては，回収率が 100±10% 以内であれば良好な回収率であるといえる．

4.10.2 標準添加法

共存物質の干渉が大きい場合には，標準添加法を用いる．図 4.14 に示すように未知試料とその試料に目的元素を添加したときの吸光度の添加量に対する検量線を作成する．図 4.14(a) のように未知試料の濃度をゼロとおいたとき，未知試料と添加試料の吸光度間隔が同程度であることが望ましい．この検量線を負の方向への直線外挿により未知試料の濃度が求められる．図 4.14(b) は添加量が過剰であり，図 4.14(c) は添加量が不足しているため，正確さに問題が残る．

未知試料の濃度に換算する場合には，標準添加の操作における希釈倍率を補正して測定試料中での濃度を算出する必要がある．また，検量線が湾曲する領域においては正確な値が得られない．

標準添加法においても，共存する物質による干渉が大きすぎる場合は前処理が必要になる．検量線法で述べた回収率は経験として 70% を目安にして，試料の希釈や共存物を除去する分離操作の前処理が必要であると考えられる．それぞれの分析で要求される精度を考慮して選択してほしい．

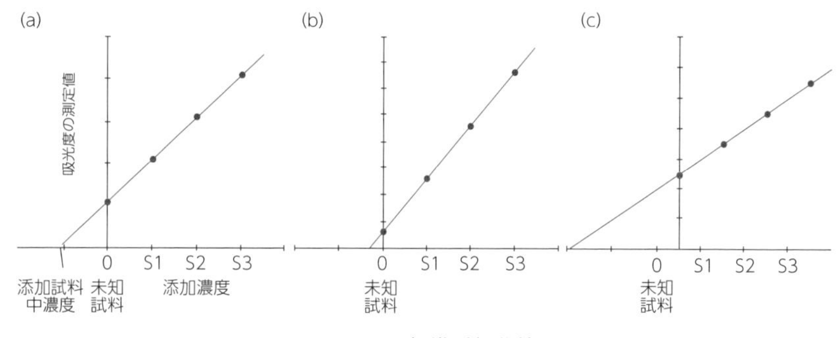

図 4.14 標準添加曲線

4.11 おわりに

原子吸光分析法は JIS をはじめ多くの標準規格に採用されていることから，初心者にとっても知識と対処方法をマスターすれば微量元素分析において有効なツールである．

【参考文献】

さらに詳しく調べるための実用書，専門書，学術書，ウェブサイトの情報などをまとめた．

《入門書》

・太田清，金子聡，『分析化学実技シリーズ(機器分析編 5)原子吸光分析』，共立出版(2011)．
・平井昭司監，日本分析化学会編，『現場で役立つ環境分析の基礎』，オーム社(2018)．

《コンタミ，実験環境，原子スペクトル分析の総合書》
・C. Vandecasteele，C. B. Block，原口紘炁他訳，『微量元素分析の実際』，丸善 (1995).

《分析の基礎と試料の前処理全般》
・平井昭司監，日本分析化学会編，『現場で役立つ化学分析の基礎』，オーム社(2015).

《マトリックス修飾剤の二次文献》
・今井昭二，工業用水，**569**，26 (2006).
・今井昭二，岩本悦郎，ぶんせき，**11**，947 (1999).
・J. Sneddon, “ATOMIC SPECTROMETRY”, vol. 4, JAI PRESS INC. (1998).

《原子スペクトル分析の理論と装置原理の書》
・日本分析化学会編，『分析化学大系原子スペクトル分析(上・下)』，丸善(1979).

《原子吸光分析法の専門書》
・B. Welz, M. Sperling, “Atomic Absorption Spectrometry”, 3 rd. ed., WILEY-VHC (1999).

《アクセスフリーのウェブページ：実試料分析の分析実例集》
・株式会社日立ハイテクサイエンス，”S.I. Navi”, 〈https://www.hitachi-hightech.com/hhs/support/sinavi.html〉.

《原子吸光法に関する基礎研究のレビュー》
・今井昭二，分析化学，**49**，19(2000).
・今井昭二，THE HITACHI SCIENTIFIC INSTRUMENT NEWS, **46**, 4152(2004).
・山本祐平，THE HITACHI SCIENTIFIC INSTRUMENT NEWS, **61**, 5392(2018).
・S. Imai, T. Nakahara, “APPLIED SPECTROSCOPY REVIEWS”, Marcel Dekker. Inc(2004), p. 509.

5 誘導結合プラズマ発光分析法(ICP-OES)・質量分析法(ICP-MS)

千葉光一
(関西学院大学理工学部)

5.1 はじめに

物質と光や電磁気などの相互作用を測定する機器分析法は，20 世紀半ば以降，電気電子技術および電子制御データ処理技術の進歩により飛躍的な発展を遂げ，化学分析法の検出限界をはるかに凌駕する微量分析を可能にした．なかでも原子スペクトル分析は，原子吸光分析法（1955 年，A. Walsh）[1]，誘導結合プラズマ発光分析法（1964 年，S. Greenfield ら，1965 年，V. A. Fassel ら）[2, 3]，誘導結合プラズマ質量分析法（1980 年，R. S. Houk ら）[4] が次つぎと開発されたことで目覚ましい発展を遂げ，検出限界は μg mL^{-1} (ppm) から ng mL^{-1} (ppb)，pg mL^{-1} (ppt) へと向上し，最近では fg mL^{-1} (ppq) レベルでの測定が可能になっている．

原子スペクトル分析法では，まず試料中の測定対象元素を原子の状態まで解離(原子化)し，必要に応じてさらに励起・イオン化して，それら原子やイオンの吸光，発光，イオン量などを測定する．そのため，原子スペクトル分析には安定な高温熱媒体が必要となる．熱媒体としては，化学炎，電気的加熱炉，プラズマ，グロー放電，スパーク放電，アーク放電などがよく用いられる．原子スペクトル分析に用いられる代表的な熱媒体とその温度を表 5.1 にまとめた．熱媒体中の原子はボルツマン分布（式 (5.1)）に従って励起状態に分布する．

$$N_1/N_0 = (g_1 / g_0) \exp(-\Delta E / kT) \tag{5.1}$$

N_0 と N_1 は基底状態 (E_0) と励起状態 (E_1) に存在する原子数，g_0 と g_1 は各準位の統計的重率，ΔE は E_1 と E_0 のエネルギー差，k はボルツマン定数，T は熱媒体の温度である．

たとえば 3000 K の熱媒体の場合には，励起エネルギーが低いアルカリ金属・アルカリ土類金属元素では比較的多くの原子が励起状態にも分布するが，それ以外の元素ではほとんどの原子が基底状態に分布している．このため，その温度が 2200 〜 3400 K にある化学炎や電気的加熱炉などの熱媒体は，主に原子吸光分析用原子化源として用いられる．一方，プラズマや各種放電は温度が 5000 〜 8000 K であり，紫外領域に発光をもつ多くの金属元素の励起源として有効である．なかでも，Ar をプラズマガスとする Ar–ICP は構造上の特徴から多くの元素を 1 価イオンにイオン化するため，原子発光分析や質量分析の優れた励起源・イオン化源として広く利用されている．

表 5.1　代表的な熱媒体の温度

熱媒体		温度(K)
化学炎		
アセチレン	空気	2600
アセチレン	一酸化二窒素	3100
アセチレン	酸素	3400
水素	空気	2300
水素	窒素	2900
プロパン	空気	2200
電気的加熱黒鉛炉		3100
Ar ICP		5000 〜 8000
スパーク放電		6500 〜 8000
アーク放電		5000 〜 6500

5.2　誘導結合プラズマ（ICP）の特徴

プラズマとは，一般的には「電離した中性気体」と理解されているが，I. Langmuir によって 1922 年に「電離した陽イオンとほぼ同量の電子，および任意の数の原子や中性分子が存在して，全体的には電気的中性を保っている状態」[5] と定義された．プラズマは通常の固体，液体，気体とは非常に異なった性質を示すことから「第四の状態」とも呼ばれている．

プラズマは，自然界ではオーロラや電離層などとして観測されるが，人工的にも気体が満たされた空間に高いエネルギー（電界，電磁波，熱，衝撃波など）を集中させれば生成することができ，われわれの身の回りでも放電ランプ，溶接，プラズマプロセッシングやプラズマディスプレイなどで広く利用されている．原子スペクトル分析で利用される誘導結合プラズマ（Inductively Coupled Plasma : ICP）は，アルゴンガスに高周波をかけて誘導結合的にプラズマを生成させ，ICP 発光分析（ICP-OES）や ICP 質量分析（ICP-MS）の光源やイオン化源として利用される．

5.2.1　プラズマの生成

誘導結合によるプラズマ生成の様子を図 5.1 に模式的に示す．三重管構造のトーチに Ar ガスを流した状態で，コイルに高周波電流を流すと，トーチ内を軸方向に通る交番磁界が生じる．この交番磁界の磁力線の周りに渦電流（エディ電流 : eddy current）が流れ，この渦電流で加速された電子が Ar に衝突して Ar を Ar^+ と電子に電離する．生成した電子がさらに Ar を電離する反応が連鎖的に続き，電子の増殖作用によりプラズマが生成・維持される．

$$e^- + Ar \rightarrow e^- + e^- + Ar^+$$
$$\downarrow$$
$$Ar + e^- \rightarrow e^- + e^- + Ar$$

なお，電子は周囲の空気により増殖を抑制されるため，最終的には電子の増殖作用と空気による抑制作用が平衡になったところで，安定なプラズマとして維持される．

Ar-ICP は，電子密度がおおむね 10^{15} cm^{-3} であり，比較的電子密度の高いプラズマに分類されるが，それでもプラズマ中 Ar の約 0.1% が電離しているにすぎない．Ar-ICP のように電子密度の高いプラズマは導体と考えてもよい．導体に高周波電流を流すと，電流密度は導体の表面部分で最大となり，中心に向かって指数関数的に減少する．この効果は表皮効果（skin effect）と呼ばれ，表面電流が導体表面の 1/e になる深さ δ は次式で

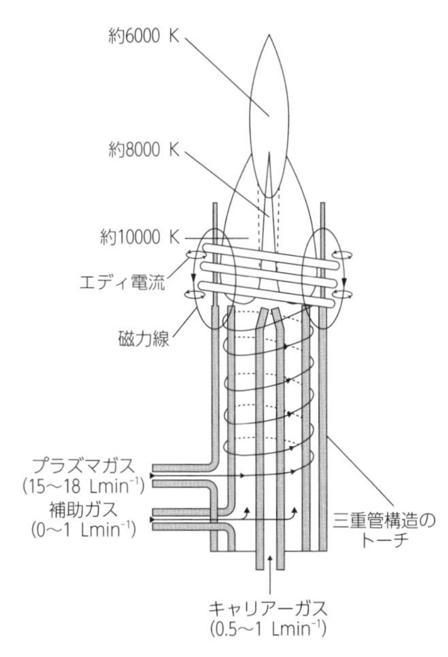

図 5.1　誘導結合によるプラズマ生成の様子

表される．

$$\delta = 1/\sqrt{\pi f \mu \sigma} \tag{5.2}$$

ここで，f は周波数，μ は透磁率，δ は伝導度である．

このようにして生成するICPの最大の特徴は「ドーナツ構造」と呼ばれる構造をもつことである．ICPは空間的に均一ではなく，ICPの温度や電子密度は中心部では低く，周辺部では高い．それに伴い，プラズマの発光も中心部では弱く，周辺部では強い．そのため，ICPをトーチ軸上方から観測すると中心部分が相対的に暗く観測され，プラズマがドーナツの輪のように見えることからこの名がつけられた．

一般に，プラズマでは高温になるほど分析試料の導入が難しい．これに対して，ICPではプラズマ中心部(セントラルチャネル)の温度が相対的に低く，分析試料を安定かつ高効率にプラズマ中心部に導入できる．さらに，セントラルチャネルを囲む高温・高密度のプラズマ周辺部分によって試料を効率よく原子化・励起・イオン化できるため，ICPは分析化学的にきわめて優れた熱媒体ということができる．

5.2.2 プラズマトーチとArガスの供給

三重管構造のトーチには，外側からプラズマガス，補助ガス，キャリアーガスが供給される．

(1) プラズマガス

三重管構造トーチの最も外側を流れるプラズマガスは，通常，12～16 L min^{-1}程度の流量で供給される．プラズマを維持すると同時に，プラズマを冷却してトーチの損傷を防ぎ，プラズマの中心部への空気の混入を防いでいる．

(2) 補助ガス

トーチ中間部に流される補助ガスは，プラズマを維持するうえでは本質的な役割はないが，プラズマをトーチより高い位置に維持して，プラズマがトーチに接触することを防いでいる．また，有機溶媒を導入する際には，通常よりも多くArガスを流す(1～1.5 L min^{-1}）ことや0.1～1 L min^{-1}の酸素ガスを添加することで，トーチへの煤の付着やプラズマの不安定化を軽減させる．

(3) キャリアーガス

キャリアーガスはプラズマ中心部を流れるガスで，測定試料をプラズマに供給する．また，キャリアーガスをプラズマ中心部に流すことでドーナツ構造がより明確に形成される．プラズマガスはネブライザーとチャンバーを介してプラズマ中心部に導入され，ネブライザーによって試料溶液を細かなミストにしてプラズマ中に導入する．キャリアーガス流量（0.5～1 L min^{-1}）は試料導入流量に直接影響を与える要素であり，試料の性状やネブライザーの種類，分析条件に応じて適切に決める必要がある．

5.2.3 プラズマ中原子のイオン化

ICPでは，導入された原子が1価イオンとなってプラズマ中に存在する割合がきわめて高い．ICP中での各元素のイオン化率とイオン化ポテンシャルの関係を図5.2に示す．イオン化ポテンシャルが8 eV 以下の金属原子はプラズマ中で90 % 以上が1価イオンとして存在し，イオン化ポテンシャルが8～10 eV の金属原子も50 % 以上がイオン化されている．大まかには，ICP で励起やイオン化がされにくい元素は非金属元素だけだということができる．一方，2価イオンのイオン化ポテンシャルはおおむね10 eV 以上であるため，ICP 中で2価イオンにまでイオン化されている原子の割合は低い．

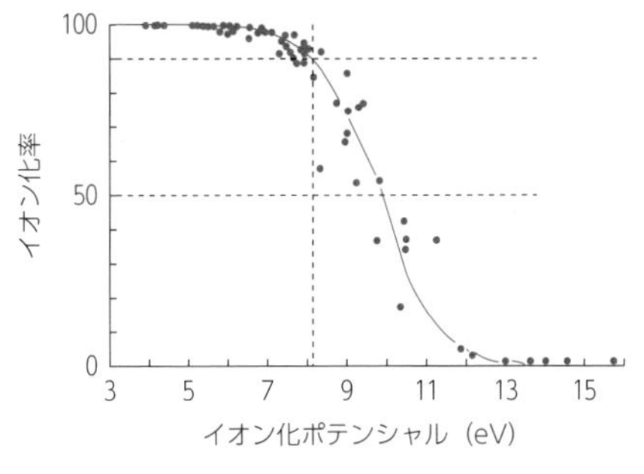

図 5.2　イオン化率とイオン化ポテンシャルの関係

多くの元素がプラズマ中でほぼ1価イオンとして存在していることが，ICP の大きな特徴の一つである．このため，ICP-OES では主に1価イオンの発光線を測定し，また，ICP-MS では1価イオンの質量電荷比(m/z)を測定する．

5.3　ICP 発光分析法

5.3.1　ICP 発光分析法の特徴

発光分析用光源としての ICP はドーナツ構造をしていることから，分析試料はセントラルチャネルを通過しながらプラズマ中心部で原子化・励起される．このため，自己吸収の影響がきわめて低いという優れた特性をもつ．ICP 発光分析法の特徴を以下に整理する．

- 希ガス，フッ素，酸素，窒素などの元素を除くほとんどの元素をおおむね ppb（10^{-9} g mL^{-1}）レベルの検出限界で測定することが可能である．
- 多元素同時測定が可能である．
- プラズマ自体が安定で，測定精度が高い．
- 検量線の直線領域が6桁程度と広い（ドーナツ構造をとることで自己吸収の影響が軽減されているため）．
- プラズマの温度が高く，化学干渉やイオン化干渉の影響が少ない．

ICP 発光分析法は，環境試料，食品試料，工業製品などの分析，製造プロセスや排水などの管理など，さまざまな分野で広く用いられている．表 5.2 に主要な元素の測定に用いられる分析波長とその検出限界を示す．なお，検出限界はバックグランド信号強度の標準偏差(σ)の3倍に相当する濃度として定義されている．実際に定量を行う場合には，一般的に検出限界の3～4倍の値が定量限界となる．

5.3.2　ICP 発光分析装置

ICP 発光分析装置は，プラズマ発光部（高周波電源部，ガス供給部を含む），試料導入部，分光・測光部，システム制御・データ処理部から構成される．装置概要を図 5.3 に模式的に示す．

表 5.2　分析に使用されるおもな発光線

元素	波長（nm）	検出下限（ppb）
Cd	214.438	0.1
Cd	226.502	0.2
Cd	228.802	0.3
Pb	220.353	1
Pb	216.999	3
Pb	261.418	7
Pb	405.783	10
Cr	267.716	0.1
Cr	205.552	0.3
Cr	206.149	0.4
As	188.979	4
As	193.696	5
As	197.197	7
Se	196.026	5
Se	206.279	8
Hg	194.227	2
Hg	253.652	5
Fe	238.204	0.2
Fe	259.940	0.2
Mn	257.610	0.05
Mn	259.373	0.1
Mn	260.569	0.1
Zn	213.856	0.1
Zn	202.548	0.2
Zn	206.200	0.4
Cu	324.754	0.5
Cu	327.396	0.5
Cu	224.700	1
Cu	213.598	1
Ni	221.647	0.5
Ni	231.604	0.5
Ni	232.003	1

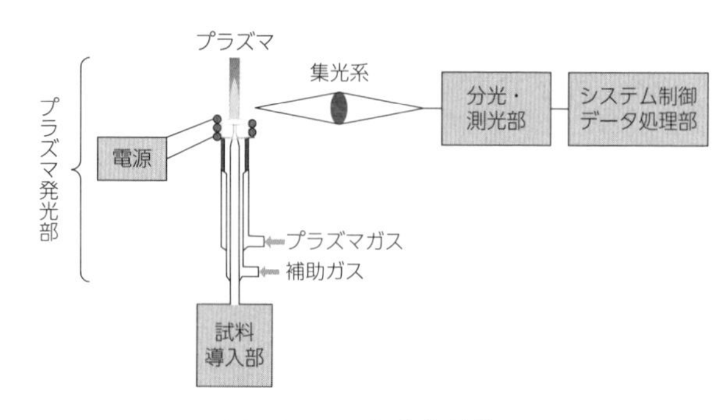

図 5.3　ICP 発光分析装置

(1) プラズマ発光部

プラズマ発光部では，三重管構造トーチを流れる Ar ガスに対し，水冷されたコイルを介して 27.12 MHz あるいは 40.68 MHz の高周波電流が供給されて，プラズマが点灯・維持される．式 (5.2) からわかるように，40.68 MHz の高周波電流を供給するとより安定なドーナツ構造が維持され，有機溶媒の導入などに適している．一方，27.12 MHz の高周波電流を供給すると，プラズマがより高温になり，干渉が小さくなるという報告がある．

ICP の測光方向には，プラズマの軸方向に形成されるセントラルチャネルに対して直角の方向，すなわちセントラチャネルから放射状に広がる発光を観測するラジアルビュー（radial view）と，セントラルチャネルの軸方向から観測するアクシャルビュー（axial view）がある．ICP 中で元素は原子化，励起，イオン化と反応を進めながらセントラルチャネルを移動する．すなわち，各元素の存在形態はセントラルチャネルの軸方向で変化している．ラジアルビューはセントラルチャネルの特定の位置を観測するため，そこで定常的な状態で存在する原子やイオンの発光を測定することができ，自己吸収，イオン化干渉，化学干渉の影響を最少化して測定することができる．一方，アクシャルビューでは，軸方向から観測するため，セントラルチャネル内に存在するすべての原子やイオンを測定対象にすることができるが，さまざまな状態で存在する原子やイオンを同時に観測することになる．このため，アクシャルビューでは，ラジアルビューに比べて，感度が 1 桁程度向上する一方，イオン化干渉や化学干渉を受けやすく，検量線の直線領域が 2 桁以上低下することもある．

(2) 試料導入部

試料導入部は図 5.4 に示すようなネブライザーとスプレーチャンバーから構成される．最近の ICP 発光分析装置では，試料供給量が多いサイクロン型チャンバーがよく用いられる．試料溶液はペリスタリックポンプでネブライザーに供給され，チャンバーに噴霧される．チャンバー内では大きな水滴がドレインとして除かれて，微細なミストだけがキャリアーガスとともにプラズマ中に導入される．

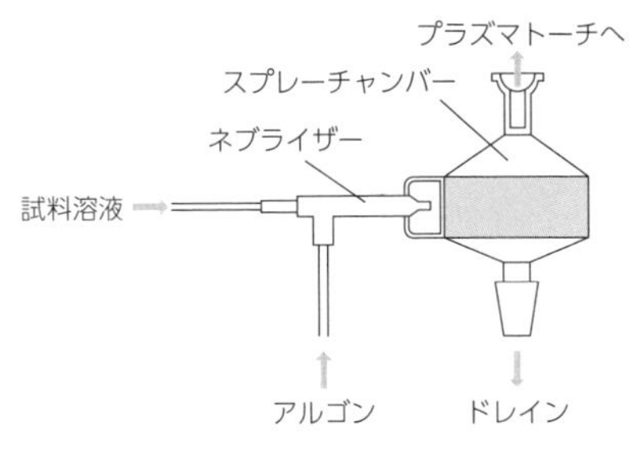

図 5.4　試料導入部
サイクロン型チャンバーを用いたもの．

ネブライザーは孔径が狭く，細かな粒子が入っても目詰まりしやすいので，試料の前処理には注意する必要がある．また，ネブライザーの噴霧効率は孔径に大きく依存するので，水溶液試料と有機溶媒などで使い分ける必要がある．なお，連続噴霧式以外の試料導入システムに関しては，5.3.3 項の試料導入法で紹介する．

(3) 分光・測光部

分光・測光部は分光器と検出器からなる．近年の半導体素子検出器の目覚ましい発展により，その組合せは大きく変化した．多数の発光線を相互に分離する必要がある ICP 発光分析法では，一般的に高分解能の分光器が必要とされる．一方，検出器では半導体型検出器の感度が向上し，光電子増倍管（Photomultiplier tube : PMT）に代わり，CCD (Charge Coupled Device) や CID (Charge Injection Device) などの半導体面検出器が実用化された．現在市販されている ICP 発光分光分析装置では，エシェル分光器と半導体面検出器を組み合わせた多元素同時測光システムが標準になっている．

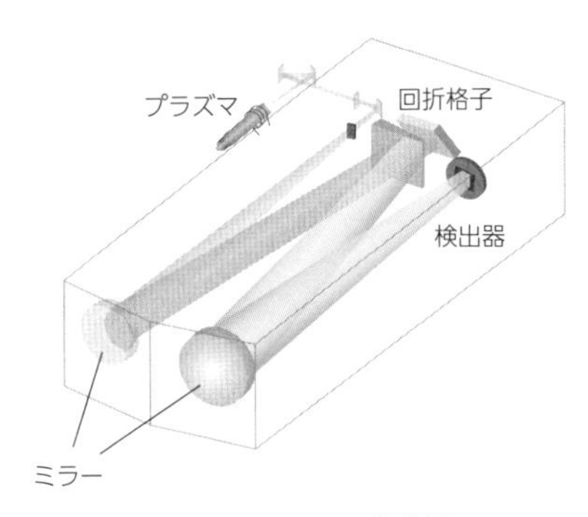

図 5.5　エシェル分光器

分光器で高分解能を得るためには刻線数の多い回折格子を使うのが一般的であるが，エシェル分光器（図 5.5）は，刻線数が 79 ～ 100 本 mm^{-1} 程度，ブレーズ角 70° 程度の回折格子を高い入射角度で用い，高次数の回折光を利用することで高分解能を実現している．回折格子の回折条件を式(5.3)に示す．

$$m\lambda = d(\sin\ \alpha + \sin\beta) \tag{5.3}$$

ここで，λ は波長，m は回折光の次数，d は回折格子の溝間隔，α は入射角，β は出射角である．ただし，α を正とするとき，法線に対して β が α と同じ側にあるときには，β は負，β が反対側にあるときには正となる．

通常の分光器では一～三次（$m = 1 \sim 3$）の回折光を測定するが，エシェル分光器は短波長領域（200 nm 近傍）では 90 ～ 100 次（$m = 90 \sim 100$），長波長領域（800 nm 近傍）

では 20 ～ 25 次（$m = 20 \sim 25$）の回折光を測定する．高次の回折光を用いると自由波長領域(次数の異なる回折光による重なりがない波長範囲)が狭くなり，次数の異なる回折光が相互に重なって観測される．

そこでエシェル分光器では，検出器の同じ位置に重なって現れる次数の異なるスペクトルをプリズムで分離し，スペクトルを次数ごとに縦に積み重ねるように分散させることで，二次元のスペクトルに変換する．さらに，エシェル分光器では二次元のスペクトルを面検出器で検出することで，多元素同時検出を行っている．エシェル分光器の分解能は，波長 200 nm 近傍で 6 pm 程度離れた二つの発光線を分離できる．しかし，分光素子としてプリズムを利用することから 180 nm 以下の短波長のスペクトルを測定することは困難である．

(4)システム制御・データ処理部

現在の ICP 発光分析装置は，装置の制御からデータ処理までをコンピュータで管理する．特に半導体素子を使った多元素同時分析システムでは，原理的にはすべての発光スペクトルを同時に測定・解析することができる．

多くの装置には，通常，各元素の発光スペクトルのライブラリーが内蔵されており，測定対象元素を選択すると，複数の測定波長が推奨されるので，そこから元素ごとに数本のスペクトルを選択して測定を行う．また，検量線を作成するときには，各測定波長での検出限界，BEC（Background Equivalent Concentration），検量線の直線性を示す相関係数などの情報も得られる．これらは，それぞれの元素の測定条件を設定するための基礎情報として活用することができる．

5.3.3 試料導入法

安定的かつ効率的な試料導入は分析装置にとって最も重要で，また最も難しい課題である．ICP 発光分析法でよく用いられる試料導入法を図 5.6 にまとめた[6]．連続噴霧方式に関してはすでに述べた通りであるが，試料溶液の粘性や塩濃度などに対応して数種類のネブライザーが提供されている．なお，これらの試料導入法は ICP-MS においても同様に利用されている．

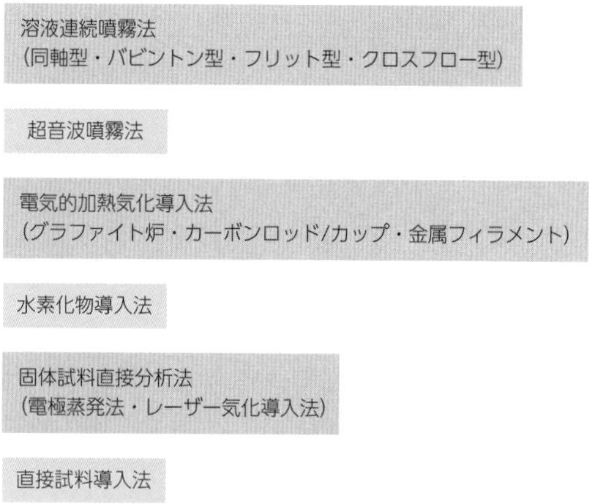

溶液連続噴霧法
(同軸型・バビントン型・フリット型・クロスフロー型)

超音波噴霧法

電気的加熱気化導入法
(グラファイト炉・カーボンロッド/カップ・金属フィラメント)

水素化物導入法

固体試料直接分析法
(電極蒸発法・レーザー気化導入法)

直接試料導入法

図 5.6　ICP の試料導入法

(1)超音波噴霧法

超音波噴霧法では，ネブライザーの代わりに超音波振動を用いて微細な試料ミストを生成し，脱溶媒装置によって試料中の水分を除き，乾燥した試料の粒子をプラズマに導入する．このため試料の導入効率が高く，また，プラズマに対する溶媒の負荷が低いことから，高効率・高感度な分析が期待できる．実際，マトリックスが薄い試料では連続噴霧式に比べて感度が 1 桁以上向上することが報告されている．しかし，マトリックスを含む試料への適用では安定性や精度に問題があり，実試料への展開はなかなか進んでいない．

(2) 電気的加熱気化導入法

電気的加熱気化導入法(Electrothermal Vaporization : ETV)は 1 ～ 200 μL 程度の微小量試料を熱媒体上で加熱して脱溶媒し，さらに高温にまで加熱して蒸発・気化させることで，試料を乾燥したエアロゾルとして ICP に導入する方法である．熱媒体としては黒鉛炉，黒鉛ロッド，金属ボート，フィラメントなどが用いられ，熱媒体に大電流を流すことで電気的に加熱(ジュール熱)する．その装置は電気的加熱式原子吸光装置と同様な構成である．

ETV は，①微小量試料の分析に適用できる，②試料導入効率の向上により，絶対感度が 1 桁以上上昇する，③試料溶液を脱溶媒することで，バックグラウンドが抑制される，④有機溶媒試料を ICP へ導入できる，⑤脱溶媒操作を繰り返すことで，熱媒体上での試料濃縮が可能である，⑥固体試料やスラリー状試料の導入を可能にする，などの特徴がある．

5

(3) 水素化物導入法

As，Se，Sb，Ge，Bi，Sn，Te，Pb の八つの元素は，水溶液中で水素化ホウ素ナトリウム(テトラヒドロホウ酸ナトリウム : $NaBH_4$)などの強力な還元剤で還元すると，水素化物(AsH_3，SeH_2，SbH_3，GeH_4，BiH_3，SnH_4，TeH_2，PbH_4)を生成する．これらの水素化物は，沸点が-88 ～ 16.8 ℃と低く，水溶液から簡単に気化分離される．

水素化物導入法は，反応容器に入れた試料溶液に $NaBH_4$ を加え，発生した水素化物をキャリアーガスで溶液中から追い出して ICP に導入する方法である．最近では，ICP 発光分析用試料導入装置としてフローインジェクションタイプの水素化物発生装置が広く用いられている．水素化物導入法では，測定元素だけが水素化物ガスとして ICP に導入されるために，試料導入時の物理干渉(5.5 節参照)がなく，ICP への導入効率も上昇することから検出下限が 10 ～ 100 倍程度改善される．また，測定元素が溶液中共存成分から分離されるために分光干渉をほとんど受けないなどの利点がある．そのため，水素化物発生法を試料導入法とする原子吸光法と ICP 発光分析法は，JIS K 0102-2008 (工場排水試験法)にも採用されている．

(4) レーザー気化導入法

レーザー気化 (Laser Ablation : LA) 導入法では，固体試料を密閉された試料チャンバーに入れ，高出力レーザーを照射して試料表面を溶解・蒸発させて，生成する極微小粒子状試料をキャリアーガスにより ICP に導入する．その原理を図 5.7 に示す．

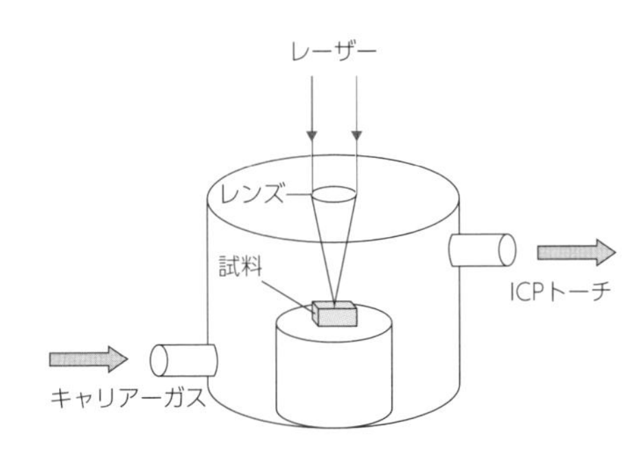

図 5.7　レーザー気化導入装置

最近のレーザー気化導入装置には観測用の顕微鏡やカメラが取りつけられ，レーザーの照射位置や照射範囲などを観察・確認し，任意の位置を選択してレーザーを照射することができる．

レーザー気化導入法は固体試料，特にガラス，岩石，鉱物などの非伝導性試料や，溶解が難しい高純度金属・超硬合金試料などの直接導入法として利用されている．また，近年はソフトな試料に対するレーザー気化導入も検討され，生体試料などにも応用されている．さらに，レーザー気化導入法は局所領域を連続してサンプリングすることで，深さ方向の分析も可能である．このような特徴は不均一試料の個々の粒子や組織を個別に分析するのに非常に有効である．さらに，さまざまな試料の元素マッピングやスクリーニングなどにも利用されている．

(5)クロマトグラフィーとの結合

ネブライザーを用いる連続噴霧導入法では，溶液試料の導入速度はおよそ 1.0 mL min^{-1} であり，高速液体クロマトグラフィー（HPLC）やイオンクロマトグラフィー（IC）などの溶離液の流速とほぼ等しい．そのため，両システムを接続すればクロマトグラフィーの溶離液を直接的に ICP に導入することができ，ICP 発光分析法をクロマトグラフィーの検出装置として用いることができる．

この手法は環境試料や生体試料中元素の存在状態や化学種を同定するための化学形態別分析（speciation）に広く適用されている．ただし，高濃度の塩や有機溶媒を含む溶離液を直接 ICP に導入することはプラズマの不安定化やネブライザー・トーチの故障の要因となるため，本法を適用するには注意して分離系を選択する必要がある．

5.4 ICP 質量分析法（ICP−MS）

5.4.1 ICP 質量分析法の特徴

ICP 質量分析法は，ICP をイオン化源とする無機質量分析法である．ICP はドーナツ構造を有することから，測定試料を安定的にプラズマに導入でき，測定対象元素をセントラルチャネル内で効率的に原子化・励起・イオン化できる．また，Ar をプラズマガスとする ICP 中では，多くの測定元素が 1 価イオンとして存在し，多価イオンの生成率が低いため，ICP は無機質量分析用の優れたイオン化源として利用されている．以下に特徴を箇条書きで示す．

- 希ガス，ハロゲン元素，酸素，窒素などを除くほとんどの元素をおおむね sub-ppt (10^{-12} g mL^{-1}) レベルの検出限界で測定できる．
- 多元素を迅速に分析することができる．
- プラズマ自体が安定で，測定精度が高い．
- 検量線の直線領域が広い．
- プラズマの温度が高く，化学干渉やイオン化干渉の影響が少ない．
- 同位体比測定が可能である．

ICP 質量分析法は，地球科学，環境科学，生命科学，医療創薬科学，食品化学など，さまざまな分野で広く用いられている．

5.4.2 ICP 質量分析装置

四重局型 ICP 質量分析装置の概要を図 5.8 に模式的に示す．装置は基本的にイオン化部（ICP 制御部および試料導入部），インターフェース部，および質量分析計から構成される．さらに，最近では，多元素イオンによるスペクトル干渉を低減させるコリジョン・リアクションセルが搭載されているものが多い．ICP 質量分析装置は大気圧下で形成・維持される高温のプラズマから高真空の質量分析計にイオンを取り込むため，両者を接続するためのインターフェースが重要な役割をはたしている．なお，イオン化部としての ICP に関しては 5.2 節を参照．

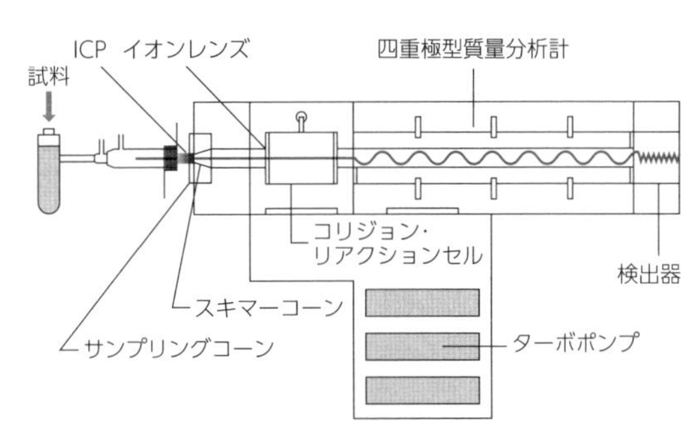

図 5.8 ICP 質量分析装置
四重極型質量分析計．

(1) 質量分析計

汎用型 ICP–MS 装置では，小型で簡便かつ高速測定が可能な四重極型質量分析計（Q–MS）が用いられる．一方，高分解能測定を目的とする ICP–MS 装置では二重収束型質量分析計が用いられる．四重極型質量分析計では，図 5.9 のように 4 本の円柱電極が内接円半径 r_0 となるように平行に配置され，対向する 2 組の電極どうしに $+U_0 = +(U + V\cos\omega t)$ および $-U_0 = -(U + V\cos\omega t)$ の高周波電圧が印加される．ここで，U は直流電圧，V は高周波電圧のピーク電圧，ω は角周波数（$\omega = 2\pi f$），f は高周波電圧の周波数である．

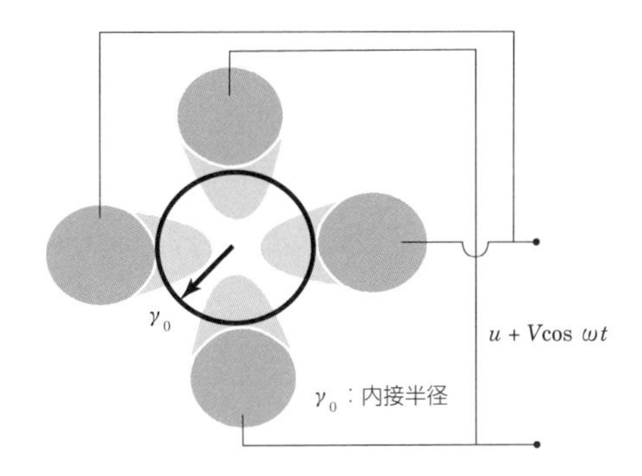

図 5.9 四重極型質量分析計の原理

イオンを内接円の中心部に導入して円柱電極の軸方向（z 軸方向）に進行させると，導入されたイオンは高周波電圧 $+U_0$ および $-U_0$ が作る電場により，振動しながら z 方向に進んでいくが，ほとんどのイオンは電場空間にとどまることができず，はじき飛ばされることになる．しかし，特定の m/z をもつイオンは，適当な周波数と電圧の組み合わせのときにだけ，4 本の電極が作る電場空間からはじき飛ばされることなく振動して，四重極の反対側の端まで到達することができる．

このように四重極型質量分析計は，それぞれのイオンを運動量やエネルギーに従って分離するのではなく，適当な電場によって特定の m/z のイオンだけを通過させることから，マスフィルターとも呼ばれている．四重極型質量分析計では，高周波電圧を特定の周波数と電圧に固定することで特定の m/z を有するイオンだけを通過させるだけでなく，U/V を一定にしながら U および V を変化させることで，m/z に応じてイオン

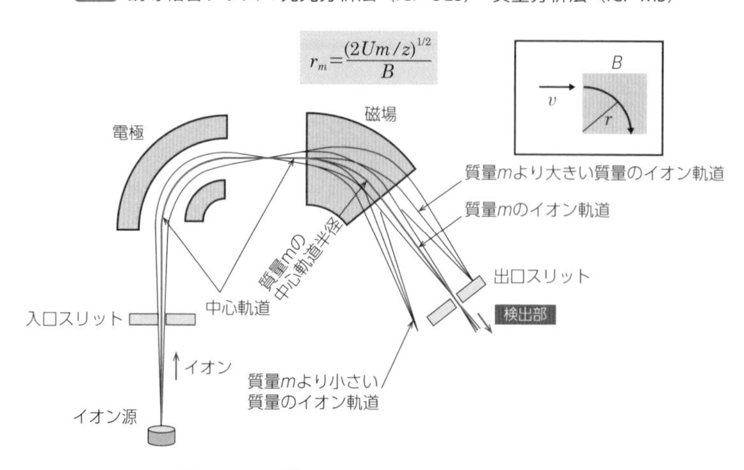

図 5.10　磁場におけるイオン分離の原理
正配置型．$m/\Delta m$ はスリット幅に依存し，一定値をとる．

を高速に走査できる．

二重収束型質量分析計は磁場セクターと電場セクターから構成される質量分析計である．磁場により m/z に応じてイオンを分離し，電場によりイオンの運動エネルギーを収束させることで，高分解能で検出することができる．

磁場におけるイオン分離の原理を図 5.10 に示す．均一な磁場 (B) に磁束に垂直に速度 v で入射したイオン（電荷 z）は，電場からローレンツ力 F（式(5.4)）を受ける．ローレンツ力と遠心力（式(5.5)）が釣り合った場合に，イオンは式(5.6)で表される半径 r の円軌道で飛行する．

$$F = zvB \tag{5.4}$$
$$F = mv^2/r \tag{5.5}$$
$$\therefore \quad r = mv/zB \tag{5.6}$$

一方，イオンの速度 v は電場への入り口で加速電圧 U により与えられる．

$$zU = mv^2/2$$

したがって，イオンの飛行半径 r は式(5.7)のように表され，m/z に対して一義的に決まり，m/z は式(5.8)で表される．

$$r = (2mU/zB^2)^{1/2} \tag{5.7}$$
$$m/z = r^2B^2/2U \tag{5.8}$$

実際の測定では，磁場強度を掃引することによって各イオンの飛行半径を変化させて，特定の m/z に対応するイオンだけを検出器に導入して測定する．二重収束型質量分析計は分解能が数百から数千のものが用いられている．

また最近では，高精度の同位体比測定を目的として，二重収束型質量分析計に 10～20 個の検出器を装備した多チャンネル検出型 ICP-MS（Multi-collector ICP-MS：MC-ICP-MS）も市販されている．MC-ICP-MS では，測定の中心となる m/z に対し

て ±25% 程度の m/z の範囲を多チャンネル検出器で検出できる．複数の同位体を同時に検出することで，プラズマの揺らぎや試料ミスト導入の変動などの影響を排除し，きわめて高精度に同位体比を測定できる．

(2) インターフェース部

インターフェース部は，大気圧下で維持されているプラズマから 10^{-4} Pa オーダーの真空化で作動する質量分析計にイオンを引き込むところであり，通常は 3 段の差動排気が行われている (図 5.8)．大気圧下ではじめにプラズマと接触するサンプリングコーン，その後ろにはスキマーコーンが配置され，さらにイオンレンズがあって，マスフィルターが置かれている．特に，スキマーコーンは直接プラズマに接しているため，使用頻度や測定試料によってはさまざまな塩や酸化物が付着したり損傷を受けたりしやすく，細やかなメンテナンスが必要である．

5

(3) コリジョン・リアクションセル

コリジョンセルまたはリアクションセルは，主に多原子イオンによるスペクトル干渉を低減させる装置であり，通常，質量分析計とイオンレンズのマスフィルターとの間に設置される．セルは複数の電極(四重極，六重極，または八重極)で構成される一種の小型マスフィルターである．

セル内にはヘリウムなどの不活性ガス，あるいは水素，メタン，アンモニアなどの反応性ガスが導入される．セルに入射されたイオンはこれらのガスと衝突や反応を繰り返しながらセルを通過する．不活性ガスとの衝突過程で，イオンは運動エネルギーを失ったり，軌道を曲げられたりするため，透過率が低下する．特に，衝突断面積の大きな多原子イオンは分析対象イオン(通常は単原子のイオン)に比べて透過率が大幅に低下する．この結果，質量分析計に到達する多元素イオンの量が著しく減少し，スペクトル干渉が低減される．

一方，反応性ガスを利用する場合には，対象元素イオンを反応性ガスと反応させて生成する分子イオンを測定する，または干渉イオンを反応性ガスと反応させて別のイオン種に変化させることでスペクトル干渉を低減することができる．コリジョン・リアクションセルでは，衝突や反応によって分析対象イオンの量も当然減少するが，多原子イオンはさらに数桁も減少するために，S/N 比の高い測定が可能になる．

5.4.3 同位体希釈法

ICP–MS では同位体希釈 (Isotope Dilution : ID) 法が適用できる．ID 法とは，試料に測定対象元素の濃縮安定同位体（スパイク）を添加して，同位体平衡に到達させた後，試料中の新たな同位体比を測定して，その値からもとの試料中の測定対象元素の質量モル濃度(mol kg^{-1})を求める手法である．ID 法では検量線などを用いることなく，試料量，スパイク量，天然および濃縮同位体比から質量モル濃度を求めることができる．ID 法は他の標準(たとえば，検量線の標準液)に依存することのなく正確な定量が可能であることから，一次標準測定法としても利用されている．

同位体希釈法の原理を図 5.11 に示す．試料 x 中の測定分析対象元素の濃度が C_x，試料量が m_x であり，また測定元素の二つの測定対象同位体の天然同位体存在度が A_x と B_x であるとする．天然同位体存在度は，Pb などの特定の元素を除き，一般的には一定

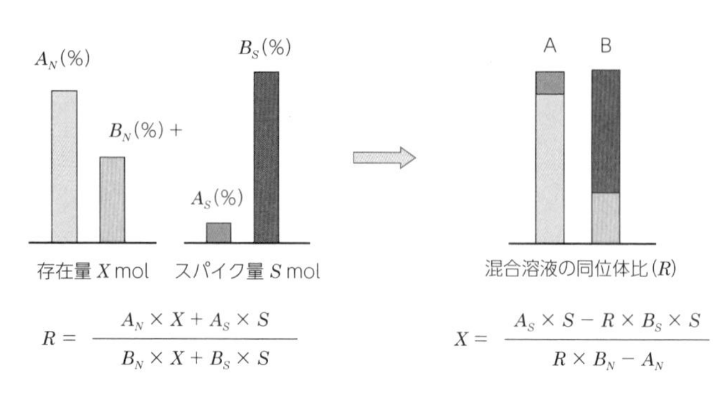

図 5.11　同位体希釈法の原理

とみなしてよい．そこに二つの同位体存在度が A_s と B_s である濃縮同位体（濃度は C_s）のスパイク s を質量 m_s だけ添加して測定溶液とする．同位体平衡が成立した後に，測定試料中の同位体比 R を測定すると，同位体比 R は以下のように表される．

$$R = (\text{測定試料中同位体 A の物質量 (mol)}) / (\text{測定試料中同位体 B の物質量 (mol)}) \\ = (C_x \cdot m_x \cdot A_x + C_s \cdot m_s \cdot A_s) / (C_x \cdot m_x \cdot B_x + C_s \cdot m_s \cdot B_s) \quad (5.9)$$

ここで，m_x は試料量 (kg)，C_s は試料溶液濃度 (mol kg^{-1})，A_x および B_x は試料溶液中目的元素の同位体存在度，A_s および B_s はスパイク溶液中目的元素の同位体存在度，m_s はスパイク添加量 (kg)，C_s はスパイク溶液濃度 (mol kg^{-1}) である．これを試料中測定元素濃度 C_x について整理すると，以下の式のようになる．

$$C_x = C_s \cdot (m_s / m_x) \cdot [(A_s - R \cdot B_s)/(R \cdot B_x - A_x)] \quad (5.10)$$

ここで，同位体比 R 以外は既知の値であり，R は測定により得られることから，試料中の測定元素濃度 C_x を求めることができる．

ID 法では試料溶液に測定対象元素をスパイクとして添加して測定することから，測定における物理干渉，化学干渉，イオン化干渉などの影響を小さくすることができ，高い正確性と高い精度の測定を期待できる．

5.5 測定上の注意― ICP 原子スペクトル分析における干渉―

ICP-OES や ICP-MS などの ICP 原子スペクトル分析法では，一般的に溶液をネブライザーで噴霧して液滴とし，微細な液滴（ミスト）を選別して ICP に導入する．ICP に到達するまでの過程で，脱溶媒，塩や酸化物の生成，原子化を経て，原子はプラズマにより励起やイオン化され，分光計や質量分析計で検出される．このように，ICP 原子スペクトル分析法では試料導入から検出までにさまざまな過程があり，各過程においてそれぞれ特徴的な干渉が存在する．その概要を図 5.12 にまとめた．

ICP 原子スペクトル分析法の主な干渉には，物理干渉，化学干渉，イオン化干渉，分光干渉，スペクトル干渉，空間電荷(スペースチャージ)効果による影響があげられる．初めの三つの干渉は ICP-OES と ICP-MS で共通する干渉である．スペクトル干渉は，ICP-OES では発光線の重なりによる干渉であり，ICP-MS ではイオンの重なりによ

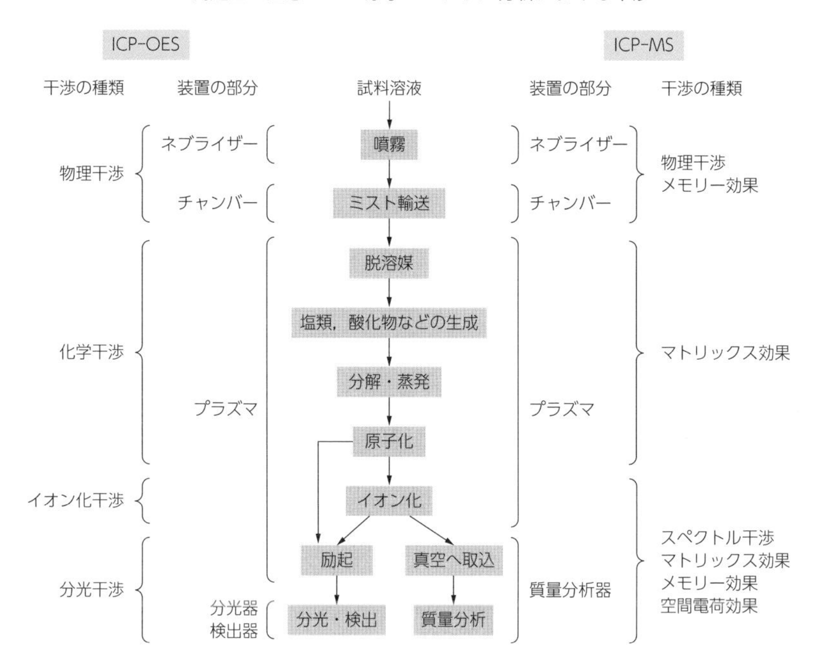

図 5.12 ICP 分析における主な干渉

る干渉である．また，空間電荷効果の影響は ICP-MS に固有の現象である．

(1)物理干渉

物理干渉は，ICP への試料の導入効率が変化することに起因する干渉である．試料溶液に共存する塩や酸などにより溶液の粘性や表面張力が変化すると，ネブライザーによる溶液の吸い上げ速度や噴霧効率，あるいは生成するミストの粒径分布が変化するため，チャンバーを経由して ICP へ到達する試料量(輸送効率)が変動する．

物理干渉を低減するためには，試料溶液と標準溶液で使用する酸の種類や濃度を揃え，液性を極力同じにすることが重要である．そのうえで，適切な内標準元素よる内標準補正を適用することが有効である．内標準法とは，試料溶液と検量線用の標準溶液に既知の内標準液を添加し，分析元素と内標準元素の信号強度比から定量する方法である．内標準元素はスペクトル干渉がなく，プラズマ中で分析元素と同様な挙動をとり，試料溶液に含まれていないなどの条件を満たす必要がある．

(2)化学干渉

化学干渉は，プラズマ中で分析対象元素が共存する塩や酸と反応して難解離性の塩あるいは酸化物を生成し，元素の原子化が阻害されることで引き起こされる干渉である．化学干渉は，低温の化学炎を利用する原子吸光法などではしばしば問題となるが，プラズマ温度が 7000 ℃に達する ICP ではほとんど問題にならない．

(3) イオン化干渉

イオン化干渉は，プラズマ中にイオン化しやすい元素，たとえばアルカリ金属元素(Na，Kなど)やアルカリ土類金属元素(Mg，Caなど)が大量に供給されるとICPの電荷密度が変化して，分析元素のイオン化効率が変化することによって生じる．ICP内では原子とイオンの間に局所的なイオン化平衡が成り立っているとすると，原子密度(n_a)，イオン密度(n_i)，電子密度(n_e)の間にはサハ(Saha)の式と呼ばれる関係が成立する．

$$\frac{n_i}{n_a} = \frac{1}{n_e} \cdot \frac{(2\pi mkT)^{\frac{3}{2}}}{h^3} \cdot \frac{2Z_i}{Z_a} \cdot \exp(-E_i/kT) \tag{5.11}$$

ここで，Z_a，Z_iは原子とイオンの分配関数，E_iはイオン化エネルギー，mは電子の質量，Tはプラズマ温度，hはプランク定数，kはボルツマン定数である．サハの式によると，イオン化率は電子密度n_eと温度Tによって決まり，電子密度が高いほど低下し，温度が高いほど上昇する．

一般的な条件で稼働するICPでは電子密度は$10^{14} \sim 10^{16}$ m^{-3}である．ここに大量のアルカリ金属元素が導入されると，アルカリ金属元素のイオン化に伴う電子が供給され，分析イオンは電子と再結合してイオン化率が低下する．たとえば，1% NaClをマトリックスとして含む試料溶液をICPで分析する場合，およそ1×10^{16} m^{-3}のNa原子がプラズマ中に導入されることになり，これがすべてイオン化されると分析対象元素のイオン化率は大きく低下する．このため，対象元素の原子を測定する場合には分析感度は増加し，イオンを測定する場合には分析感度は低下する．ただし，ICP中の電子密度n_eや温度Tはプラズマ軸方向で変化するために，イオン化干渉の程度はICP-OESの測光位置やICP-MSのイオン取り込み位置によっても変化することに注意しよう．

(4) スペクトル干渉

ICP発光分析では，試料中に含まれるほとんどの元素やプラズマ中の種々の分子が同時に発光するため，さまざまなスペクトル干渉が発生する．スペクトル干渉は理論的には分光器の分解能を向上させれば解決できる問題であるが，現実的には分解能が無限大になるような分光器は存在せず，スペクトル干渉をすべてなくすことは不可能である．

実際の測定では，まず，測定対象元素のスペクトルを測定し，その形状からスペクトル干渉の有無を判断することが基本である．そして，スペクトル干渉を受けない発光線を選択することがスペクトル干渉に対する最も効果的な解決策である．

しかし実際には，近接する強い原子発光や分子発光などによってバックグラウンド発光が上昇する，マトリックス元素に起因する近接線が分析線の一部に重なる，さらには発光線に完全に重なる元素が存在するという問題に直面することも多い．バックグラウンド発光がある場合は，測定スペクトルから発光ピーク位置におけるバックグラウンド発光強度を推定し，発光スペクトル全体の発光強度からバックグラウンド発光の強度を補正することが最も一般的な補正法である．近接線がある場合は，それぞれの元素の単独のスペクトルを測定し，スペクトル分離技術を適用した補正を行うことができる．また，発光線が完全に重なってしまう場合には，干渉元素の元素間干渉補正係数（測定対象元素に対する干渉の度合い）を求め，マトリックス中干渉元素の濃度から，干渉量を見積もって補正する方法が有効である．

最近の装置では各元素の主要な分析線に対する干渉元素の情報がライブラリー化されているので，これを参考にして分析試料中の主要なマトリックス元素の影響を検討し，適切な分析線を選択することが重要である．また，一つの元素に対して何本かの分析線で測定を行い，それぞれの分析線から得られる結果が一致するか否かを評価することも有効である．

ICP-MS では測定対象元素と同じ *m/z* をもつイオンの重なりがスペクトル干渉を引き起こす．最も典型的なスペクトル干渉は同重体イオンによる干渉である．たとえば，$^{40}Ca^+$ に対する $^{40}Ar^+$ の干渉や $^{82}Se^+$ に対する $^{82}Kr^+$ の干渉などがある．また，2 価イオンによる干渉も典型的である．たとえば，$^{69}Ga^+$ に対する $^{138}Ba^{2+}$ の干渉や $^{59}Co^+$ に対する $^{118}Sn^{2+}$ の干渉などはよく観測されるスペクトル干渉である．ICP-MS では，これらの干渉以外にも，プラズマおよびインターフェース部で生成される多種多様な多原子イオンによるスペクトル干渉が存在する．多原子イオンとは，アルゴンプラズマに巻き込まれた空気に由来する N^+ や O^+，導入された溶媒から生じる O^+ や H^+，共存する酸類から生じる Cl^+ や S^+，さらには試料中共存成分元素 (M^+) が互いに結合して形成される，ArN^+，ArO^+，$ArOH^+$，$ArCl^+$，SO^+，MO^+，MOH^+ などのイオンである．これらの多原子イオンによるスペクトル干渉は，一般には質量数が 80 以下の領域に集中しているが，共存成分の酸化物 (MO^+) などによるスペクトル干渉は試料組成に応じてさまざまな質量領域で影響を及ぼす．

マトリックスイオンの酸化物のスペクトル干渉には常に注意すべきである．最近の装置では，コリジョン・リアクションセル (5.4.2 項) を利用することでスペクトル干渉をかなり低減できる．しかし，コリジョン・リアクションセルを用いてもスペクトル干渉を完全に除去することはできず，また，コリジョン・リアクションセルによってかえって複雑なスペクトル干渉が生じることもある．実際の測定では，分析試料におけるスペクトル干渉の有無を確認しながらコリジョン・リアクションセルを活用することが重要である．

(5) 空間電荷効果による干渉

ICP-MS には空間電荷効果 (space charge effect) による干渉もある．空間電荷効果とは，ICP-MS のスキマーコーン下流領域において，電子から分離され正電荷を帯びた分析イオン(M^+)やアルゴンイオン(Ar^+)がクーロン力によって互いに反発する効果である．その結果，イオンビームが拡散し，スリット上に収束しにくくなって感度が低下する．この効果はクーロン反発力による拡散が原因なので，重いイオンよりも軽いイオンで顕著に現れる．また，共存元素の原子量が大きい場合や共存元素のイオン化エネルギーが低い場合ほど干渉作用が強く現れる．空間電荷効果はプラズマ中の共存イオンの量に依存して発生するため，試料を希釈してイオン量を少なくすることで効果を軽減できる．

5.6 おわりに

ICP-OES や ICP-MS は非常に高感度な多元素同時分析装置であるが，近年の装置は取扱いが簡単になり，誰でも試料を導入すれば何らかの信号を得ることができるようになった．しかし，これまで説明してきたように，ICP 分析装置は非常に繊細なシステムの融合体であり，測定される信号はさまざまな干渉を受けた結果として得られるものである．実際の分析にあたっては，試料の前処理を含めて，分析操作や干渉補正を十分に検証し，得られた信号の妥当性を十分に評価しなければ，正しい分析結果を得ることができない．

測定結果の妥当性を評価するには，①空試験を行って空試験値を確認する，②測定条件を変化させて測定する（たとえば，複数の分析線や *m/z* を用いて測定したり，プラズマ条件を少し変えて測定したりする），③添加回収率を確認する，④認証標準物質を分析するなどの方法が有効である．特に，認証標準物質による妥当性評価は最も有効である．最近ではさまざまな試料に対応した認証標準物質が頒布されているので，妥当性の評価にぜひ活用してほしい．

【参考文献】

1) A. Walsh, *Spectrochim. Acta*, **7**, 108 (1955).
2) S. Greenfield, L. L. Jones, C. T. Berry, *Analyst*. **89**, 713 (1964).
3) R. H. Wendt, V. A. Fassel, *Anal. Chem*., **37**, 920 (1965).
4) R. S. Houk, V. A. Fassel. G. D. Flesch, H. J. Svec, A. L. Gray, C. E. Taylor, *Anal. Chem*., **52**, 2283 (1980).
5) I. Langmuir, Proc. *Nat. Acad. Aci*., **14**, 627 (1928).
6) A. C. Broekaert, G. Tolg, P. W. J. M. Boumans*Ed*, Inductively Coupled Plasma Spectrometry Part II, p432, Wiley Interscience, NewYork (1987).

【さらに進んで勉強したい方のために】

7) 原口紘炁，『ICP 発光分析の基礎と応用』，講談社サイエンティフィク(1986).
8) C. Vandecasteele，C. B. Block，原口紘炁他訳，『微量元素分析の実際』，丸善(1995).
9) 日本分析化学会編，千葉光一他著，『分析化学実技シリーズ　機器分析編 4　ICP 発光分析』，共立出版(2013).
10) 日本分析化学会編，田尾博明他著，『分析化学実技シリーズ　機器分析編 17　誘導結合プラズマ質量分析』，共立出版(2015).

6 蛍光 X 線分析法

辻　幸一（大阪市立大学大学院工学研究科）

6.1 はじめに

X 線は可視光・紫外線より波長が短く，エネルギーが大きい電磁波である．医療診断のレントゲン撮影でも利用されているエネルギーの高い X 線（硬 X 線と呼ばれる）は，物質への透過力が高い．一方，エネルギーの低い X 線（軟 X 線と呼ばれる）は，大気に容易に吸収される．たとえば 3 keV のエネルギーの X 線は，空気中を 3 cm 進むと，空気による吸収のため強度はおよそ 1/2 に減衰する．そこで，特に軟 X 線領域の X 線分析は真空下で行う必要がある．

蛍光 X 線のエネルギー値は元素に固有であるため，特性 X 線や固有 X 線とも呼ばれる．よって，蛍光 X 線のエネルギーがわかれば元素の種類がわかる．一般に電子の制動放射（電子の減速運動）の結果として生じる連続 X 線も試料から発生するので，X 線分析には工夫を要する．

蛍光 X 線分析法（X-Ray Fluorescence：XRF）では，X 線要素（X 線源，光学素子，検出器など）の配置によって，特徴的な分析特性が生み出される．本章では蛍光 X 線分析の原理・特徴を解説し，波長分散型とエネルギー分散型の分光方法を説明する．その後，実験室で利用される微小部 XRF と全反射 XRF の装置構成と利用例を，注意点を交えながら紹介する．

6.2 蛍光 X 線の発生

図 6.1 に示すように，原子は原子核とそれを取り巻く電子からなっており，その電子は特定のエネルギー準位に束縛されている．このエネルギー準位は元素に固有であり，元素ごとに異なる．ただし，分析対象元素の化学状態によってエネルギー準位がわずかに変化することから，試料と分析装置の性能によっては状態分析が可能となる場合もある．

物質（試料）に最初に照射する X 線を一次 X 線と称する．一次 X 線を試料に照射すると，光電子が発生する．つまり，一次 X 線のエネルギー（Ep）が内殻電子の結合エネルギー（Eb）より大きい場合，その内殻電子は原子核からの束縛を離れて運動エネルギー（Ek）をもって光電子として飛び出す．この現象を光電効果と呼ぶ．このとき，仕事関数（ϕ）を用いて式(6.1)の関係が成り立つ．

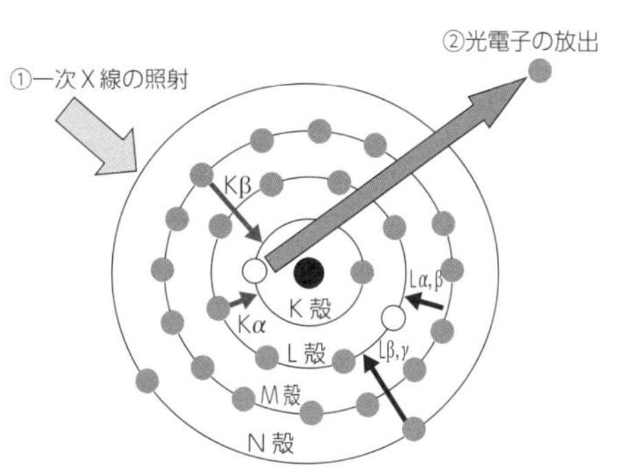

図 6.1　蛍光 X 線の発生

$$Ep = Ek + Eb + \phi \qquad (6.1)$$

この関係式から特定の元素の結合エネル

ギーを求める分析法がX線光電子分光法 (XPS) である (8章を参照). 各元素の結合エネルギーについては巻末の付録4にまとめた.

光電子の放出後には内殻電子準位に空席ができるが, この空席に他のエネルギー準位から電子が遷移する. この電子遷移の前後のエネルギー準位の差が電磁波として放出されることになる. この特性X線は試料に高エネルギーの電子を照射しても発生しうるが, X線を照射して発生する特性X線を特別に蛍光X線と呼ぶ. なお光電子放出後の緩和過程には, 蛍光X線の放射とともにオージェ電子も放出されうる. オージェ電子は電子遷移が関与するエネルギー準位のエネルギー差を受けて, 他の電子が脱出する現象である. オージェ電子分光法はXPSと同様にオージェ電子の脱出深さのために原理的に表面分析が可能であり, 一般には電子線を励起源とするため, 微小部の表面分析法として有効である.

図6.1に示すように, K殻から光電子が発生して空席ができた場合, L殻からK殻に電子遷移が生じた結果として発せられる蛍光X線はKα線と呼ばれ, M殻からK殻への電子遷移に起因する蛍光X線はKβ線と呼ばれる. 光電効果の結果, L殻に空席ができた場合, M殻から電子遷移が生じてL線と呼ばれる蛍光X線が発せられる. すべてのエネルギー準位間で電子遷移が可能なのではなく, 選択律を満たす許容遷移のみが可能である. 原子番号が大きいと許容遷移も増え, 複数の蛍光X線が発せられてスペクトルも複雑となる. 一般に, K線はKαとKβの対からなり, L線の場合はLα, Lβ, Lγの3本が一緒に現れる.

6.3 蛍光X線分析で何が分かるか

①元素の種類がわかる(定性分析)

蛍光X線エネルギーを解析することにより, 蛍光X線が発せられた元素の種類を知ることができる. 各元素の蛍光X線のエネルギーは巻末の付録3に記載した.

②元素の存在量がわかる(定量分析)

蛍光X線の強度を測定することにより, 特定元素の存在量を知ることができる. 他の機器分析法と同様に定量分析には標準物質が必要である.

③元素の分布情報が得られる(元素イメージング)

X線マイクロビームを励起源として蛍光X線分析を行うことにより, 微小点での元素分析, 線分析, さらには二次元分布を得ることができる.

④表面の組成分析が可能である(表面分析)

X線全反射現象を利用すると, X線の侵入深さが数nmと表面に限定されることから, 平坦試料表面の元素分析が可能となる.

⑤化学結合状態に関する情報が得られる(状態分析)

蛍光X線では, 注目元素の化学結合状態によってわずかな化学シフトが生じることが知られている. よって, 高分解能な二結晶X線分光器などを利用すると状態分析が可能となる(一般的な蛍光X線分析装置では観測されない).

6.4　蛍光 X 線分析の特徴

6.4.1　非接触・非破壊な元素分析

X 線を照射すると試料に分子レベルの損傷を与える可能性があるので注意が必要である．さらに生物試料の場合は，DNA レベルで損傷を与える可能性もある．しかし他の元素分析法，たとえば原子発光分析法や原子吸光分析法では試料の溶解と原子化が必要であるのに対して，蛍光 X 線分析では簡便な前処理を行うだけで直接分析が可能であり，特に無機・金属試料に対しては非破壊分析であるといえる．測定後も試料が損なわれずに残るので再測定や他の手法によるクロスチェックが可能であり，特に法科学の分野や絵画・考古遺物など貴重な試料の分析において有効な分析法といえる．

6.4.2　さまざまな形態の試料の分析

蛍光 X 線分析は一次 X 線を試料に照射することで行われるが，固体試料，粉末試料，薄膜試料，溶液試料など，さまざまな形態の試料を直接測定できる．ただし，大気中ガス成分であるアルゴンなどからの蛍光 X 線も観測されるので注意が必要である．

6.4.3　良好な定量性

蛍光 X 線の発生と測定に至るプロセスはこれまでの基礎研究により比較的よく理解されており，計算結果との一致を得やすい．試料の主成分によって生じる吸収や二次励起の影響，すなわちマトリックス効果もよく理解されている．さらには，定量分析に必要な種々の標準物質も準備されている．市販の蛍光X線分析装置には後述の FP 法（ファンダメンタル・パラメータ法）による定量ソフトが搭載されおり，主成分から微量成分に至るまで，広いダイナミックレンジにおいて定量分析が可能となっている．

6.4.4　迅速な分析

固体試料や溶液試料でも，基本的にはそのままの試料に一次 X 線を照射する．後述のエネルギー分散型蛍光 X 線分析の場合，測定時間は数 100 秒程度である．複雑な試料前処理を必要としないため，迅速な分析が可能である．また，多くの市販装置には試料の自動交換システムが備わっているので，昼夜を問わず自動測定ができる．各種材料の品質管理などにも力を発揮する．

6.4.5　その場分析やイン・オンライン分析

蛍光 X 線分析装置の要素部品，つまり X 線源，光学素子，検出器などの小型化が進んでおり，携帯型（ハンドヘルド型）の蛍光 X 線分析装置も市販されている．これを用いて，試料採取場所での環境土壌分析や未知の廃棄物の分別などにも利用される．また，製造工程のラインに組み込んで製品の品質管理にも利用されている．

6.4.6　微少量試料による分析

全反射現象を利用する蛍光 X 線分析法では，たとえば溶液 1 滴（10 μL 程度）や ng 程度の微粒子を測定対象とする．つまり，極微少量の試料を分析できる．

6.5 蛍光X線の分光方式

X線のエネルギーを分析する手法は波長分散型X線分光法（wavelength-dispersive XRF：WDXRF）とエネルギー分散型X線分光法（energy-dispersive XRF：EDXRF）の2種類に分けられる．

6.5.1 波長分散型X線分光法

(1)原理と装置構成

この手法はX線を「波」として取り扱って解析するものであり，式(6.2)に示すブラッグの回折条件を利用して試料から発生した蛍光X線（波長：λ）を分光する．歴史的にもX線分光法の基礎研究はこの波長分散方式から始まった．

$$2d\sin\theta = n\lambda \tag{6.2}$$

式(6.2)において，d は分光結晶の面間隔であり既知の値である．表6.1に典型的な分光結晶と d 値をまとめた．測定対象元素に応じて最適なものを使い分ける．BeからMgあたりの原子番号が小さい元素に対しては人工多層膜により対応できる．

θ は回折角であり，ブラッグの回折条件を満たす回折角 θ を実測から求める．一次X線の照射により試料からは四方八方に蛍光X線が発せられるが，分光結晶には一定の角度(θ)でX線を導入する必要がある．このため，図6.2に示すように，試料と分光結晶の間にはソーラースリットを配置する．ソーラースリットは金属の薄い板を複数枚，等間隔に平行に配置した構造をとっており，これを通過したX線は平行化される．

分光結晶は分析対象元素（分析波長）に応じて切り替えられる機構となっている．波長分散型の蛍光X線分析ではX線検出器に到達するX線強度は決して強くない．蛍光X線強度は一次X線の強度に比例することから，WDXRF装置ではend-window型の高出力X線管が利用されることが多い．この場合，X線発生源と窓材との距離が短く，試料はX線管に接近して置かれる．X線管からの熱的影響を受けやすいことから試料の変性に注意が必要である．回折角を変化させながら回折X線の強度をX線検出器（比例計数管やシンチレーションカウンターなど）で測定する．この目的のために，θ–2θ

表6.1 いくつかの分光結晶

結晶名	指数	2*d* 値 (nm)	対応元素
フッ化リチウム (LiF)	200	0.4028	K <
フッ化リチウム (LiF)	220	0.2848	Cr <
ゲルマニウム (Ge)	111	0.6533	P <
ペンタエリトリトール(PET)	002	0.876	Al <
フタル酸タリウム(TAP)	001	2.576	O <
(人工多層膜)		(3～20)	Be <

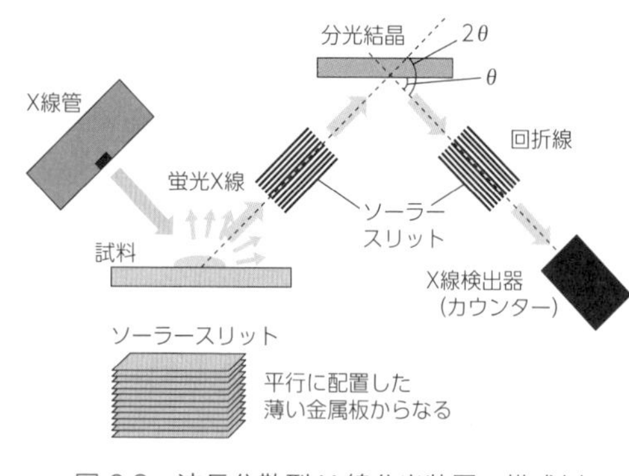

図6.2 波長分散型X線分光装置の構成例

の倍角運動を可能とするゴニオメーターを用いる．

(2) WDXRF の特徴

WDXRF 法は波長（エネルギー）分解能が高く，スペクトルはバックグラウンドが低いため，X 線微量分析に向いている．付録 3 からもわかるように，低エネルギー領域には軽元素の K 線と重金属の L 線や M 線が混在する．たとえば，希土類元素と軽元素からなる試料の XRF 分析や軟 X 線領域の分光において，WDXRF 分析は威力を発揮する．

未知試料の場合には，角度走査により X 線スペクトルを得る必要がある．あらかじめ測定対象元素が決まっている場合は，回折角度を固定して回折強度を測定すればよいので，WDXRF 法は特定の微量元素の測定による各種材料の品質管理法として有効である．加えて，測定対象元素が数種類に決まっている場合には，それらの元素の蛍光 X 線を同時にモニターするために分光系を複数配置する装置が活用される．このような多元素同時分析用の配置は複数の検出器をもつ電子プローブマイクロアナライザー（EPMA）と似ている．なお，WDXRF 装置は駆動部があるため大型である場合が多いが，卓上型の WDXRF 装置も市販されている．

6.5.2　エネルギー分散型 X 線分光法

(1) 原理と装置構成

この手法は X 線を「光子」として扱い，分光するものであり，検出はシリコンなどの半導体素子における電離現象に基づく．図 6.3(a)に示すように，X 線は半導体中で電子・正孔対を生み出すが，その頻度は X 線のエネルギーに依存する．つまり，エネルギー

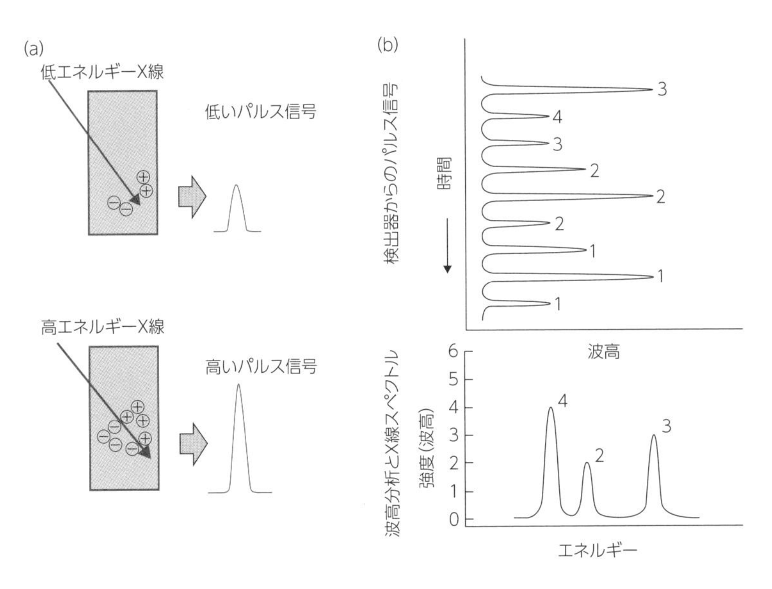

図 6.3　EDXRF の原理
(a) X 線検出器での電子正孔対の生成と発生するパルス信号，(b) パルス波高分析と X 線スペクトル．

の高いX線光子が入ってくると，多くの正孔・電子対が発生し，それらの電荷は大きいパルス信号として計測される．よって，パルス（波）の高さが高いとX線光子のエネルギーが高いことになる．図6.3(b)に示すように短時間にさまざまな高さのパルスが観測されるが，それらの波高分析を連続して実施する．複数の格納場所（チャンネル）を準備しておき，同じパルス高さの信号は特定のチャンネルに一つずつ格納していくことで，X線スペクトルが得られる(マルチチャンネル分析)．つまり，X線の強度はパルスの個数として得られることになる．

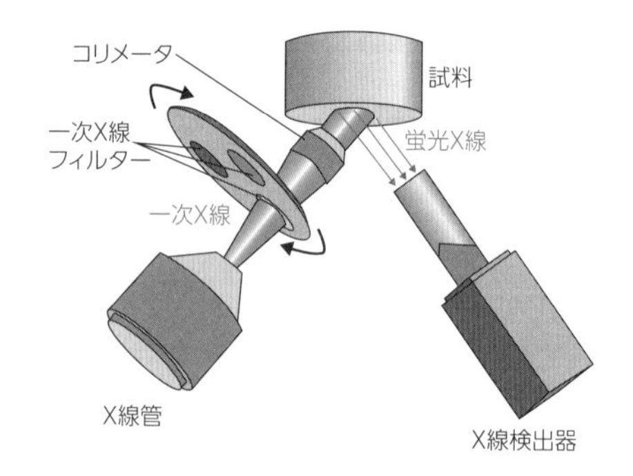

図6.4　エネルギー分散型X線分光装置の構成例(試料への下面照射型)

図6.4に一般的なEDXRF装置の構成を示す．装置はX線管，フィルター，試料ホルダー，コリメータ，X線検出器，PC解析部などからなり，駆動部が少なく簡単な構成となっている．卓上型のEDXRF装置の場合，検出効率が高く，低出力の空冷型X線封入管が利用されることが多い．一次X線はフィルターを通して試料に照射することでスペクトルにおけるバックグラウンドが低減され，高感度な測定が可能となる．試料に照射する面積はコリメータを通じて制限される．測定部位のみにX線を照射すればよく，必要以上に広い面積に一次X線を照射することは避けるべきである．

従来のEDXRF装置では液体窒素冷却型のX線検出器が使われており，液体窒素の大型デュワー部のため装置は大きくなり，液体窒素の補充などのメンテナンス作業が必要であった．近年はシリコンドリフト型X線検出器（SDD）が標準的に使われるようになり，電子冷却方式なので使いやすくなった．利用前にX線検出器の性能，つまりエネルギー分解能，検出効率のエネルギー依存性，素子面積，素子の厚さなどを確認しておくことが実験結果の解析に重要である．

(2) EDXRFの特徴

エネルギー分散型のX線分光方式は波長分散方式のような駆動部がなく，多元素に対して比較的短時間で同時にスペクトルを得ることができる．よって，未知の試料（つまり，どのような元素が含まれているのか不明な試料）の元素分析，異物解析，土壌などの環境分析などに有効である．

一般的なエネルギー分散型X線検出器のエネルギー分解能は140 eV程度であり，分光干渉（他の元素からの蛍光X線ピークとの重複）に注意する必要がある．従来は熱に起因するノイズを下げるために液体窒素で半導体素子を冷却する必要があったが，最近のエネルギー分散型検出器は電子冷却(ペルチェ冷却素子)方式で冷却できるため，手のひらサイズの小型な検出器となっており，装置全体の小型化が実現（卓上型，もしくは可搬型)されている．

6.6　試料の準備

蛍光 X 線分析ではさまざまな形態の試料を直接分析でき，簡便な試料前処理が特徴ではあるものの，その分析結果は試料準備法の影響を受けるので注意が必要である．

6.6.1　固体試料

一次 X 線の照射条件や蛍光 X 線の検出に至るまでの試料自身による吸収によって蛍光 X 線の強度が影響を受けるため，前処理として金属試料などの表面を平坦に前処理しておくことが必要である．一般的に，蛍光 X 線分析では分析視野が 5 ～ 40 mm 程度に制限されるので，その分析視野範囲で平坦化が求められる．金属試料の場合，機械加工法(たとえば旋盤，フライス盤，グラインダーなど)によって，もしくは耐水性研磨紙で表面を研磨することによって平坦化処理を行う．これは蛍光 X 線の励起効率と検出効率を各試料や標準物質に対して一定にするためである．

6.6.2　均質化処理と粉体試料

試料が不均質でありその部位によって組成が異なる場合，また試料に偏析があると予想される場合は，後述の微小部蛍光 X 線分析法により元素分布を解析することも有効である．しかし，試料全体の平均的な組成を得たい場合は，試料の粉砕を伴う均質化処理を行う必要がある．

たとえば，図 6.5(a)に示される茶葉試料を粉砕機を用いて粉砕すると粉末試料(図 6.5(b))が得られる．さらに，図 6.5(d)，(e) のような加圧成型機 (たとえば赤外分光法などでも利用されるもの) により一定の圧力 (1 ～ 20 MPa 程度) で加圧しペレット状試料 (図 6.5(c)) にして分析する．標準物質も同様の形態で測定することが望ましい．この場合，試料の厚さにも注意が必要である．

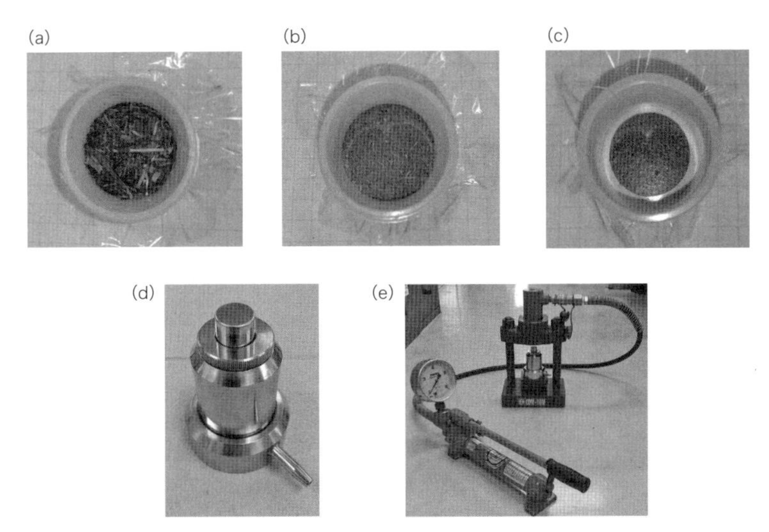

図 6.5　茶葉試料の分析
(a)茶葉試料，(b)粉末試料，(c)ペレット試料，(d)加圧成型器，(e)加圧器．

原子番号の小さい元素（軽元素）の蛍光X線（K線）はエネルギーが低いので試料の表面近傍から発生したものが分析されるが，原子番号の大きい元素の場合で分析エネルギーが高い場合，測定対象となる試料厚さが厚くなるので，標準物質ともども十分な厚さの試料を作製することが必要である．酸化物粉末試料に対しては試料と融剤（ホウ酸ナトリウムなど）を秤量混合して白金ルツボで1000～1250 ℃程度で溶融・冷却することで，均質なガラスビード状の試料が得られる．

6.6.3 液体試料

蛍光X線分析装置には図6.4に示したように下面照射型，つまりX線源，X線検出器が下面に配置されており，試料の下面を測定する装置が普及している．この場合，図6.6のように，溶液試料容器に試料溶液を入れて分析することができる．X線の吸収を可能な限り小さくするために，容器のX線窓材にはポリプロピレン膜など高分子フィルムを用いる．試料溶液中の測定元素の濃度が大きい場合は希釈が有効なときもある．また，内標準法で定量する場合には，内標準溶液を均一混合してから容器に入れる．

試料溶液が少ない場合は，後述の全反射蛍光X線分析を利用したり，専用の点滴試料保持基板に滴下・乾燥して分析することができる．この場合，乾燥過程で溶媒を蒸発により取り除くことで測定対象元素は微小領域に濃縮乾燥される．

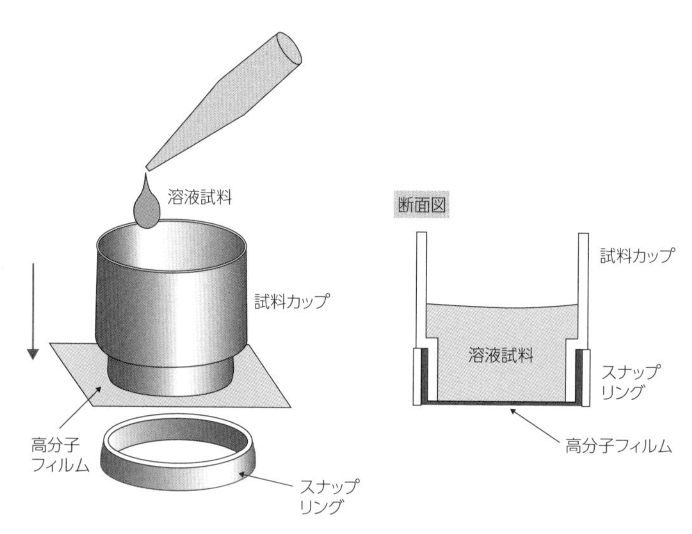

図6.6　溶液試料用容器

6.7 蛍光X線スペクトルの解釈

鉄鋼標準物質（NIST SRM 1762 Low Alloy Steel）をWDXRF装置で測定した際の典型的なスペクトルを図6.7(a)に示す．横軸に回折角 2θ，縦軸にX線強度(対数表示)をとったスペクトルとなっている．分光結晶にはLiF（200)を，検出器にはシンチレーションカウンターを用いた．

ブラッグの回折条件を満たす角度においてX線強度が増大する．その回折角 θ を式

(6.2) に導入すると，X 線の波長 λ，つまり試料から発生した蛍光 X 線の波長を知ることができ，それぞれのピークを同定できる．As (173 ppm) や Zr (285 ppm) などの微量元素に対しても蛍光 X 線ピークが明瞭に観測されている．Ti より波長の長いピーク(エネルギーが小さい)については，測定元素に応じて表 6.1 に示したような分光結晶に変えてスペクトルを得ることができる．なお，波長 λ は式(6.3)により X 線のエネルギー E に変換される．

$$E\,(\mathrm{keV}) = \frac{hc}{\lambda} = \frac{1.2398}{\lambda}\,(\mathrm{nm}) \tag{6.3}$$

次に，同じ鉄鋼標準物質（NIST SRM 1762）に対して 6.5.2 項で紹介した卓上型 EDXRF 装置(Rh ターゲットの X 線管を搭載)を用いて大気圧下で測定したスペクトルを図 6.7(b)に示す．主成分である Fe 以外に Cr，Mn，Ni および微量成分の蛍光 X 線ピークが観測される．加えて，12 ～ 14 keV にもピークが見られる．これは，Fe Kα や Fe Kβ などの光子が二つ同時に検出されることで見られるサムピークである．試料の主成分（この場合は Fe）から発せられる大きな強度の XRF に関連して見られるため，他のピークと見間違えないように注意が必要である．さらに，Fe Kα の低エネルギー側の 4.7 keV あたりにもピークが見られる．これはエスケープピークと呼ばれ，シリコン半導体検出素子の Si の電離に使われたために生じたものである．よって，大きなピークから電離エネルギー 1.74 keV を引き算した位置（4.66 keV）に見られるため注意が必要である．図 6.7 (b) では Ti Kα（4.51 keV）と重なって観測されており，鉄鋼中の微量の Ti を分析する際に注

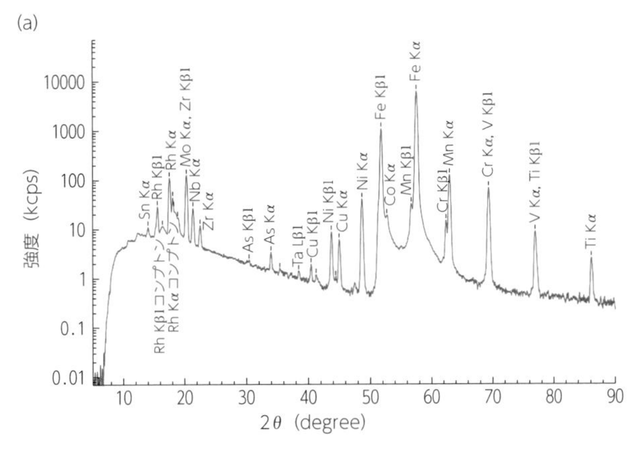

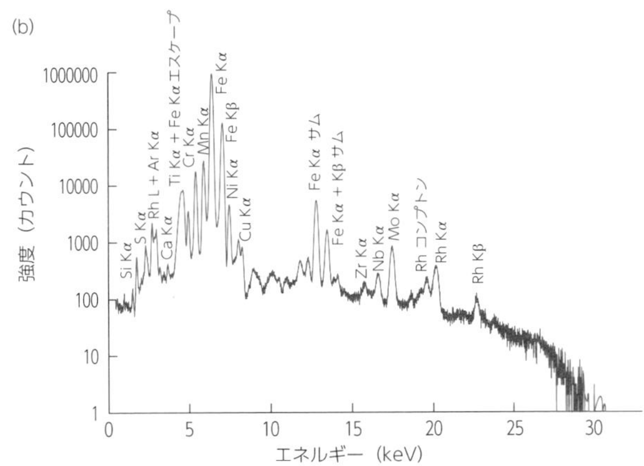

図 6.7 鉄鋼標準物質のスペクトル例

(a) 波長分散型蛍光 X 線分光装置，(b) エネルギー分散型蛍光 X 線分析装置で測定．

意が必要である.

図 6.8 は粉末状の茶葉の標準物質(NIES CRM No. 23 Tea Leaves II：国立環境研究所提供）に対する EDXRF スペクトルである．この茶葉試料には K, Ca, Mn, Cu, Zn などが含まれており，これらの元素に由来する蛍光X線ピークが広いエネルギー範囲に広がる連続X線に重なるように観測されている．X線管には 30 kV を印加したので，30 keV 以下のエネルギー域で連続X線が見られる．

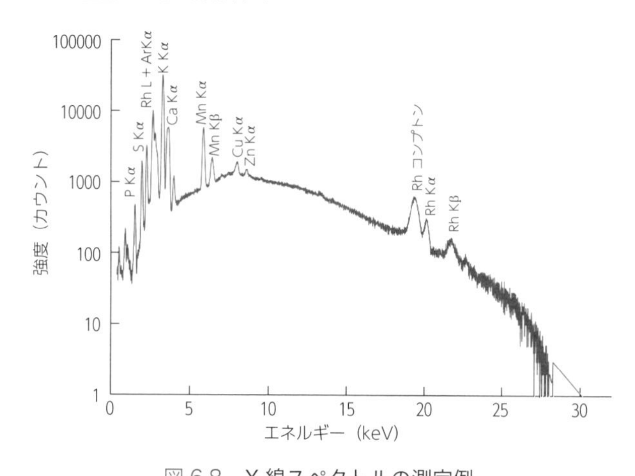

図 6.8　X線スペクトルの測定例
エネルギー分散型X線分光装置で測定された茶葉標準物質に対する蛍光X線スペクトル．

付録 3 に主な元素の蛍光X線エネルギーを示した．原子番号が小さい軽元素の場合は K 線が，原子番号が大きい重元素においては L 線が分析対象のピークとなることが多い．市販の EDXRF 装置では自動的に各ピークが同定されるが，試料の素性を考えながら，付録 3 を参照して各 XRF ピークを同定する必要がある．なお，図 6.8 の高エネルギー側には，一次X線である Rh K 線が観測され，それよりやや低いエネルギー側にはコンプトン散乱ピークが見られる．これは非弾性散乱の結果，エネルギーを失ったものであり，軽元素マトリックス試料において顕著に見られる．また，Rh L 線の散乱ピークや大気中の Ar Kα線も観測されている．

EDXRF で利用されるX線検出器のエネルギー分解能はおよそ 140 eV なので，これよりも接近する複数の分析線を分離することはできない．この場合，たとえば Kα線に対して観測される Kβ 線の強度を利用してピーク分離解析(デコンボリューション)することが必要となる．利用する XRF 装置のエネルギー分解能を把握しておくことが重要である．

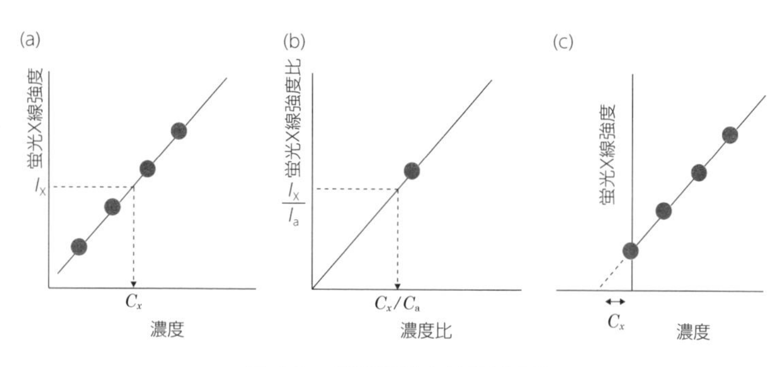

図 6.9　蛍光X線定量分析手法
(a)検量線法，(b)内標準法，(c)標準添加法．

6.8　定量分析

特定元素の蛍光X線強度は一次X線強度やその元素の濃度に比例する．ただし，次節で述べるように共存元素の影響を受ける．そこで，蛍光X線定量分析は，図6.9に示すように標準物質を利用した検量線法，内標準法，標準添加法が利用される．また，理論計算を用いるFP法も実用上有効である[1)]．

6.8.1　マトリックス効果

蛍光X線の励起過程において一次X線は試料により吸収され，試料内で発生したXRF強度も検出に至るまでに試料内で吸収されて減じられる．このようなX線の吸収は試料組成に依存する．一方，共存する他の元素が発する XRF の照射を受けて目的元素から XRF が二次的に発生する場合は，目的元素の XRF 強度が増加する．

このように，目的元素の XRF 分析において試料組成・共存元素の影響を受ける現象をマトリックス効果と呼ぶ．この影響は適した標準物質を用いた検量線法の適用，もしくは内標準法の適用，さらには試料組成を考慮した FP 法により補正できることが多い．

6

6.8.2　標準物質と検量線法

蛍光X線分析装置を含む機器分析装置は基本的に電気信号しか出力しないため，認証値が与えられた標準物質を用いて校正する必要がある．図6.9(a)のように横軸に認証値濃度，縦軸に蛍光X線強度をとれば，直線関係，つまり検量線が得られる．未知の試料を測定し特定の元素 (x) に対して XRF 強度 (I_X) が得られれば，この検量線より濃度 (C_X) を得ることができる．もちろん，検量線作製のための標準物質の測定と同じ条件で試料を測定する必要がある．また，測定対象元素の濃度(対応する XRF 強度)が，検量線のプロット内に入っていることが必要である．

この検量線法で正しい濃度を得るためには，試料と類似したマトリックス組成で同形態の標準物質を入手することが大切である．一般に標準物質の認証書には，①目的，②用途，③使用における注意事項，④認証値，⑤認証値決定の分析手法，などが記載されている．

学協会などからさまざまな標準物質が入手できるので，下記に示したようなウェブサイトなどから必要に応じて確認していただきたい．

・日本分析化学会 (https://www.jsac.jp/conference/service/standard/)：プラスチック・土壌・米などの分析用
・計量標準総合センター (https://unit.aist.go.jp/qualmanmet/refmate/)：食品・環境分析用
・日本鉄鋼連盟 (https://www.jisf.or.jp/business/standard/jss/index.html)：鉄鋼・金属材料分析用
・国立環境研究所(https://www.nies.go.jp/labo/crm/)：環境分析用

図6.9(a)の検量線の傾きを感度と呼ぶ．傾きが大きい場合，少しの濃度の変動でも大きく蛍光X線が変化する，つまり感度が高いということになる．この感度は測定条件，検出器，信号処理などにより変化するので，高い感度となるように装置や測定条件の維

持改善が求められる．

一般に濃度が高くなると直線関係が得られなくなり，濃度が低いと蛍光X線強度の測定が困難となる．どの程度の微量濃度まで検出できるかは検出限界と呼ばれ，分析性能の評価値として重要である．具体的には，バックグラウンド強度の変動の3倍以上の強度があれば，それはバックグラウンドではなく蛍光X線の強度であると判断することが多い．よって，検出限界(DL)は式(6.4)で表される．

$$\mathrm{DL} = \frac{3\sigma_{\mathrm{B}}}{M} = \frac{3}{M}\sqrt{\frac{I_{\mathrm{B}}}{t}} \tag{6.4}$$

ここで，Mは検量線の傾きで，前述のように標準物質を用いた検量線から求めることができる．σ_{B}はバックグラウンド強度(cps)の変動である．なお，定量下限としてはσ_{B}の10倍をとる場合が多い．

6

6.8.3 内標準法

一般には試料のマトリックスと同様な標準物質を用意することは容易ではない．そこで，試料に含まれない元素を規定量だけ内標準元素として混合することが有効である．この場合，図6.9(b)のように，横軸には目的元素と内標準元素の濃度比，縦軸には目的元素と内標準元素のXRF強度比をとる．この直線関係から未知試料の定量分析が可能となる．

内標準元素は目的元素のXRFピークを妨害しないこと，かつそのピークの近傍にピークを有することが望ましい．目的元素と内標準元素は均一に原子レベルで混合されていることも必要であるため，水溶液試料に適用されることが多い．また，試料からの散乱線（連続X線やコンプトン散乱線）の強度を利用することもある．全反射蛍光X線分析での適用例は6.9.2項で紹介する．

6.8.4 標準添加法

図6.9(c)の標準添加法は試料（主には水溶液試料）に測定目的元素を含む標準溶液を段階的に異なる濃度で添加することにより，検量線を得る手法である．添加量がゼロのところでも強度が得られているのは試料にその測定元素が含まれているからである．よって，検量線を外挿することで，元々試料に含まれていた濃度を求めることができる．

6.8.5 FP法

蛍光X線強度は試料組成，測定条件（X線管の動作条件：ターゲット材質，管電圧，管電流など），励起過程，吸収過程，二次励起過程，検出効率などに関する物理定数を用いて理論計算できる．図6.10に示すように，FP法では，試料組成を仮定して理論強度を計算し，実測された強度と比較する．両者が合致するように試料組成を

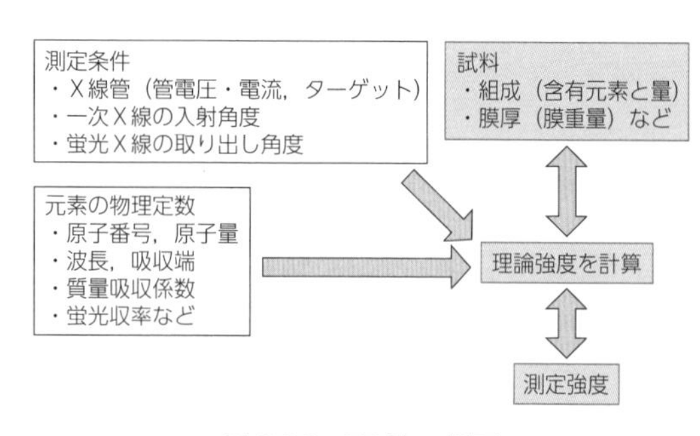

図6.10 FP法の概要

修正する過程を繰り返すことで，最終的に確からしい試料組成を得ることができる．

この計算過程において理論強度と測定強度の間で感度係数が必要である．本来は標準物質による測定が必要であるが，市販装置ではあらかじめこれらの感度係数が組み込まれている場合が多い．

FP 法は均一な組成をもつバルク試料や層構造をもつ試料に適用される．信頼性の高い結果を得るためには，ある程度の試料組成や層構造モデルが把握されていることが重要である．

6.9　いくつかの XRF 装置の構成と利用例

6

6.9.1　微小部 XRF 分析装置

微小部 XRF 分析装置は，一般的な EDXRF 装置と異なり，X 線のマイクロビームを用いることで，微小部の分析を可能としている．この X 線マイクロビームの作製には，特に実験室ではガラスキャピラリー X 線集光素子が利用される．ガラス管の内壁において X 線の全反射現象（次項で紹介）を繰り返すことで，損失なく X 線を導波することが可能となる．さらにキャピラリーの形状を湾曲成形することで，X 線を微小部に集光することが可能となる．

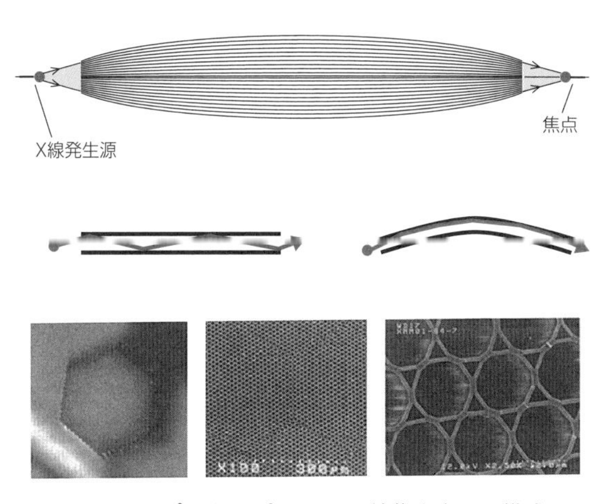

図 6.11　ポリキャピラリー X 線集光素子の構成
キャピラリー内部での X 線全反射の様子も示されている．出典：“X-Ray Spectrometry: Recent Technological Advances,” Wiley (2004), p. 91, Fig. 3.3.4.

単一のキャピラリーはモノキャピラリーと呼ばれる．一方，図 6.11 に示すポリキャピラリー X 線集光素子は数万から数 10 万本のキャピラリー（それぞれの内径が数 μm ～数 10 μm）からなり，各キャピラリーの内壁で X 線全反射現象により X 線が集光される．集光されるスポット径は光源の大きさに依存するので，微焦点型 X 線源（X 線発生源の大きさ：数 10 μm）と組み合わせることで，点から点への X 線の集光が可能となる．一般的なポリキャピラリー集光素子で得られる X 線ビーム径は数 10 μm であり，X 線源からの連続 X 線も含めて集光される．モノキャピラリーに比べて，ポリキャピラリー集光素子は数 10 倍強い X 線ビームを得ることができる．ポリキャピラリーの特性については参考文献 [2] を参照していただきたい．

図 6.12 に微小部 XRF 装置の構成を示す．X 線検出器には小型で電子冷却型のシリコンドリフト検出器（SDD）を用いることが多い．試料は x-y-z の三次元方向に移動可能なステージに取りつけ，狙った場所での微小部 XRF 分析が可能となる．図 6.12 の右に示すように，点分析，線分析だけでなく，試料を走査しながら XRF 分析を繰り返すことで，元素分布を二次元画像として表示することができる．このような元素イメー

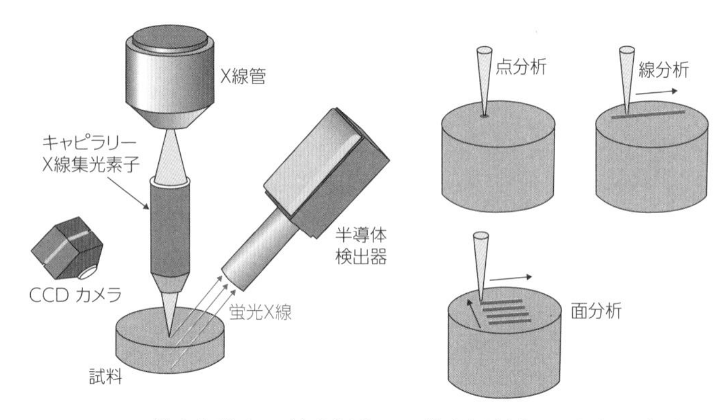

図 6.12　微小部蛍光 X 線分析装置の構成例(左)と分析様式(右)

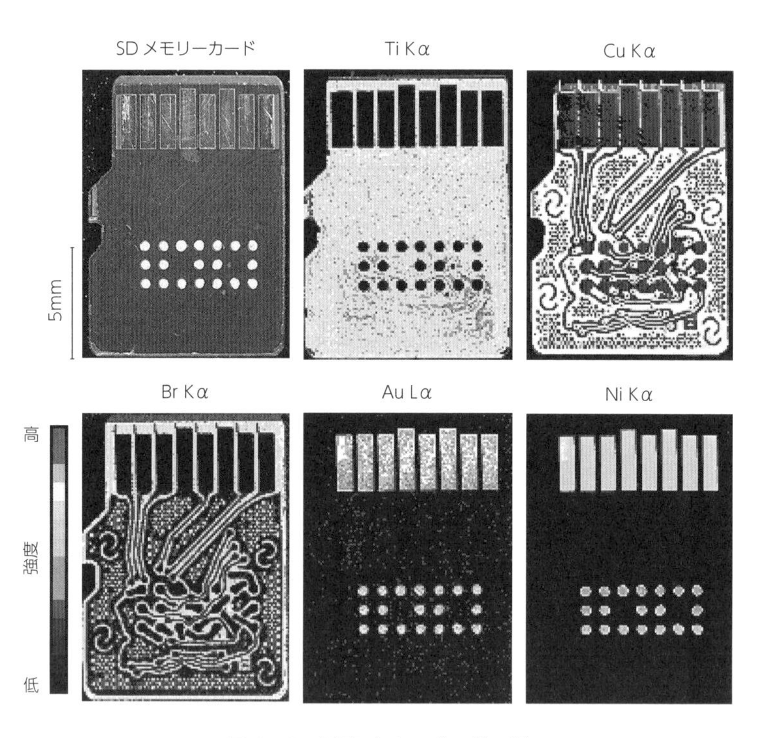

図 6.13　元素イメージングの例

マイクロ SD メモリーカードの微小部蛍光 X 線分析による元素イメージング例．カバー袖にフルカラー図を掲載．
出典：Depth-selective elemental imaging of microSD card by confocal micro XRF analysis, X-Ray Spectrom., 42 (2013), p. 124, Fig. 1.

ジングにより情報量が増大するので材料解析などで強力な手段となる．市販の微小部XRF 装置もほぼ，図 6.12 の装置構成となっており，観察試料部を可視光の CCD カメラで撮影できるようになっている．

図6.13は微小部XRF装置でマイクロSDメモリーカードを測定した結果である．試料は一次励起ビームに対して走査され，各点において多元素同時EDXRF分析を行う．各元素からのXRFピーク強度を位置情報とともに表示すると図6.13のような元素分布像が得られる．目視では難しい試料内部の配線の様子や電極の様子が可視化されている．空間分解能は二つの点を二つと認識できる最小の距離であり，利用する微小部XRF装置の空間分解能について把握しておくことが必要がある．高い空間分解能で分布像を得るためには励起X線ビームの微細化が必要である．加えて，大面積の元素イメージングには迅速測定を目指した励起X線ビームの高強度化と迅速データ処理技術が求められる．

その他，共焦点三次元蛍光X線分析法やシングル・フォトンカウンティング解析を利用した全視野型XRFイメージング法などの手法については参考文献[1),4)]を参照していただきたい．

6.9.2 全反射XRF装置

X線は電磁波の一種なので，可視光と同じく全反射現象が生じる．ただし，屈折率が1よりやや小さいので，外部で全反射を生じる（図6.14の左上図）．この全反射現象をXRF分析に適用した方法が全反射XRF法（Total reflection XRF：TXRF）である．X線全反射現象は光学的に平坦な基板上で生じることから，TXRF法の開発当初からシリコンウェーハ上の汚染微粒子の分析に応用されてきた．現在は半導体プロセスでルーチン的に利用されている．本項では微量分析としてのTXRF装置を紹介する．

X線の全反射現象は以下の式(6.5)に示す全反射臨界角(θ_c)よりも小さい角度(視射角：光学における入射角は法線からの角度を指し，試料表面からの角度は視射角と呼ぶ)で平坦基板にX線が入射した際に生じる．

$$\theta_c = \frac{1.17\sqrt{\rho\,(\mathrm{g/cm^3})}}{E(\mathrm{keV})} \tag{6.5}$$

この式からわかるように，全反射現象は一次X線のエネルギー(E)と基板の密度(ρ)に依存する．典型的な値としてシリコン基板にMo Kα（17.4 keV）のX線が入射する場合の臨界角(θ_c)は約0.1°である．そこで，TXRF法では一次X線のエネルギーを単

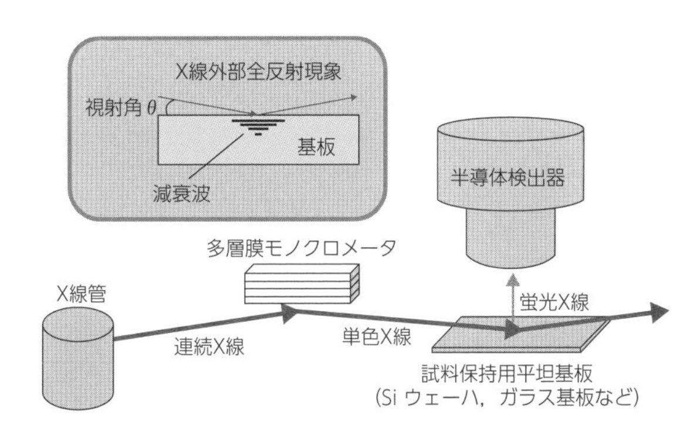

図6.14 X線全反射現象と全反射蛍光X線分析装置の構成例

色化し，視射角も厳密に制御する必要がある．この全反射条件下ではX線の基板への侵入深さが数nmとたいへん浅くなる．この侵入深さはXPSなどの表面分析と同等であり，TXRF法は高真空を必要とせずに表面分析が可能なユニークな分析法といえる．

図6.14にTXRF装置の構成を示す．X線源，単色化のためのモノクロメータ，試料保持用平坦基板，半導体検出器などから構成される．測定対象は平坦基板表面に保持され，大面積の半導体検出器は試料の直上に置かれる．この配置をとることにより，一次単色X線は全反射され，試料からのXRFが大きな立体角で効率よく検出される．よって，TXRFスペクトルは低バックグラウンドであり，微量分析に適している．水溶液中の遷移金属に対しての検出限界はppbレベルである．一般に微少量の溶液（10 μL程度）を平坦基板に滴下・乾燥し，その乾燥痕を測定対象とする．よって，微少量の試料しか得られない場合にも適している．

6

乾燥痕からのXRF強度はさまざまな制御しにくい要因のために変動することがわかっている．そのため，TXRF定量分析には図6.9(b)で示した内標準法を適用することが一般的である．つまり，試料溶液に含まれていないGaなどを内標準元素（a）として選択し，内標準溶液（濃度：C_a）を意図的に試料溶液に加える前処理を行う．式(6.6)に示すように，測定対象元素（x）の濃度C_xはそのXRF強度（I_x）と内標準元素のXRF強度(I_a)との比に相対感度係数(k)を考慮することで求められる．

$$C_x = \frac{I_x}{I_a} \times \frac{C_a}{k} \tag{6.6}$$

これまでに，環境水，飲料水，大気中浮遊粒子状物質，血液など，さまざまな試料の微量分析が報告されている[3]．図6.15は，市販の赤ワイン1900 μLにGa内標準溶液(10 ppm) 100 μLを加えて混合した後，混合溶液10 μLを清浄な石英ガラス基板中央（図6.14に示した平坦基板）に滴下乾燥し，その乾燥痕をTXRF装置で測定した典型的な

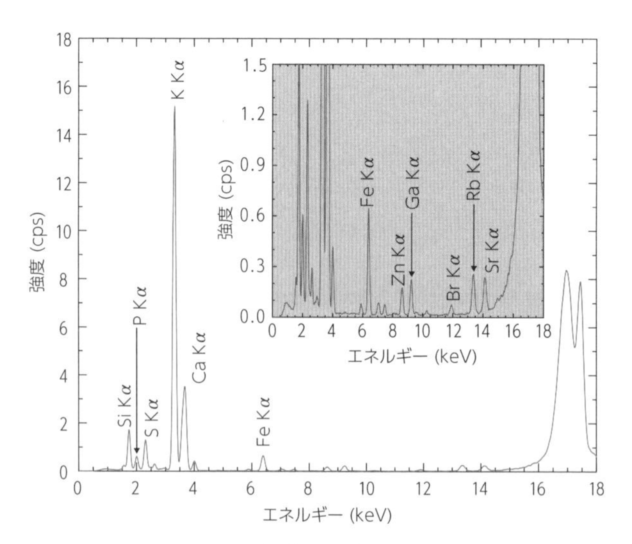

図6.15　全反射蛍光X線スペクトルの例
赤ワイン(10 μL)乾燥痕の全反射蛍光X線スペクトル．

スペクトルである．式(6.6)により，Ga Kα線の強度と比較することにより各種の元素を定量できる．バックグラウンドがたいへん低く，K 704 ppm に加えて，サブ ppm レベルの Mn，Rb，Sr などの微量元素もそれぞれ 0.87，0.99，1.38 ppm として，定量分析されている．

6.10　おわりに

蛍光 X 線分析は比較的簡単な試料前処理で定量分析が可能な手法であり，測定後の試料が残るので，非破壊性が要求される場合に特に有効である．WDXRF 装置は特定された元素に対する微量定量分析に有効であり，鉄鋼試料などの品質管理に向いている．これに対して，EDXRF 装置は未知の試料に対する元素同時分析に向いている．EDXRF 装置の構成は単純であり，近年の X 線要素技術の進展に伴い，それぞれの部品の小型化も進んでいる．実験室で利用される卓上型の装置に加えて，片手でもち運んで操作できるハンドヘルド型の XRF 装置も市販されており，土壌のその場分析や廃棄物の分類，試料を実験室にもち帰ることが難しい測定対象の分析などに利用されている．試料と用途・目的に応じて XRF 装置を使い分けることが有効であり，それぞれの装置の特徴と限界をよく把握しておくことが必要である．

【参考文献】

1) 辻幸一，村松康司編著，『分光法シリーズ第 5 巻　X 線分光法』，講談社(2018).
2) 辻幸一，「ポリキャピラリー X 線レンズの基礎と応用」，ぶんせき，8 月号，378 (2006).
3) 中井泉編，日本分析化学会 X 線分析研究懇談会監修，『蛍光 X 線分析の実際　第 2 版』，朝倉書店(2016)，p.130–141.
4) 山梨 眞生，山内 葵，辻 幸一，『蛍光 X 線元素イメージング分析技術の進展と応用』，ぶんせき，4 月号，146 (2019).

【さらに勉強したい人のために】

1) K.H.A. Janssens, F.C.V. Adams, A. Rindby, “Microscopic X-ray Fluorescence Analysis,” Wiley (2000).
2) R.E. Van Grieken, A.A. Markowicz, “Handbook of X-ray Spectrometry, 2nd Edition,” Marcel Dekker Inc. (2002).
3) K. Tsuji, J. Injuk, R. E. Van Grieken, “X-Ray Spectrometry: Recent Technological Advances,” John Wiley & Sons, Ltd. (2004).
4) B. Beckhoff, B. Kanngießer, N. Langhoff, R. Wedell, H. Wolff, “Handbook of Practical X-ray Fluorescence Analysis,” Springer Verlag (2006).
5) R. Klockenkamper, A. von Bohlen, “Total-Reflection X-ray Fluorescence Analysis and Related Methods, 2nd Edition,” John Wiley & Sons (2015).

7 X線回折法

井田　隆（名古屋工業大学先進セラミックス研究センター）

7.1　はじめに

物質によってX線が散乱・回折される現象は，物質中の原子配列（構造）に関する情報を得るために利用される．純物質の結晶を育成し，数十 μm 程度以上の大きさの一つの結晶の示すX線回折パターンを調べて詳細な構造情報を取得する方法は単結晶X線回折法と呼ばれ，タンパク質などの生体高分子やその複合体の三次元的な構造を推定し，活性部位および周辺の構造と生体機能との関係を明らかにすることによって効率的に医薬品を開発する目的で主に用いられている．

一方，天然鉱物や実用材料・医薬品など，多くの場合に複相混合物の試料を数十 μm 程度以下の粒径にまで粉砕し，粉末試料の示す散乱・回折のパターンから成分の特定（同定）あるいは定量を行う方法は粉末X線回折法と呼ばれ，化学分析を主な目的として利用される．粉末X線回折測定に用いられる装置は比較的構造が単純であり，試料準備も比較的容易であるが，結晶構造の特徴を反映する回折ピークの位置と相対強度から結晶性の物質を特定するための決定的な手段と位置付けられている．主に無機化学の分野で広く利用されるが，有機化合物を対象とした利用も拡大する傾向にある．本章では主に化学分析を目的とした粉末X線回折法について述べる．

粉末X線回折法による化学分析は，化学組成を決定するための元素分析とは意味が異なる．たとえば炭素の同素体であるグラファイトとダイヤモンド，フラーレン，カーボンナノチューブという異なる物質（相）を元素分析では区別することができないが，X

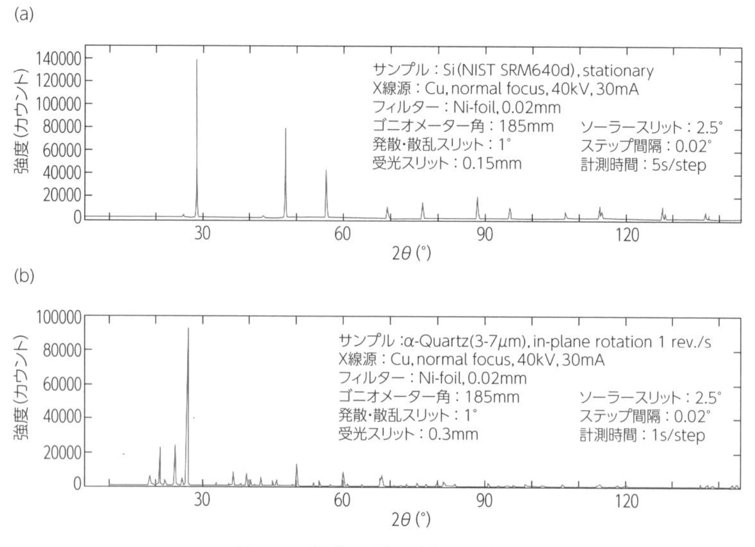

図 7.1　粉末X線回折の測定例
(a) シリコン，(b) α- 石英．

線回折法を用いればそれらを区別することができる．さらには，複相混合物の場合にもどの相が含まれているかを特定し，相の組成を定量的に評価することも可能である．

結晶性の純物質の粉末試料にX線を照射すると，物質ごとに固有の回折パターンが出現する．入射X線ビームの進行方向と，試料によって回折（散乱）されたX線ビームの進行方向とのなす角度を「回折角」と呼び，通常 2θ と表す（図7.3(a)）．

図7.1に粉末X線回折実験の測定例を示す．結晶性の粉末試料であれば，鋭いピークが特定の回折角 2θ で出現するパターンが現れる．この複数のピークの位置と強弱のパターンは，結晶中の原子の並び方，つまり物質の性質を決定づける結晶構造で決まるので，ここから物質を特定することができる．

正確には，回折ピークの出現位置は，測定に用いるX線源の種類（波長）によって変化する．しかしX線の波長 λ がわかれば，回折角 2θ は「面間隔」と呼ばれる物質固有の値 d と，以下の式で対応づけられる．

$$\lambda = 2d \sin \theta \tag{7.1}$$

この式を「ブラッグの式」という．この式の中の θ はブラッグ角と呼ばれ，回折角 2θ の半分の角度であることと，回折角 2θ が大きくなるほど面間隔 d は小さくなる関係があることに注意する．粉末X線回折測定の結果とブラッグの式から，ピーク位置を d で，ピーク相対強度を I で表した（d–I）リストと呼ばれる表を作り，それをデータベースに記載された物質ごとの（d–I）リストと照合するのが，粉末X線回折による物質の特定（同定）の最も基本的な考え方である．

アメリカに本拠地をもつ国際回折データセンター（International Centre for Diffraction Data：ICDD®）は，1941年から物質ごとの（d–I）リストを中核の情報として含むデータの蓄積・編集・公開を続けてきた．2019年には無機物約43万件，有機物約54万件の回折・構造データが蓄積されており，規模はさらに拡大し続けている．データはすべて電子情報化され，検索・照合の作業には，パソコン上で動作するソフトウェアを用いることが事実上必須となっている．このデータベースは当初からPowder Diffraction File（PDF®）という名称であったが，日本国内ではASTMカードやJCPDSカードなどの通称で呼ばれることが多かった．

物質の構造が評価対象になるという点では，粉末X線回折法は透過型電子顕微鏡観察と似た性格ももつが，透過型電子顕微鏡が局所的な結晶構造や組織を観察するために有効であるのに対して，粉末X線回折測定では試料全体の平均的な構造に関する定量性の高い情報を比較的簡便に，確実に得やすい利点がある．現在のICDDの主力製品であるPDF-4+は結晶構造（結晶学的な原子位置データ）の情報も含み，透過型電子顕微鏡を使って観察される電子回折図形などを模擬（シミュレーション）計算で表示する機能も備える．

7.2　粉末X線回折測定装置のあらまし

粉末X線回折測定装置の構成の中で最も重要な要素は，X線発生装置とX線検出器とであり，ブラッグ・ブレンターノ（パリッシュ）Bragg–Brentano (Parrish) 型と呼ばれる装置デザイン[1]が1960年代から使われ続けている．現在利用される粉末X線回折装置の多くはこの型に基づいており，ゴニオメーターと呼ばれる角度制御機構も重要な構成要素となっている．

7.2.1 X線源

通常の装置では，真空放電により金属電極ターゲット(アノード)から放射されるX線を利用する．X線源の真空容器としてはガラス製封入管の用いられる場合が多い．図7.2にガラス封入管型X線発生装置の構造の模式図を示す．タングステンフィラメントから放出された熱電子が加速されアノードに衝突し，この時に発生するX線がベリリウム窓を通して外部に取り出される仕組みになっている．加速された電子の衝突によるアノードの温度上昇を抑えるために，運転中にはアノードの背面がノズルから射出された高速な水流によって常に冷却される．

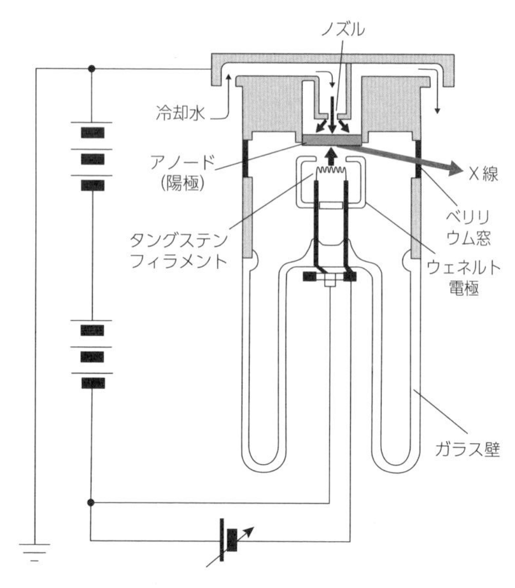

図7.2 ガラス封入管型X線源の構造の模式図

7

7.2.2 ゴニオメーター

ゴニオメーターはX線源と試料，検出器の間の相対的な角度の関係を精密に変化させるための機構である．ブラッグ・ブレンターノ型の粉末回折装置に搭載されるゴニオメーターには①水平回転型($\theta-2\theta$型)，②縦型($\theta-2\theta$型)，③試料水平型($\theta-\theta$型：バンザイ型)と呼ばれる3種類がある．それぞれの型には長所も短所もあるが，縦型($\theta-2\theta$型)のゴニオメーターが比較的よく普及している．

図7.3に(a)縦型($\theta-2\theta$型)と(b)試料水平型($\theta-\theta$型)ゴニオメーターの動き方を示す．縦型($\theta-2\theta$型)装置ではX線源は固定され，検出器を回転させるときに，その角度(2θ)の半分の角度試料を回転させる動作をする．試料水平型（$\theta-\theta$型）装置では試料が水平

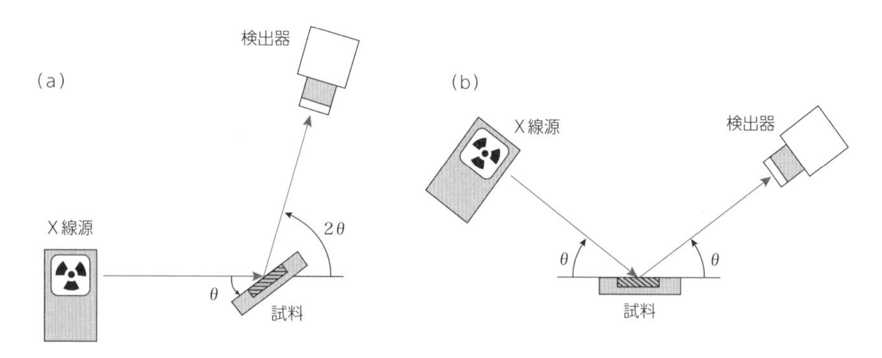

図7.3 ゴニオメーターの動き方
(a)θ-2θ型，(b)θ-θ型．

に保たれ，X線源と検出器を同時に対称的に回転させる駆動方法がとられる．

7.2.3　粉末X線回折測定の検出器系

X線の検出法には，検出器の受けるX線の光子の一つ一つを数える計数型と，検出器の受けるX線のエネルギーを他の物理量に変換して積算された値を読み取る積分型の2通りがある．また検出素子の上でX線光子の入射された位置に関する情報の得られるものを位置敏感型検出器(Position Sensitive Detector：PSD)と呼び，そのうち一次元の位置情報の得られる検出器を一次元検出器，二次元の位置情報の得られる検出器を二次元検出器と呼ぶ．検出位置情報の得られない検出器はゼロ次元検出器と呼ばれる．

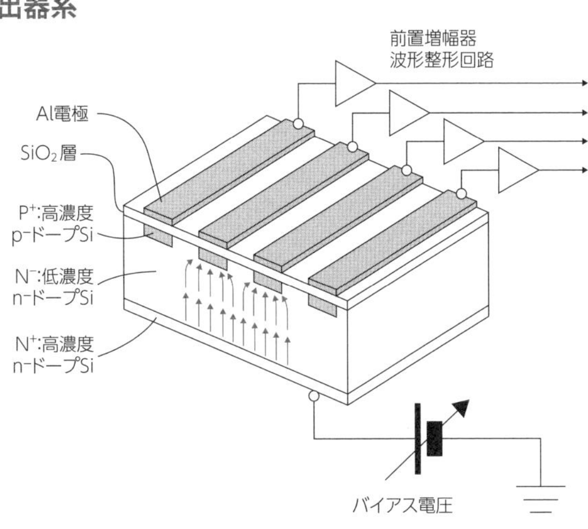

図7.4　Siストリップ検出器の構造の模式図

最近まで主に用いられていたシンチレーション検出器はゼロ次元計数型検出器に相当する．現在，X線を含む放射線計測分野では，半導体検出器の利用が急速に拡大しており，粉末X線回折測定では一次元計数型検出器に分類されるシリコン(Si)ストリップ(ストライプ)検出器が主に使われるようになった．

光子計数法による強度測定では「数え落とし」の影響を無視できない．数え落とし特性の実験的な評価には，チップマンの箔挿入法[2)]が用いられる．市販の粉末X線回折装置には，数え落とし特性評価と自動補正の機能は装備されている場合が多いと思われるので，必要があれば適宜利用すればよい．

Siストリップ検出器は，幅50～100 μm，長さ10～20 mmの細長いSiフォトダイオードをストライプ状に配列させた構造をもつ．図7.4に検出素子構成の模式図を示す．N型半導体領域にプラス，P型半導体領域にマイナスの電圧（逆バイアス電圧）をかけることにより，キャリア（荷電担体）の枯渇した空乏層が形成され，ここにX線が照射した場合に発生する電子・空孔の移動により生じる光電流をパルス信号として検出する．

個々のストリップ素子のそれぞれに集積化された増幅回路（amplifier），波形整形回路（shaper），パルス高弁別器あるいはパルス高分析器，計数回路が接続される．粉末X線回折測定にSiストリップ検出器を利用すると，単純に感度が100倍以上になるだけでなく，回折に寄与する結晶粒の数も100倍程度以上に増やせる効果がある．

従来の粉末X線回折測定で再現性の高い実験データを得るためには，回折条件を満たす十分な数の結晶粒を確保するために，試料を丁寧に細かく粉砕することが必要とされていたが，Siストリップ検出器を利用することにより，粉末試料調製にかかる労力と時間がかなり節約できるようになった．

7.2.4 粉末X線回折測定の光学系

ゼロ次元検出器を使う場合のブラッグ・ブレンターノ型光学系の光学部品の配置を図7.5に示す．平板試料に対して，X線源と検出器の直前に設置される受光スリットとは対称な関係を保つように駆動される．これはブラッグ(Bragg)の回折条件と集中光学系のローランド(Rowland)集光条件を同時に満たすためである．Siストリップ検出器を用いる場合には受光スリットは使用せず，その位置に検出器の中央ストリップが配置される．ソーラー・スリットと受光スリットは繊細な部品なので，スリット開口部に直接手で触れて汚してしまったり，機械的な衝撃を与えて寸法を狂わせてしまったりしないように十分に注意する．

図7.6にゴニオメーターの対称反射駆動とローランド集光条件との関係を示す．ブラッグ・ブレンターノ型のデザインには，①ローランド集光条件の利用による高い角度分解能，②発散ビームの有効利用による十分な強度の確保，③ローランド集光条件を満たさない散乱光・迷光の排除によるバックグラウンド強度の低減という三つのメリットがある．

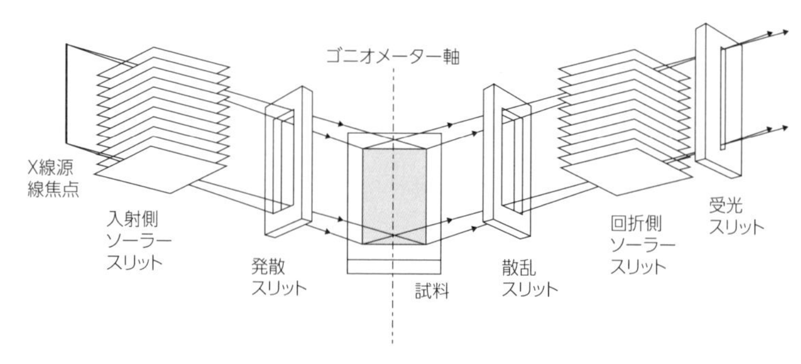

図7.5 ブラッグ・ブレンターノ型光学系の光学部品の配置

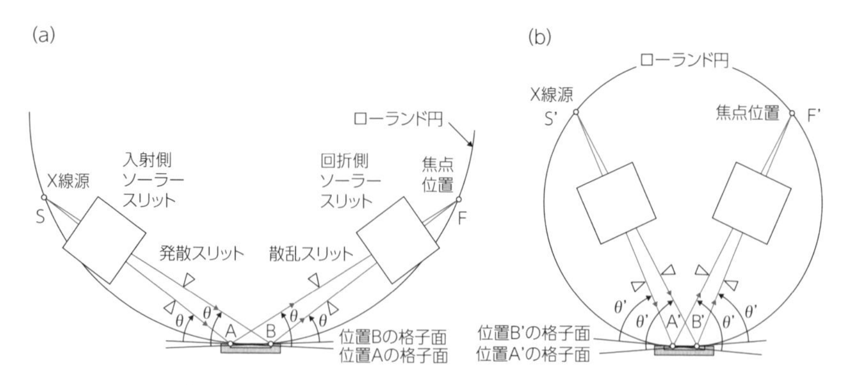

図7.6 ブラッグ・ブレンターノ型光学系とローランド集光条件の関係
(a)回折角 2θ，(b)回折角 $2\theta'$．

7.3　粉末X線回折装置の取り扱い方

7.3.1　X線源の取り扱い方

(1) X線管球の取り扱い方

X線管球は放電を行わない間に真空度が低下するので，長期間利用しなかった場合には，真空度を回復するために低い放電電流を保ちながら徐々に加速電圧を上げるエージングと呼ばれる操作が行われる．真空度の低い状態で過大な放電が行われると，アノード上にスパッタリングによるタングステン膜が早く堆積し，X線管球が劣化する原因になる．比較的新しい装置であれば自動エージング機能は装備されているはずなので確認するとよい．

日本のように湿潤な気候では，X線発生部を運転しない状態で冷却水を流し続けると，X線管球付近に結露が生じ，絶縁部表面を伝導する漏れ電流により放電電流の制御が不安定になる場合がある．低めの電圧・電流で一定の時間運転をすれば，加熱によって水分が気化し，絶縁が回復してX線出力が安定化する．安定して放電を維持できる最低出力でX線源を駆動するスタンバイ・モードの設定できる装置では，これを活用するとよい．

(2) 管電圧・管電流の設定

装置によって適した管電圧と管電流がおおむね決まっているのでそれに従えばよい．市販の装置は製造会社が保証する最大定格出力で使用しても，まだ余裕のある設計はされているはずである．ただし，管電圧・管電流の設定には任意性もある．長期間にわたる連続実験などで経時的な連続性を確保するために，管電流を最大定格より落とす使い方もありうる．したがって測定の際に測定条件の項目の一つとして，管電圧・管電流の記録を残すことは必須である．

7.3.2　測定条件の設定

粉末X線回折測定の結果得られるデータは，回折角（あるいはゴニオメーター角）と回折強度の組$(2\theta_j,\ I_j)$ $(j = 1,\ \cdots,\ N)$である．測定の仕方としては，連続走査とステップ走査が選択できる．走査速度と角度ステップ，スリット幅などはユーザーが指定する．

(1) 発散スリットと散乱スリットの設定

発散スリットの開き角を固定した固定発散スリット測定が標準的である．このスリットでは回折角によって試料面上での照射幅が変化する．一方，試料中への侵入深さは高角の反射になるほど深くなり，結果的に固定発散スリットでは回折角によらず「照射体積が一定」のデータが得られる．装置に自動可変発散スリットが装備されている場合には，照射幅を一定とするように連続的に発散スリット幅を変更する測定も可能である．

発散スリットの開き角は，最低角の回折ピークの現れる回折角で入射X線ビームによる照射範囲が試料からはみ出さないように設定するのが普通である．試料面上のゴニオメーター軸と垂直方向への照射幅W_{eq}とゴニオメーター半径R，発散スリット角Φ，入射視射角（入射角の補角）θの間には，近似的に以下の関係が成立する．

$$W_{\mathrm{eq}} \sin\theta \cong R\Phi \tag{7.2}$$

ただし，Φはラジアン(rad)単位で表す．角度の単位を(°)から(rad)に変換するにはπ/180°をかければよい．πは円周率を表す．

標準的な粉末試料ホルダーは試料充填部がW_{eq} = 20 mm となるように作られている．たとえばゴニオメーター半径がR = 185 mm のとき，試料から入射ビームをはみ出させず測定できる最低の角度$2\theta_{min}$は，Φ =1°のとき$2\theta_{min} \cong$ 19°，Φ =0.5°のとき$2\theta_{min} \cong$ 9.3°などとなる．ただし，試料からX線ビームをはみ出させた条件で測定をしてはいけないということではない．ビームがはみ出す条件では，試料ホルダーからの散乱X線のために背景強度は増大し，試料からの回折ピークの相対的な強度が低くなるが，試料に含まれる物質からの回折ピークが現れることには変わりはない．

(2)走査角度範囲と角度ステップ，受光スリットの設定

走査できる回折角の範囲は装置によって異なるが，おおむね2θ = 5°から145°程度の範囲である．(1) で記したように，はみ出し効果があったとしても，低角に予期しなかった回折ピークが出現することもありうるので，少なくとも予備測定では走査範囲の最低角は2θ = 5°あるいは10°などとするべきである．

同定・定性分析が主目的の場合，走査可能な上限まで走査する必要はなく，90°，100°，110°などの回折角まで走査すればよいと記述されていることも多いが，現在の測定技術からは，測定可能な上限まで走査するのがよい場合が多いだろう．

走査ステップを決定する際には，ナイキスト(Nyquist)の標本化(サンプリング)定理[3)]を参考にすればよい．ナイキストの定理によれば，装置の分解能の半分以下のステップで標本データを記録すれば，情報欠落の生じないことが保証される．測定時間が同じであれば，ステップを粗くするほうがステップあたりのカウント数が増えて統計誤差が小さくなると思うかもしれないが，その分標本数が減るので，本質的な意味は全くない．

実効焦点幅がW_{XS} = 0.1 mm のX線管，半径R = 185 mm のゴニオメーター，受光スリット幅がW_{RS} = 0.15 mm の場合，装置の基本的な角度分解能は

$$\frac{\sqrt{W_{XS}^2 + W_{RS}^2}}{R} \times \frac{180°}{\pi} \cong 0.056° \tag{7.3}$$

と算出され，0.028°以下の角度ステップを選べばよいことになる．きりのよい数として0.02°と設定すれば結果が見やすく，得られるデータも扱いやすくなる．受光スリット幅がW_{RS} =0.3 mm であれば，基本分解能は0.098°と算出されるので，角度ステップは0.05°とすればよい．

Siストリップ検出器を用いる場合には，ストリップの間隔が受光スリット幅と同じ意味をもつ．実効焦点幅W_{XS} = 0.04 mm のX線管，ゴニオメーター半径R = 240 mm でSiストリップの間隔が0.075mm の場合，基本分解能は0.020°となる．この場合にはサンプリングの角度ステップは0.01°とするのが適切である．

(3)走査方法

同定・定性分析などが主な目的である場合には連続走査を行い，精密な測定が目的である場合にはステップ走査を用いるとよいといわれる場合も多いが，現在市販されている装置には，このことは当てはまらない．ハードウェアや制御ソフトウェアの設計，ユーザーの目的による部分はあるが，連続走査を用いるのが合理的な選択である場合が多く

なっている.

7.4 試料の調製

粉末X線回折測定のための試料の準備の方法は比較的単純であるが，実現しうる分析精度が試料調製の段階でほぼ決まることは，他の多くの分析手法と同じである．注意すべき点は以下である.

①粉末が十分に細かいこと．X線に対する透過率の低い(重元素を含む)物質では，特に注意が必要である.
②特定の結晶軸に対する配向性をもつこと(選択配向効果)をなるべく避けること．平板状結晶あるいは針状結晶の形状を取りやすい物質など，粉末を平板試料ホルダーに充填する際に特定の配向性が現れることは珍しくない.
③特に複数相の混合物の場合，粉末試料全体が均一でむらのない状態になっていること.
④粉末を試料ホルダーに過不足なく充填し，粉末の表面の高さを試料ホルダーの基準面と厳密に一致させること.

7

これらすべてを同時に実現させるのは困難な場合も多い．測定の目的や要求される精度，あるいは実現しうる精度，測定に用いる装置の特性，試料調製に必要とされる時間・労力などの観点から，合理的な判断をすべきである.

7.4.1 試料の粉砕

ブラッグ・ブレンターノ型の粉末回折測定では，幾何学的な要請から，試料粉末の表面が平面的であることを前提とするので，試料がいびつな形のときには粉砕して粉末状にしてから，平板状に成形し直すのは当然である．また，ある程度平滑で平板状に成形された試料が測定対象であったとしても，粉砕してから測定するのは普通である．さらに，試料が粉末状であったとしても，さらに粉の粒が細かくなるように粉砕し直すことが必要になる場合もある.

試料粉末の粒が粗いと，全く同じ試料であっても測定し直すたびに結果に違いが現れる．これは観測される回折強度に寄与する結晶粒の数が有限であるためであり，粒子統計変動，粒子統計誤差などとも呼ばれる.

試料粉末をどこまで細かく粉砕するべきかについて，1948年にAlexanderらにより，典型的な粉末X線回折装置の光学部品の幾何学的な寸法と配置から理論的に予想された結果が公開されている[4]．その結果を表7.1に示す.

表7.1に示された指標は，現在でも用いられるブラッグ・ブレンターノ型の粉末X線回折装置で，ゼロ次元検出器を用いて測定する場合に予想される値と矛盾しない．試料の性状にもよるが，ゼロ次元X線検出器を用いる場合には，1回の粉末X線回折測定に用いる試料を粉砕するために，手作業で十数分から数十分間程度の時間をかけるのは普通のことであった．一方，もし一次元X線検出器を装備した装置を使えるのなら，表7.1中の粒子サイズを4～5倍して読み替えればよい．たとえばケイ酸鉱物を測定するときに，ゼロ次元検出器を使う場合は，粒子統計変動による観測回折強度の誤差を数%以内に抑えるためには10 μm以内にまで粒子径を細かく粉砕する必要があるが，

表 7.1 観測される粉末 X 線回折強度の粒子統計変動の予測値

粒子サイズ(μm)	種々の線吸収係数値 μ に対して予想される粒子統計変動(%)				
	$\mu = 5\ \mathrm{cm}^{-1}$	$\mu = 20\ \mathrm{cm}^{-1}$	$\mu = 100\ \mathrm{cm}^{-1}$	$\mu = 500\ \mathrm{cm}^{-1}$	$\mu = 2000\ \mathrm{cm}^{-1}$
1	0.02	0.04	0.1	0.2	0.4
2	0.06	0.1	0.3	0.6	1.2
5	0.2	0.5	1.1	2.4	4.9
10	0.7	1.4	3.1	6.9	13.8
20	2.0	3.9	8.7	19.5	39.0
30	3.6	7.2	16.0	35.8	
40	5.5	11.0	24.7		
50	7.7	15.4	34.5		
Cu Kα線源の場合に該当する物質	有機化合物	有機金属化合物	ケイ酸鉱物	Cu, Ni, TiO_2, $CdSO_4$	Ag, Pb, PbO, HgO

一次元検出器を使えるのであれば，数十 μm 程度以内に細かくすればよい．

粉末 X 線回折測定に限らず，試料を細かく粉砕するためには，メノウ製の乳鉢と乳棒（図 7.7）を使った手作業で「優しくていねいに擦るとよい」といわれる．メノウの主成分は石英(水晶，quartz)で，微細な結晶粒の緻密な集合体であり，靭性(粘り気）をもつ．新しく購入したメノウ乳鉢・乳棒の表面は滑らかに仕上げられており，乳棒を軽く動かして粒を転がすようにすれば，粗大な粒子に応力が集中して割れる（図 7.8）．乳棒を軽くもって指を動かせば，粉末が粗い状態であれば指先の感触で粗さを感じられる．

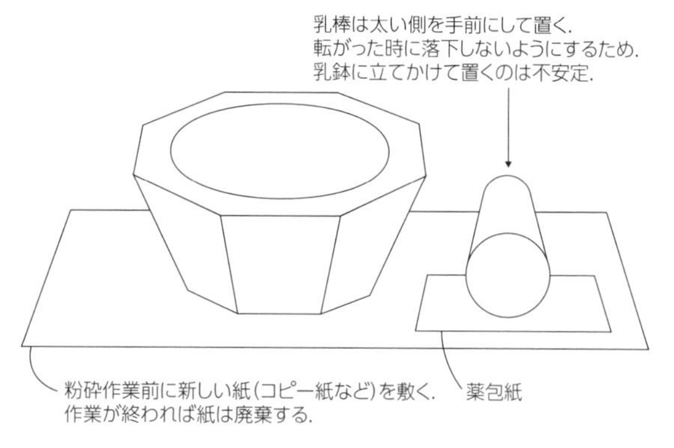

図 7.7 メノウ乳鉢と乳棒
メノウ乳鉢は乾燥機に入れてはいけない．

硬度の高い試料粉末を強く乳鉢に押し付けると，乳鉢や乳棒の表面に傷がつく．乳鉢や乳棒に深い傷がついてしまうと，細かい粉末を調製することが困難になる．乳棒を乳鉢に叩きつけるような動作をしてはいけない．

使用後のメノウ乳鉢はエタノールで湿らせたキムワイプ(紙製のワイパー)などで拭いてきれいにする．発色の強い試料が付着して染みのようになり，拭いとりきれないときに，不要な白煉瓦を粉砕する操作をすればきれいになる場合がある．メノウ乳鉢を加熱すると割れる場合があるので，加熱するタイプの乾燥器を使ってはいけないといわれる．

湿式粉砕は多くの場合に有効である．乳鉢や乳棒の縁に付着した粉末を少量のエタノールやアセトンなどで洗い落としながら擦れば，回収率もよくなる．粉砕が進めば溶媒に微粒子が均一に分散してペースト状になる．湿式粉砕の後，乾燥した粉体は凝集塊を作る場合が多いので，乾燥後にごく軽く乾式粉砕をし直して凝集塊をある程度細かくする．程よい大きさの凝集塊(顆粒)が形成されているほうが，粉体を均一に詰めやすくなる傾向があることも知っておくとよい．

粗い粒子を排除するために，網篩（あみふるい）を使い，粒子の大きさで粉体を分類する「分級」の操作が用いられる場合がある．しかしこの操作は実試料と測定試料との間に組成の違いを導入する可能性があるので，定量分析が目的の場合には注意が必要である．網篩の細かさは 1 インチ（25.4 mm）中の目の数(メッシュ)で表現されるが，最近では網目の大きさ（目開き）が明記される場合も多い．100，200，400 メッシュと呼ばれる網篩の目開きはそれぞれ 150 μm，80 μm，30 μm 程度である．網篩で篩った粉の代表粒径はそれより小さくなるはずだが，必要とされる精度に応じて，網篩で篩った後に，さらに粉砕するほうがよい場合もある．

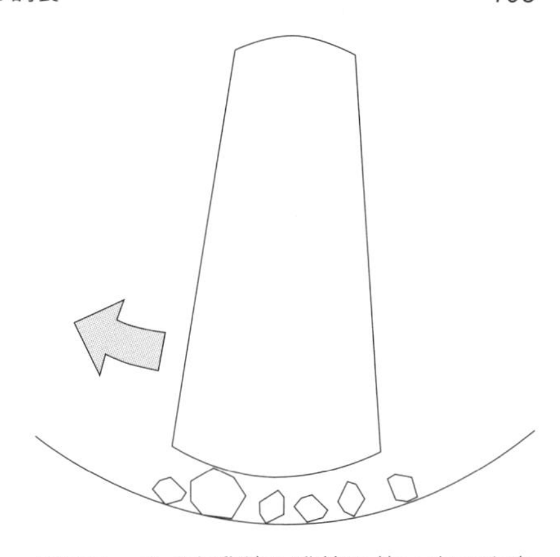

図 7.8　メノウ乳鉢と乳棒の使い方の注意
「乳棒を軽く動かせば，自然に大きい粒に応力が集中し，選択的に割れる」と想像する．
メノウ乳棒を乳鉢に叩きつけるような使い方をしてはいけない．

7.4.2　粉末試料の試料ホルダーへの充填

(1)粉末 X 線回折測定に用いられる試料ホルダー

ブラッグ･ブレンターノ型粉末回折計を用いる場合，粉末試料を平板状の試料ホルダー(試料板)に充填して測定試料とする(図 7.9)．化学分析が目的であれば，ガラス板に 0.2 mm または 0.5 mm 程度の凹みをつけたガラス製の試料ホルダーが扱いやすい．このタイプの試料ホルダーへの粉末の充填の仕方は，フロント・ローディング（front-loading)と呼ばれる．一方，貫通穴を開けたアルミニウム板を試料ホルダーとして用い，背面から試料を充填するバック・ローディング(back-loading)と呼ばれる方法もある．これらの試料ホルダーは市販されている．

粘土系の鉱物などの層状化合物を板に押し付けるように充填すると，層状構造の積層方向が試料板の面と垂直な方向を向きやすくなる．そのような場合には，サイド・ロー

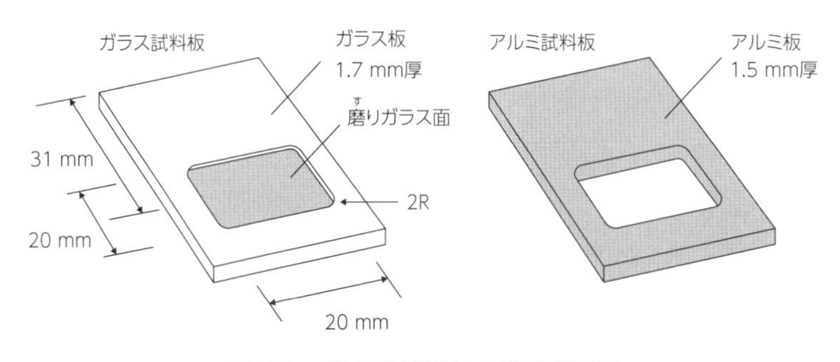

図 7.9　ガラス試料板とアルミ試料板
リガク社の製品.

ディング(side-loading)という方法が取られる場合もある．また，微量な試料しか得られない場合に，シリコン単結晶を「回折条件を満たさない」方位で切り出した「無反射板」と呼ばれる板に粉末を付着させて測定する方法もある．

(2) フロント・ローディング

ガラス製試料ホルダー（ガラス試料板）は，適当な大きさの板ガラスの所定の位置を部分的に研磨(研削)加工し，粉末試料充填のための凹みをつけたものである（図7.9）．凹みの底面の部分はかなり粗めのすりガラス状になっていて，平滑に加工されているよりも粉末が脱落しにくい．

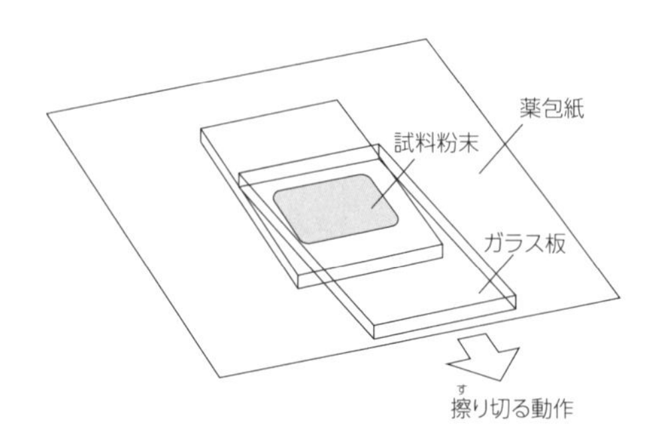

図7.10　ガラス製試料ホルダーに粉末を充填する作業の仕上げ

リガク社から，凹みの深さ0.2 mmまたは0.5 mmのガラス試料板が販売されている．凹みは底面20 mm×20 mmの正方形柱状で，角には2R程度（半径2 mmの円筒面形状）の丸みがつけられている．ただし，実際に入手できるガラス試料板の凹みの深さにはかなりのばらつきがある．ガラス試料板に粉末を充填する際には，以下の操作をする．

①過不足のない適切な分量の粉末を試料板の凹み部分に掬(すく)い入れる．
②別の板ガラス(ガラス試料板でもよい)を使って，初めのうちは軽く押し付けたり，板ガラスの縁を使って凝集した粉をほぐすなどの操作をして，凹み部分の内側に粉末が緩く均一に分布するようにする．
③操作側の板ガラスに浅い角度（数度程度）をつけて試料板に押し付けながら引く（ガラス板の縁を使って擦り切る）動作をする（図7.10）．ガラス板の縁は必ず面取り加工されているが，面取りが深すぎたり加工の精度が悪いと，擦り切った試料面が平滑でなくなるので注意する．

この「擦り切る」操作により，粉末試料の表面と試料ホルダーの基準面を一致させ，平滑に，均一に，またある程度緻密に仕上げることができる．一方で，この操作により粉体試料の表面付近で結晶粒が特定の方向を向きやすくなる選択配向効果が強調される場合もある．このような粉末充填の方法は，試料を表の面から充填するのでフロント・ローディングとも呼ばれる．

(3) バック・ローディング

アルミニウム製試料ホルダー（アルミ試料板）は，適当な大きさのアルミニウム板の所定の位置に角丸四角形状の穴を開けたものである（図7.11）．アルミ試料板に粉末を充填する際には，たとえば以下の手順をとる．

①10 cm角程度のガラス板の上に薬包紙を敷き，その上にアルミ試料板を置く（図7.11

(a)).
②適当な分量の粉末を試料板の開口部分に掬い入れる(図 7.11(b)).
③粉の上にもう一枚の薬包紙を被せ，その上から指で粉を押し付けて粉を固める（図 7.11(c)).
④試料板を裏返して，粉末が脱落しないことを確認して測定試料として用いる.

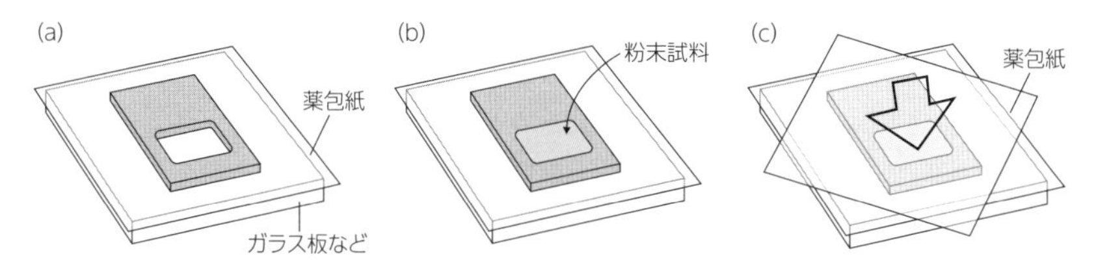

図 7.11 アルミ製試料ホルダーへの粉末の充填
(a) ガラス板などの上に薬包紙を敷き，アルミ試料板を載せる. (b) アルミ試料板の開口部に粉末試料を掬い入れる. (c)薬包紙の上から粉を押し付ける.

この方法は，測定に用いる試料面の裏側から試料を充填するので，バック・ローディングとも呼ばれる. 粉末試料面を試料ホルダー面と厳密に同じ高さに仕上げるのは，フロント・ローディングよりむしろ容易である. 試料粉末が脱落しなければ，試料板開口部の体積に対して充填した粉末の量に多少の過不足があっても問題ない.

アルミ試料板を用いたバック・ローディングでは，ガラス試料板を用いたフロント・ローディングと異なり，表面を「擦り切る」操作が必要ないので，選択配向効果が少し軽減される.

7.5 結果の解析

7.5.1 同定と定性分析

同定・定性分析を目的として粉末 X 線回折実験をする場合は, ICDD PDF データベースを用いるのが標準的である. 測定結果とデータベースに記載された $(d\text{–}I)$ リストとを照合し，データベースに記載された物質と一致するかを調べる. 装置製造会社から提供されるソフトウェアには，$K\alpha_2$ 除去，バックグラウンド除去，スムージング，自動ピーク検出などの機能が備えられている場合が多いので，$(d\text{–}I)$ リストを作成する前に適宜利用すればよい.

データベースには検索ソフトウェアが標準装備されており，主成分の同定が主な目的であれば，それを用いればよい. ICDD PDF の場合，定性分析用に別のソフトウェア SIeve＋が提供されており，$(d\text{–}I)$ リストとの照合，一致度指数(Goodness Of Match：GOM)の表示・一致度指数による絞り込みなどができる.

未知試料が対象の場合，ICDD PDF に記載された膨大なデータから，測定試料に含まれるすべての物質を探し出すのは簡単ではない. ICDD PDF に付属する検索ソフトウェアでは，最強ピーク・第 2 最強ピーク・第 3 最強ピークの位置，最低角ピーク・第 2 最低角ピーク・第 3 最低角ピークの位置の情報や，鉱物・金属・セラミックス・有機化合物・生体物質のいずれであるか，含まれることがわかっている元素の種類，含まれていないことがわかっている元素の種類，含まれるかわからない元素の種類，化学組成などの情報などで検索結果を絞り込むことができる．候補物質リストを，絞り込み項目ごとに任意の優先順位をつけてならべかえることもできる．

7.5.2　定量分析

粉末X線回折法による定量分析は，元素分析で化学組成を決めることとは意味が違い，定量相組成分析（Quantitative Phase Analysis：QPA）と呼ばれる場合もある．定量分析の用途でもSIeve+を利用することができる．

ICDD PDFデータベースに記載される参照強度比（Reference Intensity Ratio：RIR）を用いる方法は比較的簡便である．この方法による定量分析は参照強度比法，あるいはRIR法と呼ばれる．ICDD PDFの（d–I）リストには，最強ピークの強度を100あるいは1000としたときの各ピークの相対強度が記載されている．また別の欄に，Al_2O_3 の最安定相であるコランダム（α–アルミナ，サファイア）の最強ピークに対して，その物質の最強ピークが何倍かを表す数値（参照強度比，RIR値）が記載されている場合が多い．複数相の混合物の場合，各成分からの回折ピークの相対強度は重量分率に比例する．定性分析で得られた各成分の（d–I）リストと，データベースに記載された（d–I）リスト，RIR値とを使って各結晶相の重量分率が求められる．

リートベルト（Rietveld）法[5]は，結晶構造モデルに基づいて予想される粉末回折図形を実測のデータに直接当てはめる解析法であり，未知物質の結晶構造解析にも用いられる．RIR値を使わなくても定量分析が可能であり，実際には既知物質の定量分析の目的で利用される場合も多い．

非晶質（アモルファス）相からの回折は，粉末回折データでは背景強度として現れ，RIR法・リートベルト法でそのまま定量することはできない．非晶質相を含む試料の定量分析には，内部標準法（標準添加法）を用いるのが一般的である．アメリカ国立標準技術研究所（NIST）から，定量相組成分析のための内部標準としてSRM674，SRM676シリーズと呼ばれる標準物質が頒布されている．2019年の時点で最新の製品であるSRM674bは酸化亜鉛ZnO，ルチル型酸化チタン TiO_2，酸化クロム（III）Cr_2O_3，酸化セリウム（セリア）CeO_2 の4種類の標準粉末のセットとして販売されている．SRM676aは，過去にSRM674セットに含まれていたコランダム型酸化アルミニウム Al_2O_3 の標準粉末である．内部標準法による定量分析は，以下の手順をとる．

①化学組成から試料の線減衰係数（質量減衰係数に真密度をかけた値）を見積もる．元素ごとの質量減衰係数（μ/ρ）の値はNISTのウェブサイトから参照できる．化学式 $A_xB_yC_z\cdots$ で表される物質の真密度がρ，構成元素 A，B，C，…の原子量が M_A，M_B，M_C，…，質量減衰係数が $(\mu/\rho)_A$，$(\mu/\rho)_B$，$(\mu/\rho)_C$，…であるとすると，この物質の質量減衰係数は

$$(\mu/\rho)_{A_xB_yC_z\cdots} = \frac{xM_A(\mu/\rho)_A + yM_B(\mu/\rho)_B + zM_C(\mu/\rho)_C + \cdots}{xM_A + yM_B + zM_C + \cdots} \tag{7.3}$$

と表され，線減衰係数は次式のようになる．

$$\mu_{A_xB_yC_z\cdots} = \rho(\mu/\rho)_{A_xB_yC_z\cdots} \tag{7.4}$$

②標準物質 Al_2O_3（μ = 126 cm^{-1}），ZnO（μ = 279 cm^{-1}），TiO_2（μ = 536 cm^{-1}），Cr_2O_3（μ = 912 cm^{-1}），CeO_2（μ = 2203 cm^{-1}）から，試料と線減衰係数の近いものを選ぶ．これは，線減衰係数が異なる物質の混合粉末では，減衰の弱い物質からの回折ピークが相対的に強く，減衰の強い物質からの回折ピークが相対的に弱く現れる微小減衰効果（micro-attenuation effect）と呼ばれる現象の影響を軽減させるためである．

③標準物質の質量分率が 20 ～ 30% 程度になるように試料と標準物質を正確に秤り取り，均一になるまで混合する．このとき，試料と標準物質の質量が W_S，W_R だとする．なお NIST の標準物質も非晶質相を含むが，各標準物質について結晶相の質量分率 w_C は保証書に記載されている．微小減衰効果は粒子が大きいほど影響が強いので，混合粉末をさらに丁寧に細かく粉砕するのは一般的な作業である．

④混合粉末について粉末回折測定を実施し，RIR 法かリートベルト法で結晶相の重量分率を求める．この結果，試料中の複数の結晶相 1，2，…，N の重量分率が w'_1，w'_2，…，w'_N，標準物質の結晶相の重量分率が w'_R と見積もられたとする．このとき，元の試料中の各結晶相の重量分率は

$$w_j = \frac{W_R\, w_C\, w'_j}{W_S\, w'_R} \quad (j = 1,\ 2,\ \cdots,\ N) \tag{7.5}$$

と見積もられ，試料中の非晶質相の重量分率は次式で見積もられる．

$$w_A = 1 - w_1 - w_2 - \cdots - w_N \tag{7.6}$$

【参考文献】

1) W. Parrish, J. I. Langford, “International Tables for Crystallography, Vol. C (2nd Ed.),” Sec. 2.3, The International Union of Crystallography (2006).
2) D. R. Chipman, *Acta. Crystallogr., A* **25**, 209 (1969).
3) W. H. Press et al, “Numerical Recipes, 3rd ed.,” Chapter 12, Cambridge University Press (2007).
4) L. Alexander et al, *J. Appl. Phys.*, **19**, 742 (1948).
5) H. Rietveld, *J. Appl. Crystallogr.*, **2**, 65 (1969).

7

8 X線光電子分光法

藤原　学（龍谷大学先端理工学部）

8.1　はじめに

X線光電子分光法はX線分析法・光電子分光法の一種であり，状態分析法であるとともに，最も一般的な表面分析法でもある．揮発性のない有機化合物および無機化合物双方の測定が可能である．また，固体であれば導電性のない試料でも測定できる．10^{-7} Pa程度の真空下で，試料を構成する全元素（水素・ヘリウムを除く）の電子軌道エネルギーを直接的に求めることができる．

感度が非常に高いが，定量の信頼性はそれほど高くない．前処理はほとんど必要なく，測定・データ解析もあまり時間がかからず比較的簡便であるため，多くの分野で利用されている．平面方向の元素分布・化学状態分析だけでなく，層状試料などに対しスパッタリング操作と測定を繰り返し行うことにより，深さ方向の元素分布やそれぞれの元素の化学状態の変化を明らかにすることができる．

原子には原子核(陽子＋中性子)と電子が存在しており，負の電荷をもつ電子は正の電荷をもつ原子核と静電相互作用(クーロン力)により結びついている．物質は多くの原子からできており，一定以上のエネルギーをもつ電磁波(光)を照射すると，物質を構成する各原子から電子が放出される．この現象が一般的な光電効果であり，放出された電子は光によって励起されたため光電子と名づけられている．スウェーデンのシーグバーン(K. Siegbahn)がこの原理を応用して高分解能の光電子分光法を開発し，表面分析および化学結合状態分析に有効であることを明らかにした．シーグバーンはこの業績で1981年にノーベル物理学賞を受賞した．この方法はElectron Spectroscopy for Chemical Analysis：ESCAと命名されたが，原理からX-ray Photoelectron Spectroscopy：XPSと呼ばれることのほうが多い．

8.2　XPSの原理

物質を構成しているそれぞれの原子には，いろいろな軌道に電子が存在しており，それぞれが決まったエネルギーをもっている（図8.1）．高真空中で物質にエネルギー一定の電磁波（$E = h\nu$）を照射すると，物質表面から光電子が放出される（図8.2）．光電子は種々の電子軌道から飛び出し，それらの運動エネルギー（E_k）を測定することにより，電子の結合エネルギー（E_B）を次式より求めることができる．

$$E_k = h\nu - E_B - W \qquad (8.1)$$

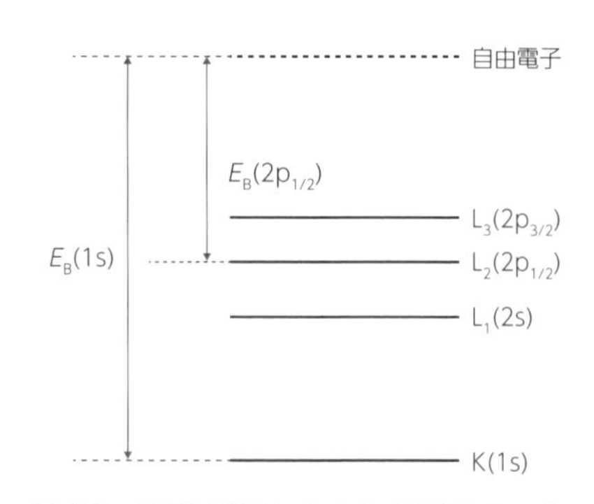

図8.1　XPS測定にかかわる電子のエネルギー準位図

電磁波のエネルギーの一部は，原子核と電

子間の静電相互作用（束縛エネルギーに相当する）を断ち切るために使われ，残りのエネルギーは自由電子となって飛び出した光電子の運動エネルギーとなる．ただし，これは試料の仕事関数(W)のエネルギー分だけ減少している．これらの関係を試料側と電子分光器側に分け，図8.3に簡略的に示した．試料と比べ，電子分光器においてはフェルミエネルギー（E_F）と仕事関数（W'）が異なる．したがって実際に観測される電子の運動エネルギー（E_k'）も異なることになるが，エネルギー校正や基準物質のピークを用いた補正で正しい結合エネルギー（E_B）を求めることは可能である．

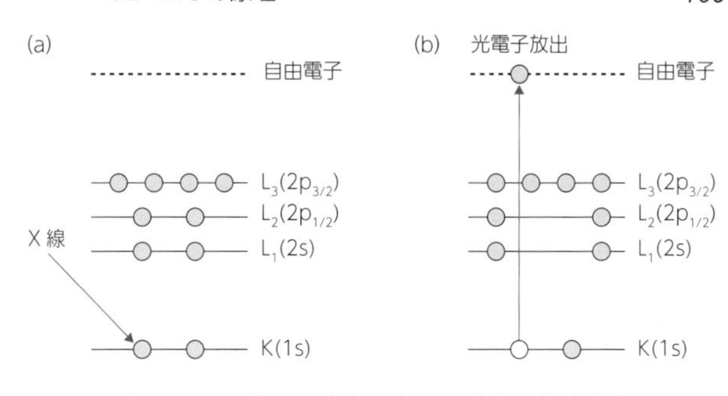

図8.2　X線照射(a)による光電子の放出(b)

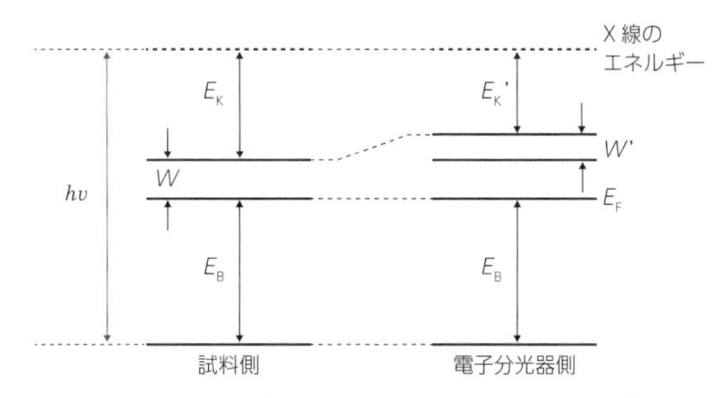

図8.3　試料と電子分光器におけるエネルギーの関係

電気を通さない絶縁性試料に見られるように，光電子放出によって試料が次第に正電荷を帯びる (charge up)．このことにより，全体的にスペクトルピークが高エネルギー側へシフトする．この帯電によるシフトを除去するため，低エネルギーの電子を照射する中和銃が付属されている．しかし，通常は基準物質のスペクトルを試料と同時に観測し，基準物質と試料間で電気的な平衡が保たれていると仮定して基準物質における文献値と測定値のずれを差し引くことにより，帯電補正を行う．その際に仕事関数(W)に関係するエネルギーも除去されるため，正確な結合エネルギー（E_B）を示すスペクトルを得ることができる．

結合エネルギーは元素に固有の値であるため，原子番号1の水素と原子番号2のヘリウム（光により電子が放出される確率である光イオン化断面積の値が非常に小さいため観測できない）を除く原子の種類と量を求めることができる．元素ごとの各軌道の結合エネルギーは巻末の付録4に示されている．ここで $_{26}$Fe，$_{27}$Co，$_{28}$Ni，$_{29}$Cu，$_{30}$Zn を含む合金を対象とするXPS分析を行うとする．それぞれの元素の2p軌道電子にかかわる2本のピークのうち低エネルギー側の $2p_{3/2}$ スペクトルピークが，$_{26}$Fe：706～714 eV，$_{27}$Co：777～784 eV，$_{28}$Ni：852～861 eV，$_{29}$Cu：931～938 eV，$_{30}$Zn：1019～1026 eVの範囲に現れる．つまり，原子番号が大きくなるにつれて，電子の結合エネルギーが次第に高くなる．原子番号26から30の元素では，原子番号が1大きくなると，2p軌道電子の結合エネルギーがおよそ70～90 eV高くなる．これらの元素の間でそれぞれのピークが現れる範囲が重なることはなく，ピークの位置から試料中に存在する元素を決定できる．また，測定元素の酸化数および測定元素周辺に存在している配位原子の種類と数，さらに配位構造や結晶構造によってピークの位置や形状(ピーク半値幅やサテライトピーク強度）がかなり変化する．測定試料のピークの位置と基準物質(多くは単体)のそれとのずれを化学シフトといい，ほとんどの場合，化学シフトは数 eV 程度である．このことから，それぞれの測定元素の化学結合状態を明らかにできる．つまり，原子番号 3 のリチウム以降の元素を対象にした定性および状態分析が可能である．

なお，XPS の X 線源には，軟 X 線である Mg Kα線（1253.8 eV）または Al Kα線(1486.6 eV)が一般的に用いられている．軟 X 線により励起された電子の平均自由行程は数 nm 以下であるため，光電子の脱出深度（XPS の分析対象とする試料深さ）は表面から数 nm 程度となる．これが，XPS 分析が代表的な表面分析法の一つとされる理由である．元素ごと，また電子軌道ごとに，感度に相当する光イオン化断面積の値が明らかにされている．これを用いてスペクトルピーク面積から定量できるが，残念ながら元素の存在比についての精度はそれほど高くない．一方，試料中の一つの元素において複数の化学状態が存在する場合，それらの存在比については比較的信頼性の高い値を得ることができる．

8.3 XPS 装置

一般的な XPS 装置の概略図を図 8.4 に示す．装置は，試料を測定室に導入するための試料搬送系・試料導入室・マニュピレーター，複数の真空ポンプ，X 線管・単色化 X 線発生装置・中和銃・イオン銃などのエネルギー照射系，分光器(エネルギー分析部)，検出器と測定系の制御とデータの蓄積と解析を行うコンピュータ部から構成されている．

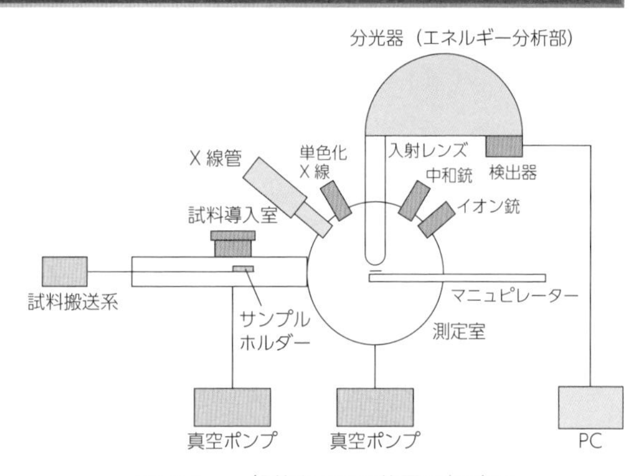

図 8.4 一般的な XPS 装置の概略図

8.3.1 X 線源(X 線管)

状態分析を行うためには，できるだけエネルギー分解能の高いスペクトルを得る必要がある．そのため，スペクトルピークの半値幅に影響を及ぼす X 線源には，特性 X 線の半値幅がより小さいものを選択する．

蛍光 X 線分析法(XRF)や X 線回折法(XRD)でよく用いられている Cu Kα線(エネルギー：8047.8 eV，半値幅：3.0 eV)では不適である．一方，Mg Kα線と Al Kα線の半値幅はそれぞれ 0.7 eV と 0.85 eV であり，XPS 分析に適している．XPS 装置では，Mg と Al のツインターゲット X 線管が用いられることが多く，双方を切り替えて使用することができる．なお，X 線発生装置を作動させると X 線管に多量の熱が発生するため，X 線管を冷却する水の循環が確保されていないといけない．

X 線管を作動させる電力（400 W 程度）は上限が設定されており，それ以下の電圧・

電流（たとえば 15 kV・27 mA）で使用する．スペクトルのエネルギー分解能をさらに高める必要がある場合は，Al Kα線の分光・単色化が行われている．この単色化 X 線源を用いると，光源由来によるサテライトピーク(これはデータ解析時に除去可能)が現れなくなり，またバックグラウンドの低減が期待できる．

8.3.2 真空ポンプ

清浄な試料表面の汚染を防ぐ，発生した光電子を効率的に検出器へ導く，X 線発生装置のダメージを除去するなどの理由で，XPS 装置では他の機器分析装置よりも非常に高い真空が要求される．そのため，次に示す複数の真空ポンプを組み合わせて使用する．真空度が低下すると，自動的に X 線発生停止の安全装置が働くように設計されている．

(1) 油回転ポンプ(ロータリーポンプ：RP)

油回転真空ポンプとも呼ばれ，偏心した回転軸をもつロータ，固定翼，油によって圧縮した気体を排気する（到達真空度：1.0×10^{-1} Pa 程度）．最も一般的な真空ポンプで，大気圧から作動することができる．初期粗引きのための補助ポンプとして，XPS 装置では試料導入室に使用されている．

(2) ターボ分子ポンプ(TMP)

金属製のタービン翼を持った回転体であるロータが高速回転し，気体分子を弾き飛ばすことによりガスを排気する(到達真空度：1.0×10^{-7} Pa 程度)．動作圧力に制限があり，使用中に圧力が急激に変化した場合，ポンプが破損することがある．あらかじめロータリーポンプで十分な真空状態にした XPS 装置の試料導入室に，バルブを切り替えて使用する．

(3) イオンポンプ(IP)

ハニカム状のアノード(陽極)アレイと，アノードを挟むように配置されたチタン製のカソード(陰極)からなり，それらの間に電圧をかけると放電する．電子の一部は気体分子と衝突してイオンを生じ，そのイオンがチタン製のカソード表面にぶつかるとそこからチタン原子が飛び出す．チタンは酸素や窒素などの活性な気体分子を化学的に吸着し，それにより容器内の真空度が上昇する(到達真空度：1.0×10^{-8} Pa 程度)．XPS 装置では，測定室用の真空ポンプとして用いられている．

8.3.3 測定試料・サンプルホルダー

XPS では，粉末，シート状，板状の固体試料が測定できる．試料の取扱いには，次に示す注意が必要である．なお，絶縁性試料の場合は，可能な限り薄くすることが望ましい．

①試料表面を有機溶剤で拭いたり，指で触れたりしてはいけない．試料を取り扱う際には，ビニール製もしくはプラスチック製の使い捨て手袋をし，ピンセットなどを用いる．

②ステンレス製のサンプルホルダー（試料台）に導電性両面テープを貼り付け，そこへ試料を試料搬送中にとれないようにしっかりと押し付け固定する．

8

③一部の固着されていない粉末試料は，ブロワーブラシなどを用いて空気を吹き付け，できるだけ取り除く．

④合成・精製時に有機溶媒や水を使用した試料，吸湿性のある試料，多孔性試料など装置を汚染するまたは測定室内の真空度を低下させる可能性のある試料では，試料を事前に十分に乾燥させた後，試料導入室で時間をかけて排気する．サンプルホルダー（試料台，図8.5）には，単純なディスク型（25 mmϕ）の他に，ネジやピンによってシート状，板状試料を固定するもの，角形型（25 mm×55 mm），大型試料用（100 mmϕ）などが用意されており，試料にあわせて選択する．一つのサンプルホルダーに複数の試料を固定することもできるが，試料相互の汚染や試料の取り違いに十分気をつける．装置にもよるが，試料サイズは5～10 mm角程度が最適とされている．

図8.5　一般的な試料ホルダー

8.3.4　中和銃・イオン銃

中和銃は，光電子放出により正に帯電した試料表面に数eV程度の低エネルギーの電子を供給し，試料の帯電を除去するために使われる．ただし，電気的に中和する条件は，試料の材質，密度や導電性，X線管の種類とその作動電圧・電流値などによりかなり異なるため，最適条件を見つけ出すことが難しい．

イオン銃は，イオンエッチングによる試料表面を清浄にするため（汚染物質および酸化物層の除去），または試料を表面から削りとりながら深さ方向分析を行うために用いられる．アルゴン(Ar)などの貴ガスをイオン化室に導入し，フィラメントからの電子によってイオン化する（ArはAr$^+$になる）．それを所定のエネルギーまで加速して，試料表面に照射する．照射条件や試料の材質により，表面からどの程度削りとられるかが異なるので，事前の確認が必要である．

8.3.5　分光器(エネルギー分析部)および検出器

XPS装置の分光器には，エネルギー分解能が高く，効率も高い静電半球型アナライザー（エネルギー分析器）が用いられることが多い．試料から放出した光電子をアナライザーに集めて光電子を減速し分解能を調節するためなどに，アナライザーの入り口に入射レンズが置かれている．そこを通った電子は，一定の電圧を印加されたアナライザーによりエネルギーごとに分けられ，あるエネルギーをもつ電子だけが検出器へ届く．この電圧を変化させることにより検出器に到達する電子のエネルギーを選別し，スペクトルを得る．

検出器には，電子増倍管であるチャンネルトロン，マルチチャンネルトロン，マイクロチャンネルプレートなどが用いられる．検出器に届いた電子は，増幅され，計数回路でパルス計測される．単位時間あたりに発生する光電子が多くなりすぎると，数え落としが起こり，信頼性の高いデータが得られない．また，検出器には計数した電子の累積数による寿命(計数寿命)があり，一般的にはそれは 10^{14} counts 程度とされている．

8.4 XPS 測定とデータ解析

8.4.1 測定条件

試料を測定室へ導入し，測定ポイントを選択する．走査型または顕微型装置の場合，測定ポイントを光学的に直接観測できるようになっているので，マニュピレーターで最適な位置まで移動させる．

測定条件は，測定試料および測定目的によって異なる．一般的に X 線源の種類と電圧・電流値 (通常は設定されている最大値を入力する)，分析面積 (0.8 mmϕ程度) とそれに伴うアパーチャーの選択などは固定することが多い．

まず，Wide 測定(X 線源が Mg Kα線の場合は 1000 ～ 0 eV，エネルギーステップ：1 ～ 2 eV) を行い，含有元素を確認する．ただし，微量成分やたとえ主成分であっても外殻電子軌道を対象とする場合，短時間で行う Wide 測定ではそれらのピークが観測されないことがある．Narrow 測定では，元素ならびに電子軌道の種類，エネルギー範囲 (Lower energy，Range)，パスエネルギー (S/N 比から最適な値を選択する) などを決める．また，測定時間と関係するが，エネルギーステップ(観測する光電子のエネルギーの間隔：0.05 ～ 0.20 eV)，ステップ時間(ステップ 1 回あたりにかける時間：5 ～ 600 ms)，リピート回数(S/N 比により異なり，1 ～ 10 回程度)などを設定する．

なお，試料が帯電する可能性がある場合は，帯電補正を行う必要があるため，他の元素の場合と同様の測定条件で基準物質 (ほとんどすべての試料で観測される不純物炭素または試料に蒸着した金など)の特定の軌道電子がかかわるエネルギー範囲を測定する．測定者によって異なるが，表面汚染物質である無機炭素の C(1s)ピークでは 284.8 eV，有機炭素の C(1s) ピークでは 285.0 eV，試料に蒸着した金の Au($4f_{7/2}$) ピークでは 84.0 eV をとるのが一般的で，これらの値と測定値の差を帯電補正の値としている．

8.4.2 データ解析

(1) Wide 測定

データ集や装置に内蔵された解析ソフトを用いることにより，それぞれのスペクトルピークを帰属することができる．未知試料については，Wide 測定により含まれている元素を確認し，次の Narrow 測定の条件を考える．また，各ピークの強度 (電子カウント数)，バックグラウンド強度，ピークの位置と形状などから，装置の現在の状態を把握することもできる．

図 8.6 に，水素，炭素，窒素，酸素，銅を含む平面 4 配位型銅(Ⅱ)シッフ塩基錯体 Cu(acacen)の Wide 測定(測定時間：2 分)の結果を示した．高エネルギー側より，Cu(2p)，O(1s)，N(1s)，C(1s)，Cu(3s)，Cu(3p)XPS ピークがそれぞれ明瞭に現れている．それら以外にも，N，O の KLL および Cu LMM オージェ電子(オージェ電子については後述)による多くのピークが認められる．なお，C KLL オージェ電子ピークは，1000 eV を超えた領域に現れる．

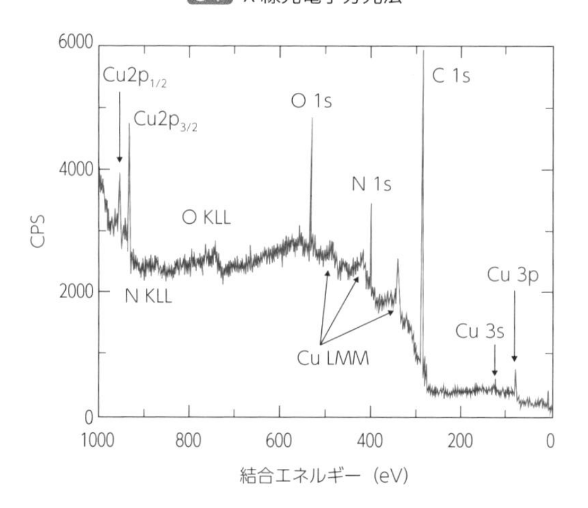

図 8.6　Cu，C，N，O を含む金属錯体の Wide 測定結果

(2) Narrow 測定

続いて含有元素ごとに Narrow 測定を行うが，通常は測定可能ないくつかの軌道電子の中で，最も高強度の XPS ピークを与える一つのみを選ぶことが多い (C，N，O では 1s 電子，Fe，Co，Ni，Cu，Zn では 2p 電子など)．しかし，それらより外殻軌道の電子のスペクトルで，試料の化学結合状態に依存するより大きなピーク形状の変化が観測される場合もある．特に，最近では VB（価電子帯）領域が注目されている．多くの元素の最外殻軌道の電子が関与するため，非常に複雑なスペクトルになることが予想される．

しかし，分子軌道計算結果と組み合わせることによって，電子状態に関するより詳細な情報を比較的簡便に獲得することができる．その例として，同じ配位子を有する平面 4 配位構造の Co(II)，Ni(II)，Cu(II)，Zn(II)錯体についての実測と分子軌道計算結果から求められた理論の VB XPS スペクトルを図 8.7 に示す．VB XPS スペクトルでは，最も低エネルギー側に金属元素の 3d 電子に関するピークが比較的強く現れている．その他に C，N，O 原子の 2s と 2p 電子に関するピークが 20 ～ 30 eV 付近に現れている．DV-Xα法を用いた分子軌道計算により，理論 VB XPS スペクトルが導出できる．それらは互いに非常によく対応しており，ピークの理論的解釈に活用できることを示唆している．また，いくつかの有機高分子では，VB（価電子帯)領域のスペクトルのピークパターンが異なるため，このデータから材料の特定 (図 8.8) やその化学的ダメージの評価が可能である．

なお，観測している元素からの光電子由来のピークの他に，不純物や汚染物によるもの，試料に含まれている他の元素の軌道電子によるもの（観測している元素よりも原子番号が小さく観測している軌道よりも内殻の軌道電子，または原子番号が大きく観測している軌道よりも外殻の軌道電子)，光源由来のもの，そしてオージェ電子によるものなどがある．なお，不純物・汚染物には，元々試料に含まれていた場合と，測定準備中や測定中に混入した場合がある．

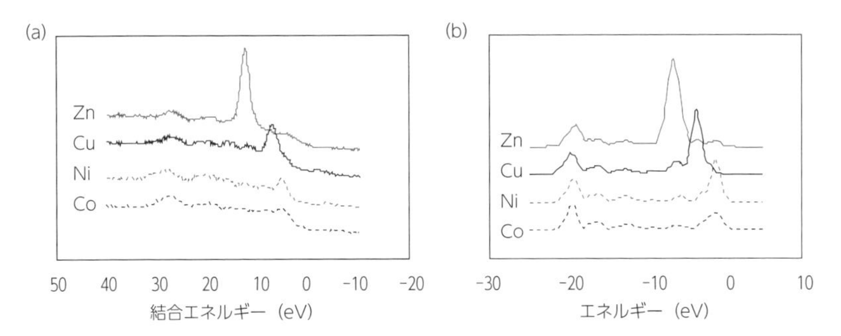

図 8.7　M^{II}(salen)(M = Co, Ni, Cu, Zn)の(a)実測と(b)理論 VB XPS スペクトル
理論スペクトルのエネルギー値は各電子軌道のエネルギー準位を現しており，実測スペクトルと正負が逆になっている（関係するすべての電子軌道の光イオン化断面積の値を入力し，それぞれのピーク半値幅は 0.5 に固定して表示）．山口敏弘他，*DV-Xα研究協会会報*，**15**，76（2002）．

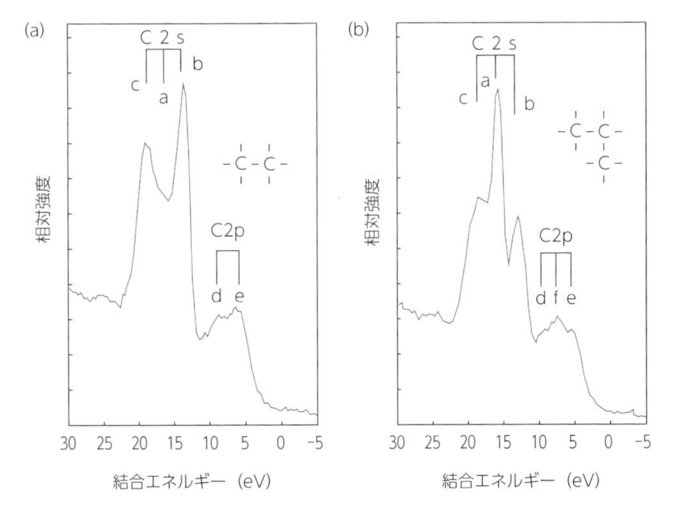

図 8.8　ポリエチレン(a)とポリプロピレン(b)の VB XPS スペクトル

(3) 帯電補正

基準物質からのピークを設定値にあわせることにより，帯電補正を行う．ただし，この補正値が数 eV 以上と非常に大きくなった場合は，データの信頼性の低下をもたらす可能性があるため，試料の前処理，試料の厚さなどを再検討するほうがよい．

(4) スムージング操作

ある程度のノイズが含まれるスペクトルでは，測定ポイント数 5 ～ 25 点でスムージング処理を行う．ただし，この操作によって化学状態の違いによって分裂していた二つ以上のピークが結合するなど，ピーク形状が変化することがあるので注意が必要である．

(5)光源由来のサテライトピークの除去

単色化されていない光源(たとえばMg Kα線)を用いた場合，強いピークの低エネルギー側(8〜10 eV)に弱いピーク(相対強度として7〜10%)が観測される．これは，光源には高強度の$K\alpha_{1,2}$の他に$K\alpha_{3,4}$など(X線としては高エネルギー)が含まれているためである．これらのエネルギー差や相対強度はすでに明らかになっているため，データ処理用コンピュータに内蔵されている解析ソフトを用いて除去できる．

(6)バックグラウンドの除去

試料内で発生した光電子が複数回非弾性散乱されることにより，スペクトルにある程度の強度のバックグラウンドが現れる．このため，定量を行う際にはバックグラウンド除去が欠かせない．一般的に，高結合エネルギー(低運動エネルギー)側が大きく，低結合エネルギー(高運動エネルギー)側が小さい．

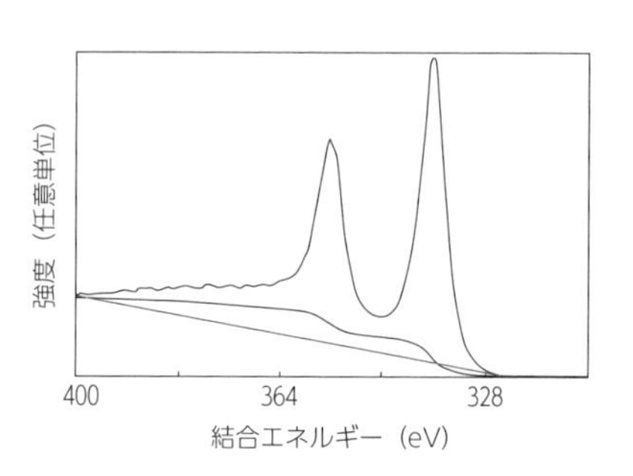

図8.9　バックグランド除去
赤線：直線法，黒線：Shirley法．

バックグラウンドを除去する方法には，直線法・Shirley法・Tougaard法などがある．ピーク面積を求めるために，より正確とされるTougaard法よりもShirley法(図8.9)のほうがよく用いられている．なお，ピークの始点と終点の設定に注意が必要である．

(7)メインピークの位置(結合エネルギー値)の評価

メインピークは，観測している原子の電子密度が高いと低エネルギー側に，電子密度が低いと高エネルギー側にシフトする傾向がある．観測している原子の酸化数の変化に対応した数eV程度のシフトが観測されている．さらに，多くの金属錯体や金属化合物において，配位原子の種類と数に伴うシフトも観測されており，ピーク位置に関する情報は状態分析にとって非常に有用である．

その例として，種々の配位ドナーをもつ銅(II)錯体のCu(2p) XPSスペクトルを図8.10に示す．配位子からの電子供与が強くなるにつれて，$2p_{1/2}$および$2p_{3/2}$メインピークは低エネルギー側へとシフトしている．

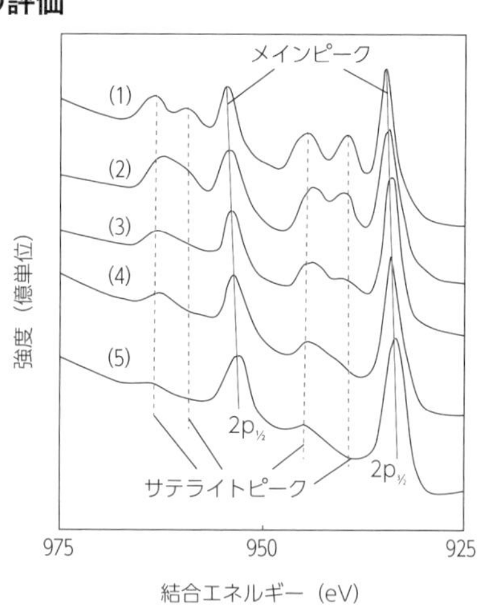

図8.10　種々のドナーセットをもつ銅(II)錯体のCu(2p) XPSスペクトル
(1)平面4配位O_4，(2)六面体5配位二核O_5，(3)平面4配位N_2O_2，(4)平面4配位N_4，(5)平面4配位N_2S_2．藤原学他，*X線分析の進歩*，**25**，337(1994)．

(8)ピーク分離

ある元素について複数の化学状態が共存している場合，その元素由来のピークが分裂して観察される場合と半値幅の大きい1本のピークとして観察される場合がある．1本のピークとなっている場合においても，そのピークの対称性から複数のピークが関係していると判断することができる．ピーク分離を行い，それぞれのピーク面積比から化学状態の異なる化学種ごとの存在比を求めることができる．

(9) サテライトピーク

メインピークの 5 ～ 10 eV 高エネルギー側に，複数のサテライトピークが現れる場合がある．サテライトピークの原因は交換相互作用，配置間相互作用，静電場による分裂，shake up および shake off など，いろいろな説明がなされている．観測している金属原子上に存在する不対電子の数に依存して，サテライトピーク強度が高くなることが報告されている．

また，金属イオンの周りの配位原子からの電子供与が強くなるにつれて，金属イオンによるメインピークが低エネルギーへシフトするとともに，それらに付随して現れるサテライトピークの強度が低下する(図 8.10)．

8

(10) オージェ電子

X 線照射により，試料を構成する各原子から光電子が放出される．電子が飛び出した後の内殻軌道の一部は空となり，それはエネルギー的に不安定な状態である．その状態を解消する緩和過程として，まず外殻軌道の電子が内殻軌道へ遷移する．これに続き，熱の放出，蛍光 X 線放射(図 8.11(a))，外殻軌道の電子放出(図 8.11(b))の三つの過程によって二つの軌道間にあるエネルギー差が解消されている．

このとき放出される外殻軌道の電子はオージェ電子と呼ばれる．たとえば，X 線照射により K 殻(1s 軌道)の電子が飛び出し，そこへ L 殻(L_2 または L_3，2p 軌道)から電子が遷移し，1s 軌道と 2p 軌道の間のエネルギー差を使って L 殻(L_2 または L_3，2p 軌道)から放出する別の電子が KLL オージェ電子（KL_2L_2，KL_2L_3，KL_3L_2，KL_3L_3 などがあり，それぞれ異なるエネルギー領域にピークが現れる．しかし，ピークが重なることもあり，その場合は L_{23} などと表される)である．

ここで得られたオージェ電子スペクトルピーク（$E_k = h\nu - E_B$ より電子の運動エネルギーへ換算）と XPS ピーク (E_B) からオージェパラメータ ($E_k + E_B$) を算出する．ほぼ同じ位置に XPS ピークをもつ二つの化合物でも，双方の AES ピークが異なる場合が

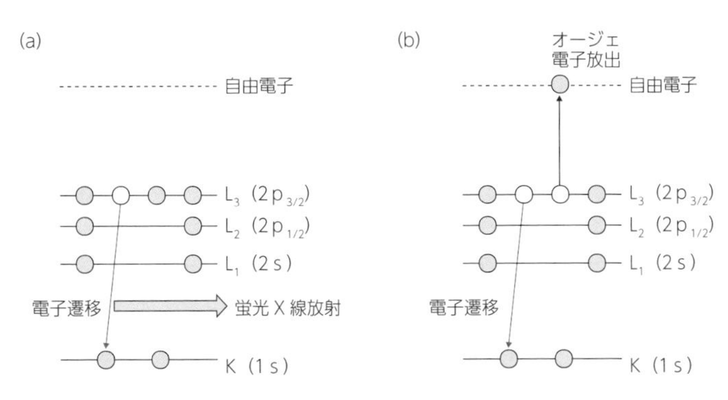

図 8.11 蛍光 X 線放射(a)とオージェ電子放出(b)の過程

ある．これより，オージェ電子の E_k と光電子の E_B についての二次元分布が得られ，より詳しい状態分析が可能となる．

なお，電子線の照射によって励起するオージェ電子分光（AES）装置があるが，スペクトルの基本的な解釈は同じである．ただ，線源のビーム径，観測深さ，試料との相互作用の程度や遷移確率などが異なる．そのため，スペクトル形状（一般的にAESでは微分スペクトルとして表示）は同じではない．また，試料へ与えるダメージもAES装置のほうがかなり大きい．電子ビーム径が小さいことより微小部の分析が可能である利点がある．

8.4.3 特殊な測定法

(1) 角度分解

清浄な金属であってもその表面はきわめて薄い金属酸化物層に覆われていることが多い．高真空下である測定室または試料導入室におけるスパッタリング操作によって，金属酸化物層を除去した後にバルクを測定することができる(破壊分析)．

その他に，X線ビームと試料表面の間の角度を変化させることにより，表面層からとバルクからのピーク強度比が変わり，低角度照射により表面層からの情報を強調したスペクトルを得ることができる．角度の異なる二つのデータを比較することより，バルクのみの情報を非破壊で抽出することが可能となる．アルミ箔のAl(2p)XPSスペクトルを図8.12に示す．試料と検出器間の角度が低角になるにつれて，表面の酸化アルミニウム（Al_2O_3）の割合が次第に増加しており，より試料表面に敏感になっていることがわかる．

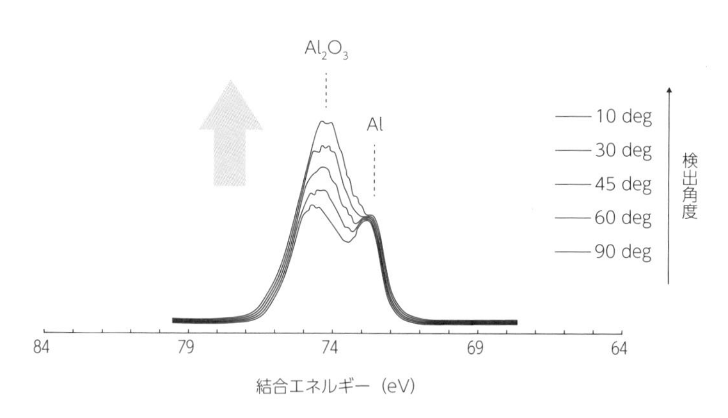

図8.12 アルミ箔の角度分解Al(2p)XPSスペクトル
低エネルギー側のピーク強度を揃えて表示した．検出角度は10 deg，30 deg，45 deg，60 deg，90 deg．

(2) 時間分解

測定室はきわめて高真空であるため，水和化合物は脱水が進むことがある．それ以外に，X線照射によって生成物の脱離を伴う酸化還元反応が起こることもある．入射X線は比較的試料内部まで侵入できるが，そこで発生した電子は，電子の平均自由行程以上の距離よりも深いところに存在するため試料表面から飛び出すことができない．試料内部に残った電子は化学反応のトリガーになる場合があり，X 線照射によって酸化還元反応などが進行し，スペクトル変化が起こる可能性がある．あるエネルギー範囲において一定時間ごとに測定する，すなわちある元素のある軌道電子についての Narrow 測定を繰り返すことによって，その化学結合状態の変化，すなわち化学反応を追跡することができる．もちろん，これらの測定には 1 スペクトルあたり数分程度かかるので，変化の速い反応系に適用することはできない．

二つのクロロ配位子と 2 分子のジアミン配位子が配位した八面体 6 配位構造の白金 (IV) 錯体が，X 線照射により対応する平面 4 配位構造の白金 (II) 錯体へ還元される反応を追跡した時間分解 Pt(4f) および Cl(2p) XPS スペクトルを図 8.13 に示す．Pt(4f) XPS スペクトルでは，80 と 76 eV の二つのピークの強度が低下するとともに 77 と 73 eV の二つのピークの強度が増加している．これらの変化は，Pt(IV) が Pt(II) へと 2 電子還元されたことに対応している．一方，Cl(2p) XPS スペクトルでは，203 ～ 195 eV の範囲に Pt(IV) イオンに上下方向から配位した二つの塩化物イオンと配位していない二つの塩化物イオンに対応するピークが認められるが，X 線照射により高エネルギー側の配位した塩化物イオンによるピークのみの強度が低下し，未配位の塩化物イオンによるピークだけになる．これらの変化は，Pt(IV) イオンに配位した二つの塩化物イオンが 2 電子酸化されて塩素分子となり，系外に脱離したことに対応している．時間分解測定結果より，速度論的解析を行うことができる．

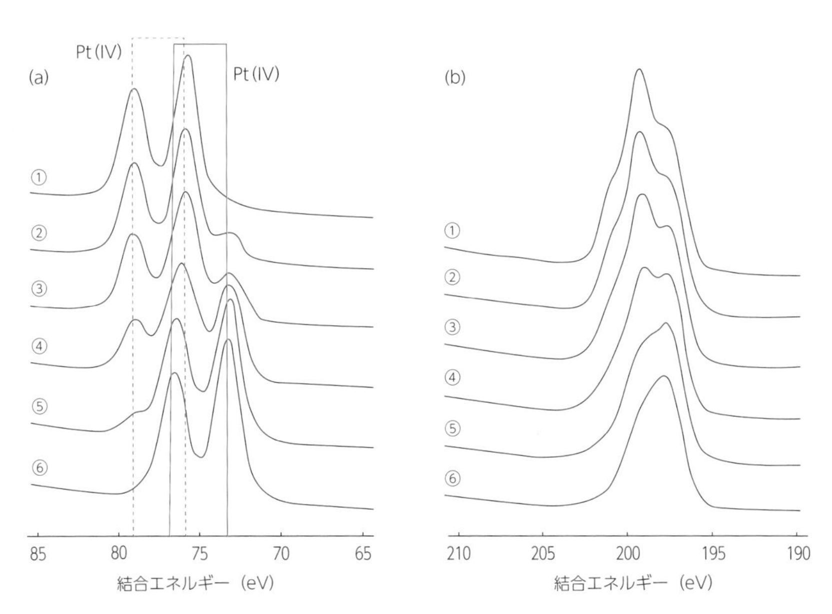

図 8.13　時間分解スペクトルの例

二つの塩化物イオンが配位した八面体 6 配位白金(IV)錯体[Pt(chxn)Cl_2]Cl_2 の X 線照射による酸化還元反応．(a) Pt(4f)，(b) Cl(2p) XPS スペクトル．X 線照射時間：① 1 分，② 5 分，③ 10 分，④ 30 分，⑤ 60 分，⑥ 120 分．藤原学他，*X 線分析の進歩*，**30**，153（1999）．

8.5 おわりに

XPS法は，装置の開発からおよそ60年が過ぎ，材料分析での応用範囲が大きく広がっている．さまざまな分野でXPSスペクトルが測定されるようになったが，測定対象として最も多いのはやはり金属元素を含む材料であろう．本章では，増加しつつある有機化合物への適用を考慮し，有機化合物(配位子)と無機化合物(中心金属イオン)の中間と考えられる金属錯体を主な測定例に選び，それらの特徴とスペクトル解析を説明した．

多くの機器分析法と同じように，測定試料と比較する標準試料の選択が重要である．また，スペクトルピークの正しいエネルギー値を得るため，適切な帯電補正を行う必要がある．理論的な取り組みがますます重要になってきているが，幸いにX線分析と分子軌道計算法は親和性が高く，XPSスペクトルの解釈に適用できる種々の計算手法がある．

硬X線励起による試料深部からの情報獲得，X線ビームの改良による空間分解能の向上と測定時間の短縮，シンクロトロン放射光の利用など，最近も進歩が著しい．なお，他の表面分析法と組み合わせて材料表面の組成や化学状態を総合的に解析する場合，それぞれの手法で定義される表面の範囲が異なることに注意が必要である．

【参考文献】

1) K. Siegbahn et al, “ESCA, *Atomic, Molecular, and Solid State Structure Studied by Means of Electron Spectroscopy*” Almqvist and Wiksells (1967).
2) 染野檀，安盛岩雄編，『表面分析—IMA，オージェ電子・光電子分光の応用』，講談社サイエンティフィック(1976).
3) 日本化学会編，『化学総説　No. 16　電子分光』，学会出版センター (1977).
4) 大西孝治他編，『固体表面分析 I』，講談社サイエンティフィック (1995).
5) 保母敏行監修，名越正泰，福田安生著，『高純度技術体系　第1集　分析技術』，フジ・テクノシステム (1996).
6) 日本表面科学会編，『表面分析技術選書 X線光電子分光法』，丸善 (1998).
7) 日本化学会編，「第5版　実験化学講座 24 —表面・界面—』，丸善 (2007).
8) 日本分析化学会編，石田英之他著，『分析化学実技シリーズ(応用分析編1)表面分析』，共立出版(2011).

【データ集】

9) D. Briggs, Ed., “*Handbook of X-ray and Ultraviolet Photoelectron Spectroscopy,*” Heyden (1977).
10) “*Handbook of Photoelectron Spectroscopy,*” Physical Electronic, Inc., (1995).
11) C. D. Wagner et al, “*HANDBOOK OF X-RAY PHOTOELECTRON SPECTROSCOPY A Reference Book of Standard Data for Use in X-ray Photoelectron Spectroscopy,*” Perkin-Elmer Corporation (1979).

9 光学顕微鏡

田中隆明
(オリンパスナレッジセンター)

9.1 はじめに

光学顕微鏡は，微細な試料を数百～千倍程度に拡大して形態観察ができるので，分子，原子レベルの分析に入る前のマクロ的な把握に有効である．電子顕微鏡（走査型電子顕微鏡：SEM）などを用いた精密な分析の前に，目視の形態観察や撮影画像による長さ・面積の計測，計数などができる．木の葉や枝を見るのが電子顕微鏡で，森を見るのが光学顕微鏡であるとたとえることもできるだろう．電子顕微鏡では，数 nm 単位のミクロ観察ができる反面，電子線を照射するため試料を真空チャンバーに入れる必要があるため，試料の色情報は見えない．それに対して光学顕微鏡では，大気中のままで可視光線を使って簡単に試料の観察ができるという利点がある．

ただし，光学顕微鏡といっても，表 9.1 に示すように実体顕微鏡，生物顕微鏡，金属顕微鏡，共焦点レーザ走査型顕微鏡などがあり，それぞれに適した用途がある．固体評価の分野に関しては，簡単に固体表面を観察できる金属顕微鏡を活用することが多い．見たいものが決まっている場合は目的に合った観察法で評価する．何が見えるのかを知りたい場合は，複数の観察法を比較・検討して，方向性を見出すとよい．

本章では，金属顕微鏡を上手に使うために知っておくべき基本事項と，試料の何がどう見えるのかについて解説する．

表 9.1　光学顕微鏡の主な種類と特徴

種類	観察法と用途
実体顕微鏡	明視野，暗視野，偏光，偏斜照明法．数十倍までの倍率で，試料の前処理作業やおおまかな観察に利用する．
生物顕微鏡	明視野，暗視野，位相差，微分干渉，偏光，蛍光，レリーフコントラスト，分散法．透明照明で，透明，半透明の試料の観察に適する．
金属顕微鏡	明視野，暗視野，微分干渉，偏光，蛍光法．落射（反射）照明で，試料の表面観察に適する．
生物用共焦点レーザ走査型顕微鏡	微分干渉，蛍光．細胞などを高分解能な三次元画像で取得でき，さまざまな細胞機能の解析に適する．生物顕微鏡の利点をもつ．
金属用共焦点レーザ走査型顕微鏡	明視野，微分干渉．表面形状を高分解能な三次元画像として取得でき，長さ，高さの精密な測定に適する．金属顕微鏡の利点をもつ．

9.2 金属顕微鏡の構成

対物レンズの先端部が下を向いているものを正立型顕微鏡と呼び，上を向いているもの倒立型顕微鏡と呼ぶ．これは試料の大きさや形に対応した構造の違いで，正立型顕微鏡は薄い試料（1 ～ 2 cm 以下），倒立型顕微鏡は大きくて厚い試料（数 cm 以上）の観察に適する．ここでは，一般的な正立型顕微鏡で説明する．

金属顕微鏡の多くはシステム顕微鏡である．システム顕微鏡は，観察法や用途に応じて各部のユニットを選択し，組み合わせられる構造になっている．主要なユニットの機能・特徴をよく理解しておくと，複数の機能を組み合わせた使い方ができる．図 9.1 に正立型金属顕微鏡の例を示し，各部の機能・特徴を述べる．

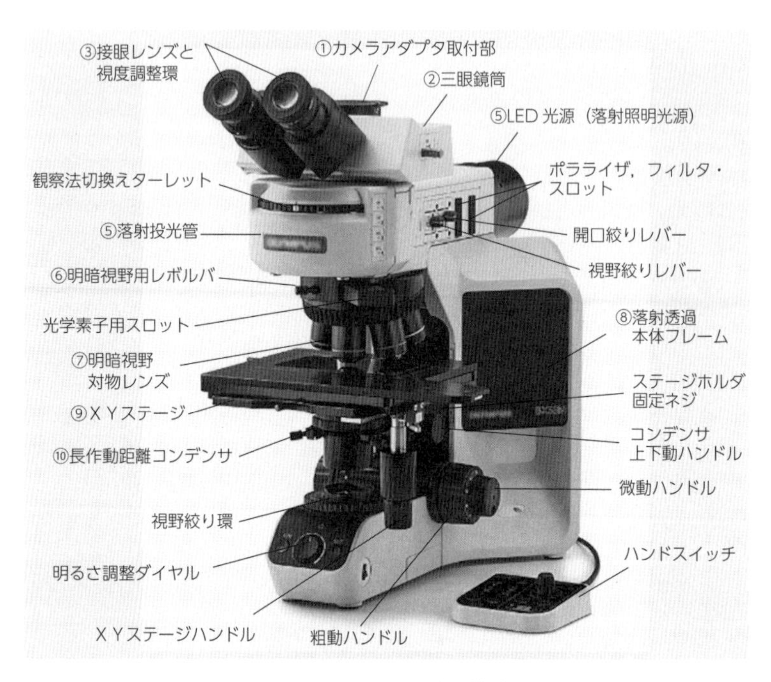

図 9.1　金属顕微鏡の構成
透過落射照明両用タイプ．

①カメラアダプタ

三眼鏡筒の上部または中間鏡筒に取り付ける．倍率が選択できる．撮影の実視野は，カメラの撮像サイズとアダプタ倍率で決まる．アダプタ倍率を選ぶ際は，カメラの撮像サイズ(有効画面のタテ × ヨコ寸法, 単位 mm)を知っておくとよい．「撮影実視野(タテ, ヨコ) ＝撮像サイズ（タテ，ヨコ）／（対物倍率 × 中間変倍装置倍率 × アダプタ倍率)」である．

②三眼鏡筒

カメラと観察の光路切替えができる．接眼レンズの視野数に合わせた仕様があり，大きく「広視野」,「超広視野」の 2 種類がある．図 9.1 に示す鏡筒では，像の見える向きが試料の向きと上下左右が異なる (倒立像) が，像の見える向きが試料の向きと同じ（正立像)になる鏡筒もある(倒立像，正立像については 9.3.4 項と図 9.8 を参照)．

③接眼レンズ

倍率と中間像 (9.3.1 項，図 9.5，図 9.8 を参照) の直径となる視野数 (mm) の表示がある．さらに焦点板を内蔵する方式と後付け式がある．図 9.2 に示す例は，倍率 10 倍，視野数 22 である．めがねマークは眼鏡をしたままで観察できることを示す．倍率は 10 ～ 15× で選択幅は狭い．これは 15× を超える高倍にすると視野数が小さくなりすぎて実用に適さないからである．

W	種類（広視野タイプ）
H	ハイアイポイント
10×	倍率 10×
22	視野数
(めがねマーク)	めがね使用可

図 9.2　接眼レンズの表示例

④中間鏡筒

偏光用中間鏡筒，中間変倍装置，カメラポートなど，顕微鏡の機能を拡張するユニットで，用途に応じて鏡筒と落射投光管の間に配置する．

⑤落射投光管と落射照明光源

観察法(明視野，暗視野，蛍光)，照明光源の種類(LED ランプ，ハロゲンランプ，水銀ランプ）が選択できる．蛍光観察では水銀ランプを使う．落射投光管には，観察法の切替え機構，ポラライザ用スロット，フィルタスロット，視野絞り・開口絞りとその心出しの機構がある．

⑥レボルバ

対物レンズの種類(明視野，明暗視野)，取付け穴数，動作方法(手動，電動)，コード機能(対物取付穴識別機能)，アクセサリ用スロットの有無など，用途に応じた種類がある．

⑦対物レンズ

対物レンズの選択は観察の基本である．倍率，開口数，作動距離，観察法（明視野，明暗視野，微分干渉，蛍光，偏光）に応じた選択ができる．図 9.3 に対物レンズの表示の例を示す．金属顕微鏡の試料はノーカバーガラスなので，カバーガラス厚表示は「0」または「—」である．また，明視野，暗視野の両方の観察に対応する明暗視野用対物レンズは，暗視野照明用の光路を内蔵しているので外径が太い．図 9.4 に示すように，対物レンズの取付けネジ部の胴付き面からピントが合っているときの試料面までの距離を同焦点距離と呼び，試料面から対物先端までの距離を作動距離と呼ぶ．同焦点距離は「45 + 15×m（m = − 1，0，1，2，3，4）mm」と規格があり，メーカーによって異なる．顕微鏡にはすべて同じ同焦点距離の対物レンズがセットされるので，対物変換時のピント合わせを最小限の微調整で行うことができる．

対物レンズの先端部分の外周の色は倍率カラーリングと呼び，倍率に対する表示色が

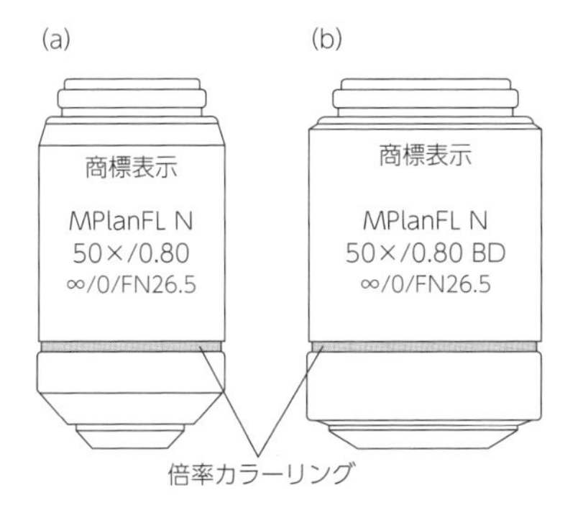

M：ノーカバー標本用
Plan：プラン対物
FL：セミアポクロマート
N：新型
50：倍率
0.80：開口数
BD：明暗視野用
∞：鏡筒長無限
0：カバーガラス厚 0 ㎜
FN26.5：視野数 26.5 ㎜対応

図 9.3　対物レンズの表示例
(a)明視野対物レンズ，(b)明暗視野対物レンズ．

国際標準で決まっている．例としては，灰色（2倍），赤色（5倍），黄色（10倍），緑色（20倍），青色(50倍)，白(100倍)である．

⑧顕微鏡本体(フレーム)

電源スイッチ，明るさ調整ダイヤル，焦準ハンドル(粗動ハンドルと微動ハンドル)がある．落射照明専用タイプ，透過落射照明両用タイプと二つの種類があり，透過落射両用タイプには透過照明用の視野絞り環がある．

⑨ステージ

試料のサイズ，保持方法(プレーン，クレンメル，ウエハ)，操作法（回転，XY移動）に応じて選択できる．

⑩コンデンサ

透過落射照明両用タイプの顕微鏡本体に装着し，透過照明で使用する．開口絞りがある．

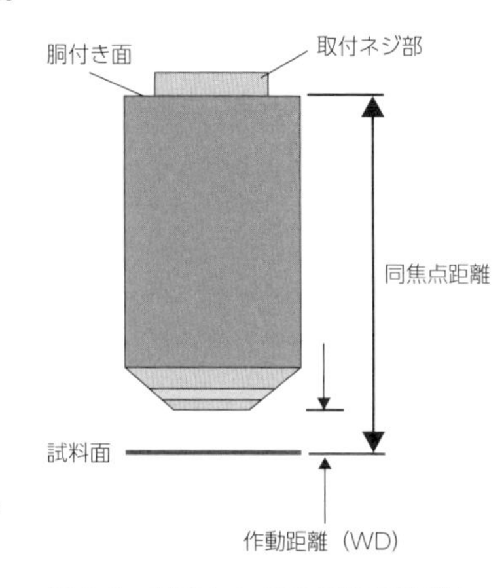

図 9.4　対物レンズの同焦点距離と作動距離

⑪各種観察用アクセサリ

微分干渉スライダ(プリズム)，偏光用フィルタなどを選択できる．これらは落射投光管やレボルバのスロットで挿脱する．

⑫その他

用途に合った撮影用カメラ．顕微鏡用のカメラには顕微鏡画像処理に最適化されたソフトが付属しているので，画像処理ソフトの機能や発展性を考慮して選択するとよい．

9.3　金属顕微鏡の原理

光学顕微鏡観察には基本的な三つの要素があり，どれが欠けても観察にならない．一つ目は「倍率」で「見たい大きさで見える」，二つ目は「分解能」で「大きさを見分けることができる」，三つ目は「コントラスト」で「はっきりと見える(検出できる)」である．これらの3要素を成立させるのが，以下に説明する光学的な原理である．

9.3.1　顕微鏡の光学原理

図9.5に金属顕微鏡の構成と光路を示す．対物レンズが照明レンズを兼ねた落射（反射）照明によって，固体表面の反射光から観察像を得る．透過照明では，試料のエッジ部(エッジの影)が観察できる．

光学系は，光源(ランプ)から試料面までの照明光学系(ケーラー照明と呼ぶ)と試料面から像面(観察者の目の網膜)までの観察光学系の二つで構成されるが，原理的には，光源から試料面を含み観察者の網膜までを一つの「顕微鏡光学系」として扱う．

光源から出た照明光は，投光管の開口絞り，視野絞りを経て45°に設置したハーフミラーに入射する．ここで光量の半分が反射して対物レンズに導かれ試料を照明する．そして，試料面で反射するとその情報を含んだ光に変わり，対物レンズを経て再びハーフミラーに入射し，再度光量の半分が透過し，接眼レンズを経て観察者の目の網膜に至る．同時に網膜に試料の像が結ぶ．

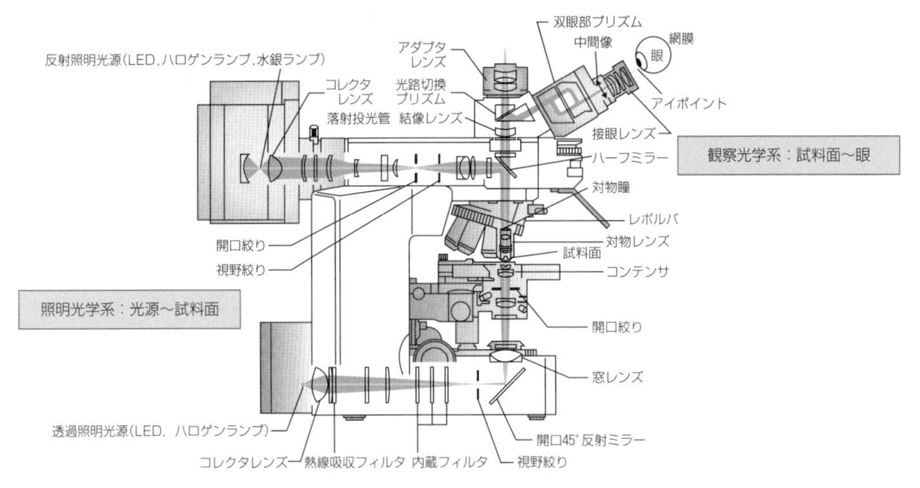

図 9.5 金属顕微鏡の光学系原理図

この光学系の特徴は，視野絞りが関係する「像の共役関係」と開口絞りが関係する「瞳の共役関係」の二つの共役関係が組み合わされた形になっていることである．レンズを介して物体の像ができるとき，物体と像とは共役であるという．像には実像と虚像の二つがあるが，この共役関係ではすべて実像である．

像の共役関係では，視野絞りが照明レンズと対物レンズを介して試料面に像を結び，視野絞りの像と試料とが対物レンズを介して接眼レンズ手前に像(中間像と呼ぶ)を結ぶ．さらに，中間像は接眼レンズ，目のレンズを介して網膜に実像を結ぶ．視野絞り，試料面，中間像，観察者の網膜が共役である．

一方，瞳の共役関係では，光源の像が開口絞り位置に結び，光源像と開口絞りの像が対物レンズ瞳に結び，さらに観察者の目の瞳面(アイポイント：接眼レンズの後ろ焦点)に結ぶ．光源，開口絞り，対物レンズ瞳，アイポイントが共役である．

可変絞りの視野絞りと開口絞りは，対物レンズの変換や観察法に応じて最良の像が得られるように光束を調整するためにある．

これらが成り立つには，試料にピントが合う(対物レンズと試料が適正距離である)必要があるが，試料面が完全な鏡面(表面が平坦で光の反射率が一様)の場合は，照明光は単に反射して戻るだけとなり，視野が一様に明るく見えるだけでピント合わせはできない．このような試料は観察対象にはならない．試料が光学的に完全に一様で透明な場合(生物顕微鏡の場合)も同様である．

ピントを合わせるには，目で見えるよう明暗もしくは色が必要である．試料面から対物レンズに向かう光が，像にコントラストを与える光になる必要があり，光をそのように変える試料が観察対象になる．

顕微鏡の各種観察法は，どのような光を像のコントラストにするかで違いがある．表 9.2 に，像にコントラストを与える試料面での光の変化(強度変調または振幅変調，散乱，回折，位相変調，楕円偏光への変化，自家蛍光の発光)と観察法との関係をまとめた．

表 9.2　金属顕微鏡の観察法

観察法	像にコントラストを与えるもの		観察法に関係するユニット・部位	
			照明(投光管)側	観察側
明視野観察	光の分光反射の強度差	反射によって光が強度変調を受ける.	開口絞り 視野絞り ハーフミラー	
暗視野観察	散乱光，回折光	微細な凹凸で散乱光，回折光が生ずる.	リング照明ミラー 暗視野用対物レンズ	
微分干渉観察	光の位相差	微細な凹凸での反射によって光が位相変調を受ける.	ポラライザ 微分干渉プリズム*	微分干渉プリズム* アナライザー
偏光観察	リターデーション	反射光が楕円偏光に変わる.	ポラライザー 鋭敏色板	偏光用対物レンズ アナライザー
蛍光観察	自家蛍光	照明光(励起光)を吸収して蛍光を発する.	高輝度光源 励起フィルタ ダイクロイックミラー	ダイクロイックミラー 吸収フィルタ

*微分干渉プリズムは一つで照明側，観察側の2役をする.

9.3.2 「見分ける」と「見つける」

顕微鏡観察には「見分ける」と「見つける」の二つの使い方がある.「見分ける」というのは試料側の2点を，2点の像として認識できることである．見分ける空間能力を分解能と呼び，対物レンズの開口数で決まる．図 9.6 に開口数の概念図と分解能との関係を示す．ここでは，一般に光学顕微鏡の分解能として扱われるレイリーの分解能を示す．開口数が大きいほど高分解能(δがより小さい値になる)で，より微細な試料の大きさを見分けることができる．δを計算する波長λは 0.55 μm（緑色の波長，人の目にとって感度が高い波長）を使う．像の大きさ計測すれば，試料の大きさは拡大倍率から計算できる(「試料の大きさ＝像の大きさ／拡大倍率」).

試料面の微細構造を反射回折格子と考えると，反射光の ± 一次回折光が結像光として対物レンズに入射すれば，その回折格子は像を結ぶという理論(アッベの再回折理論，参考文献 5))がある．この考え方の場合は回折角が図 9.6 の角αに相当する．

倍率が同じ対物レンズであっても，開口数が大きい対物レンズのほうが高分解能で，微細なものがよく見える．分解能には他にアッベの分解能やホプキンスの分解能と呼ぶ定義もあるが，詳しくは他の成書に譲る[3),4),5)].

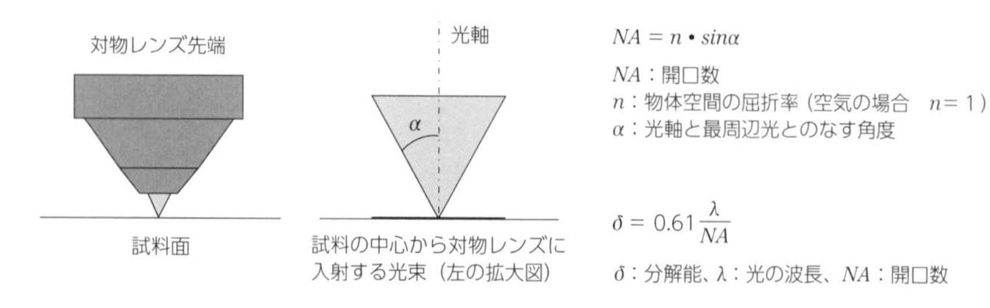

図 9.6　開口数の概念とレイリーの分解能δ

一方,「見つける」というのは検出できることである．分解能に対して検出能ということもできる．分解能以下の大きさものが見えるという使い方である．夜空に見える星が，大きさはわからないが存在はわかるように，顕微鏡では視野が暗く試料が明るく見えるほど検出能は高く（高 S/N：シグナル／ノイズ）大きく見える．したがって，蛍光観察や暗視野観察の場合は，拡大倍率から単純に計算しても，試料の大きさは決められないことがある（「試料の大きさ≦像の大きさ／拡大倍率」）．また，像の明るさは開口数の 2 乗に比例し倍率の 2 乗に逆比例するので，高倍対物レンズほど倍率の影響が大きく，暗い．

9.3.3　焦点深度

焦点深度を図 9.7 に示す．焦点深度はピントが合って見える上下方向の距離であり，対物レンズの開口数，観察総合倍率（対物レンズ倍率 × 接眼レンズ倍率），目の分解能で決まる．計算式では，目の最小錯乱円(ピントがずれても像ボケを感じない大きさで，目の分解能に依存) による深度(前項) と光学的な深度(後項) の和で表される．対物レンズの倍率が高いほど，開口数が大きいほど浅い．

試料の凹凸が焦点深度よりも大きい場合は，ピントが合う部分以外はぼけて見えるので，全体を見るにはピント位置を変えながら観察しなければならない．

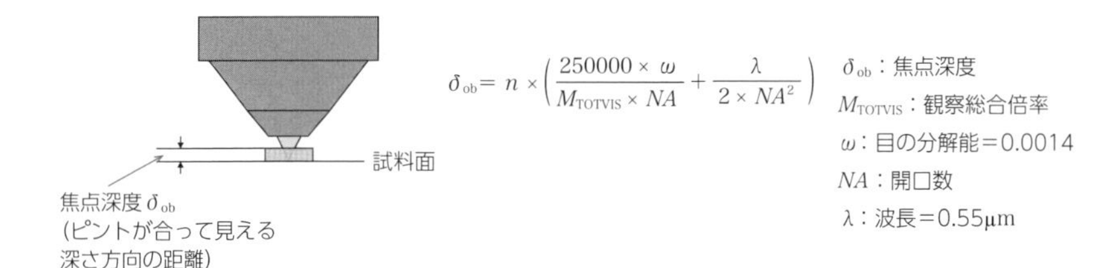

図 9.7　焦点深度

9.3.4　視野数，実視野と視野絞り

これらは像の共役関係にある．図 9.8 に実視野(観察している標本上の範囲)，接眼レンズの視野数(中間像の直径) と眼で見えるみかけの視野の大きさについての計算例を示す．接眼レンズが倍率 10 倍，視野数 22 mm，対物レンズが倍率 10 倍のとき（総合倍率 100 倍），実視野は ϕ2.2 mm，中間像は ϕ22 mm，みかけの視野は ϕ220 mm となる．中間像は対物レンズによる実像であって倒立像(試料と上下左右が逆方位) である．また，中間像を，接眼レンズを通して目で見る像は虚像であって，正立像（中間像と上下左右の方位が同じ）である．図中の文字 F は，中間像が倒立像，みかけの像が正立像（試料に対しては倒立像）なので，目視の像は試料に対して倒立像になる．ただし，鏡筒に正立鏡筒を組み合わせれば，像の向きが鏡筒内で反転するので，目視の像は試料に対して正立像になる．

視野絞りによって照明範囲を実視野に合わせることができ，たとえば視野絞りを小さくすると，明るさや焦点深度などは変わらず，照明範囲のみが小さくなる．

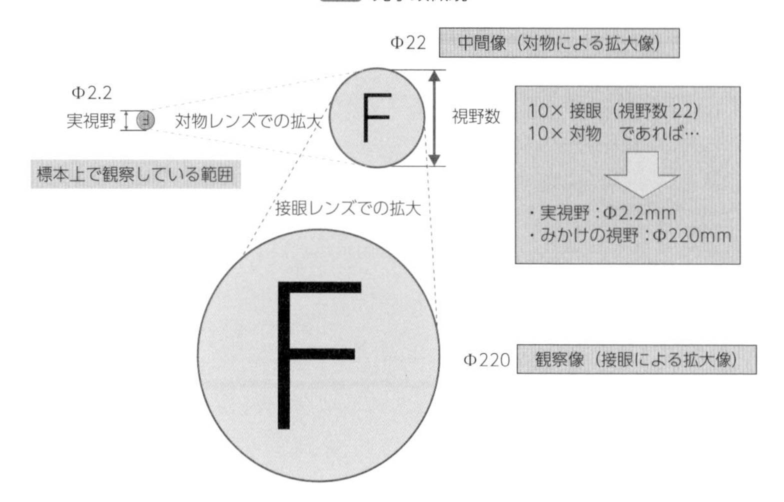

図 9.8 視野数とみかけの視野

9.3.5 対物レンズの瞳，開口数と開口絞り

これらは瞳の共役関係にある．開口絞りと対物レンズの瞳は，接眼レンズを抜き取ってスリーブの中を覗くと見ることができる．開口絞りを全開にすれば瞳の全体が見え，少し絞るとそこに開口絞りが見える．「対物レンズ瞳の直径＝ 2× 開口数 × 対物レンズの焦点距離」の関係があり，瞳の大きさは対物レンズごとに異なる．

瞳の共役関係は像の質に関係している．たとえば，開口絞りを瞳に対して小さくすると照明の開口数が小さくなることから，像のコントラストが強くなり，焦点深度が深くなり，明るさが暗くなる．

9.4 基本の操作法

試料を最良の光学性能で観察するためには，以下に示す基本的な操作や調整が不可欠である．試料の準備から基本調整までの手順を示す．

9.4.1 試料表面の確認

試料表面が酸化物で覆われてしまうと，素材の表面状態を見ることにならない．金属など酸化しやすい素材では，表面のエッチング処理などの前処理を必要とする場合がある．

9.4.2 試料の保持方法

観察する面が光軸に対して傾斜していると，像は片側がぼけてしまい視野全体のピントが合わないので，観察面は水平に保持しなければならない．

試料はそのままステージに載せる場合とプレート(台)に載せてからステージに載せる場合がある．プレートに載せる場合は観察面が傾かないようプレート上に粘土など可塑性の素材を置いて，その上に試料を載せて表面が水平になるようセットするとよい．

9.4.3　ステージの高さ調整

正立型顕微鏡のステージの標準の高さは，薄い試料に対してピント合わせしやすいように初期設定してある．試料に厚みがあるとピント合わせができないので，ステージホルダの固定ネジを付属のレンチで緩めて，試料の厚さ分だけステージ位置を下げて固定し直す．ただし，試料の厚みが調整範囲を超える場合は倒立顕微鏡が必要になる．

9.4.4　観察前の基本調整

試料をセット後に，明視野観察で以下の①〜⑧に示す調整を必ず行う．

①落射投光管の観察法切換ターレットの確認

光路切換は，BF（明視野），DF（暗視野）の二つのポジションが基本で，ユニットによってはDIC/POL（微分干渉，偏光）や蛍光フィルタ・ターレットの切替えが可能である．基本調整は明視野観察で行うので「BF」ポジションにする．

②ピント合わせと視野絞りの調整

目はアイポイントにおくことを意識する．まず，10× 対物レンズでピントを合わせる．試料面に凹凸があれば合わせやすく，平滑な場合は合わせにくい．正しくピントが合えば，視野絞りを絞ると絞りの像がはっきり見える．ピントが合わせ難い場合は，視野絞りを少し絞ってピント合わせ操作を行うと，試料面にピントが合ったときに，視野絞り像がはっきり見える．このように視野絞りをピント合わせに利用できる．

視野絞りが視野の中心にないときは，視野絞り心出し機構を使って視野の中心に合わせる心出し調整を行う．ピント合わせ後，視野絞りは視野よりわずかに広く（視野内に視野絞りが見えない程度に）調整する．適正な視野絞り径に調整するとノイズ光を低減させることができる．

③開口絞りの調整

接眼レンズのどちらか一方を抜いてスリーブを覗くと，対物レンズの瞳が見え，開口絞りはこの瞳上に見える．もし，開口絞り像が瞳の中心にないときは，開口絞り心出し機構で調整を行う．

開口絞りの大きさは瞳の直径に対して 70 〜 80％程度が適正である．瞳の直径は対物レンズによって異なるので対物レンズを切換えるごとに調整する．より絞るとコントラストが強くなるので，観察の際には見やすいコントラストになるよう再調整するとよい．

④視度調整

10× 対物でピント合わせができたら，ステージを下げないまま 50×（または 40×）対物に変換して，微動ハンドルでピントを合わせる．その後，再度 10× 対物レンズに戻し，焦準ハンドルにはいっさい手を触れずに，接眼レンズ部分の視度調整環で左右視野のピント合わせを行う．

対物レンズを 10× ⇒ 50×（40×）⇒ 10× と切り替える理由は，高倍率の対物レンズは試料側の焦点深度が浅いため，試料と対物レンズとの距離を適正に合わせることができること，そして低倍率の対物レンズは像側の焦点深度が浅いため，視度調整に適するからである．この調整で，対物レンズの倍率変換に対して同焦点に調整できるとともに，観察者の左右両眼の視度差の調整ができる．

撮影する場合は，この時点でカメラ側のモニタ画像のピントを確認し，カメラアダプタ側の焦点調整機構で観察像とモニタ像を同焦点に調整する．

⑤眼幅調整

鏡筒双眼部を両手で掴み，自分の左右の目と左右接眼レンズの中心を合わせる調整であり，両眼で見て視野が一つになるよう（両眼視になるよう）調整する．自然体のとき，人は約 1 m 前方を見ているといわれており，両眼の光軸は内側に向く（輻輳（ふくそう）眼球運動をする）のに対して両接眼レンズの光軸は平行である．遠方を見るよう意識すると，両眼の光軸が平行になり合わせやすくなる．

⑥照明の色を調整する

落射照明光源がハロゲンランプの場合，明るさ調整（ランプ電圧調整）で照明の色（色温度）が変わってしまう．照明の色は白色（色温度 5500 K）にセットするのが望ましく，所定のランプ電圧にして色温度変換フィルタを入れて設定する．LED ランプの場合は，色温度変換フィルタは不要である．

⑦観察する部位を決める

実視野が広い 5× もしくは 10× 対物レンズで見たい対象を見つけ，それが視野の中心になるようステージを調整する．

⑧観察する倍率に変換する

対物レンズを高倍率に変換する場合は，ステージの粗微動ハンドルには触れずにレボルバを切り替えて，変換後に微動ハンドルのみでピント合わせする．

9.4.5　倍率校正

対物レンズの実倍率は表示倍率に対して最大で数%程度の誤差がある．カメラモニターのスケール表示は，通常はカメラの画素サイズに基づく内部設定値で表示するので，撮影倍率の誤差に対する補正が含まれない．より正確なスケールを表示するには，図 9.9 に示す対物ミクロメーターを撮影してスケール長の校正を行う．

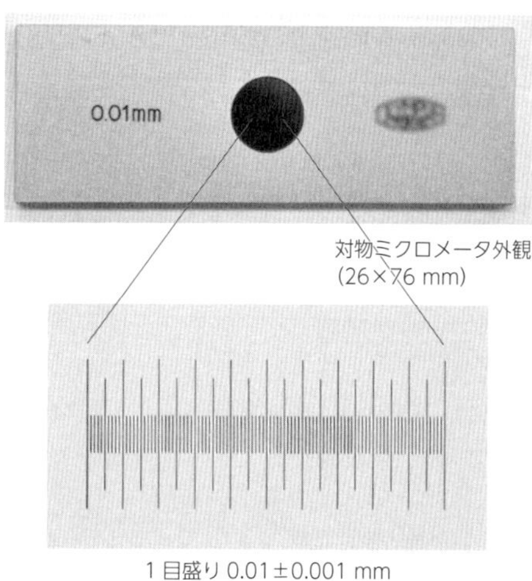

図 9.9　対物ミクロメータ

9.5　各種観察法の使い方と特徴

観察法は試料の何を見たいかでほぼ決まる．何が見えるかわからない場合は，明視野観察から試し，暗視野，微分干渉など他の観察法での見え方を比較する必要がある．どの観察法が見やすいか，見えにくいかの違いから，試料の何が見えているのかがわかってくる．

9.5.1　明視野観察（bright field：BF）

投光管の照明光路は「BF」ポジションである．観察する対物レンズに変換し，開口絞りを調整して見やすいコントラストにする．絞るほどコントラストがよくなるが，分解

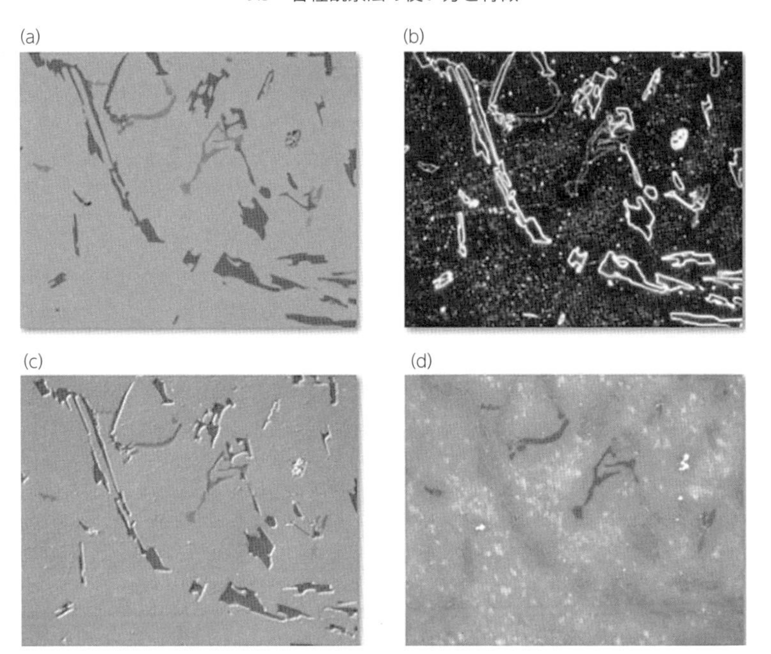

図 9.10　観察法によるコントラストの違い
ウエハ表面の傷や汚れの観察像．(a) 明視野，(b) 暗視野，(c) 微分干渉，(d) 偏光．

能が悪くなるので両方のバランスがよい見え方にする．

図 9.10 は，ウエハ表面の傷や汚れの像のコントラストが，観察法の違いによって異なる様子を示している．表面の反射率の違いが明暗や色のコントラストになって観察できる(図 9.10(a)明視野)．透明で平滑な薄膜の場合は反射による干渉色が見えることがある．見えにくい微細な凹凸や平滑な面は，暗視野，微分干渉などに切り替えて観察する．

9.5.2　暗視野観察(dark field：DF)

明暗視野用対物レンズ使う．投光管の照明光路を「DF」ポジションにする．さらに基本調整で行った各絞りの設定は解除し，開口絞り，視野絞りとも全開にする．暗視野像では，試料表面の微細な凹凸に照明光が散乱し，その散乱光の強弱で凹凸の大小を推定できる．明るいほど大きく(または，太く)見える．平滑な表面上の微小な凹凸を感度よく検出しやすい(図 9.10(b)暗視野)．

9.5.3　微分干渉観察(differential interference contrast：DIC)

照明光路は「BF」ポジションである．観察の前に正しい直交ニコルに調整する．直交ニコル調整とは，鏡面状の試料にピントを合わせて，ポラライザ，アナライザの二つの偏光板の振動方向を直交方位にすることである．開口絞りを全開にし，ポラライザ，アナライザを光路に入れて接眼レンズを抜き，対物レンズ瞳上に図 9.11 に示すようなアイソジャイア(黒い偏光干渉像)が適正な形になるようアナライザを回転調整する．

その後にDIC（微分干渉）スライダを入れる．スライダの調整ネジでコントラストが調整でき，最も立体感のあるコントラストにする（図9.10(c) 微分干渉）．図9.12 (b) 微分干渉に示すように明視野では見えない微小な凹凸がわかる．表面のうねりの有無は低倍対物レンズを使うと見やすい．注意すべきは，立体感はあくまでコントラストであって実際の凹凸ではない．試料の凹凸は，凹凸がわかっている他の部分のコントラストと比較して，同じコントラストであるかどうかで判定する．

DICスライダには「標準」「高コントラスト」「高解像」の3種類がある．通常は「標準」もしくは「高解像」タイプのスライダを使うとよい．「高コントラスト」タイプで観察すると，微細な形態が二重像として見えることがあるので注意する．

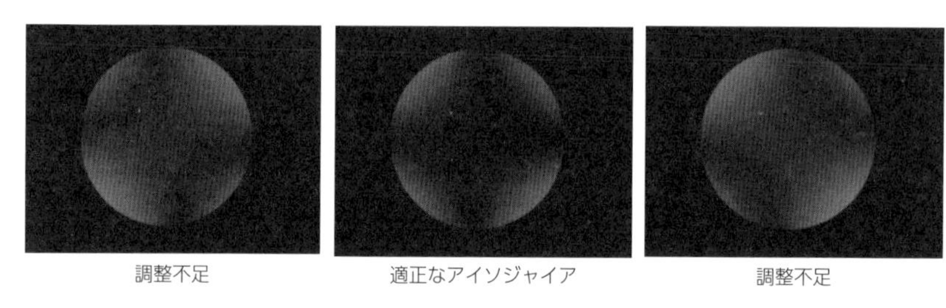

図9.11　直交ニコル調整とアイソジャイアの形

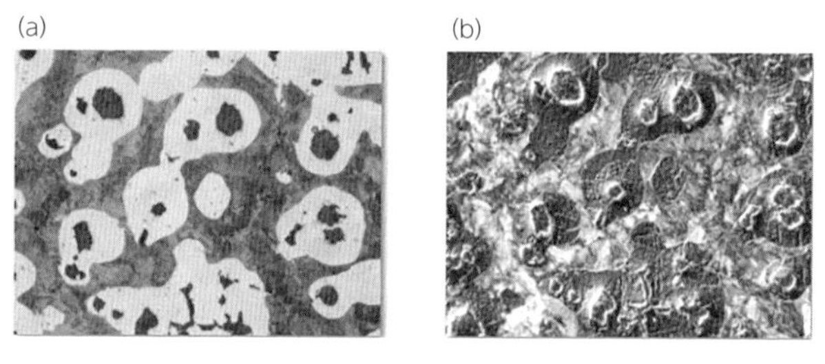

図9.12　明視野と微分干渉観察の比較

球状黒鉛鋳鉄．(a) 明視野，(b) 微分干渉．明視野では見えない微小な段差が微分干渉では見える．

9.5.4　蛍光観察（fluorescence：FL）

蛍光観察は，物質が光のエネルギーを吸収して蛍光を発する現象を利用する観察法で，試料に当てる光を励起光と呼ぶ．励起光の波長帯の違いで大きくU（ultra violet）励起，B（blue）励起，G（green）励起の3種類の励起法がある．励起法ごとに蛍光フィルタが異なり，その切換えは投光管の観察法切換えターレットで行う．また，光源の水銀ランプは適正に心出し調整しておく．

固体表面の観察は異物観察のことが多く，U励起法で観察することが多い．紫外線励起では，有機物の多くは自家蛍光を発しやすいため，図9.13(b)蛍光 に示すような自家蛍光が検出できる．蛍光観察は暗視野なので見えるのは蛍光だけになる．そこで，図9.13に示すように，暗視野観察と同時観察にして，視野全体の形態も一緒に観察する方法がある．また，傷や亀裂の部位だけを蛍光で観察する方法（蛍光探傷法）では，蛍光ペンでインクを塗ってからすぐにふき取る簡便な方法でも観察できる．

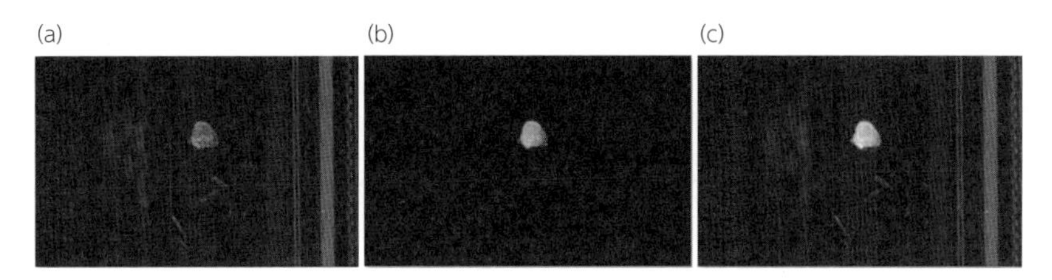

図 9.13 蛍光，暗視野とその同時観察の比較

ウエハ上のフォトレジストの残渣．(a) 暗視野，(b) 蛍光，(c) 暗視野＋蛍光．暗視野では異物のある部位はわかるが，蛍光は見えない．蛍光では，自家蛍光のみ見えて部位が見えない．同時観察で両方見える．カバー袖にフルカラー図を掲載．

9.5.5 偏光観察（polarized light：POL）

照明光路は「BF」ポジションである．微分干渉観察同様に観察の前に正しい直交ニコルに調整する．このときポラライザの振動方向は視野に対しては水平方向である．

試料表面が磁気光学効果をもつと，直線偏光が反射して円偏光や楕円偏光に変わり，そのリターデーションを偏光干渉コントラストとして観察できる．リターデーションは図 9.14 に示すように直交する二つの電気ベクトルの位相ずれ量で，円偏光や楕円偏光に含まれる．リターデーションのある部位は，ステージを回すと 45°ごとに明暗に変化する．

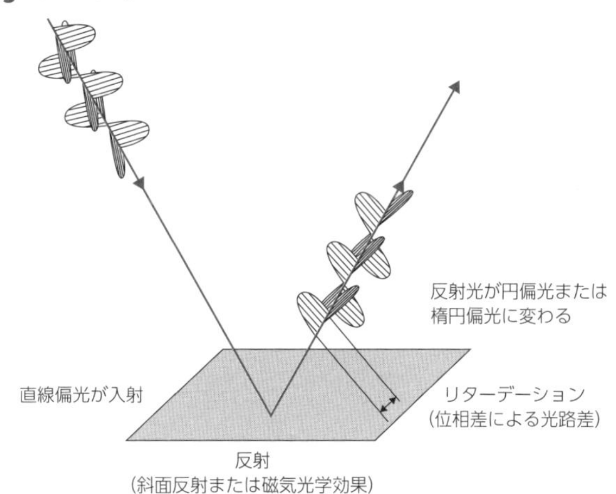

図 9.14 リターデーション

磁気光学効果がない試料表面でも，微細な斜面（または溝）の反射光が楕円偏光になる場合があるので，暗視野または微分干渉観察で表面の凹凸を評価しておくと参考になる．カラフルな鋭敏色の干渉色で観察を行う場合には，鋭敏色板つきポラライザを使うか，ポラライザとハーフミラーの間に鋭敏色板を入れる．

また，図 9.10(d) 偏光の像のように，明視野観察でコントラストが弱い試料に対して，アナライザを回してコントラストを強調する使い方もある．

9.5.6 透過明視野観察

ステージ下側のコンデンサから透過照明光を当てて観察する方法．コンデンサにある開口絞りで像のコントラスト調整をする．不透明な部分を影やエッジ像として観察できる．

9.5.7　同時観察

図 9.15 に明視野，暗視野とその同時観察の例を示す．他に「蛍光＋暗視野」「透過＋明視野」なども可能で，明るさをバランスよく調整することでそれぞれの利点を生かした複合的な像を観察することができる．

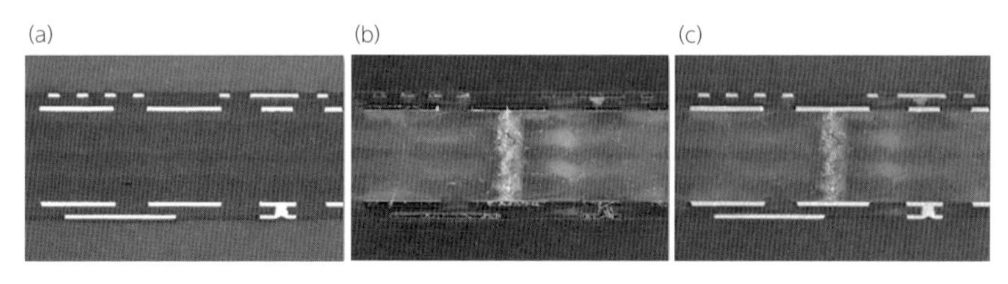

図 9.15　明視野，暗視野とその同時観察
プリント基板断面．(a)明視野，(b)暗視野，(c)明視野＋暗視野．明視野では電極部のみが見える．暗視野では基板素材の層とスルーホールが見える．同時観察で両方見える．

9.5.8　画像処理ソフトの活用

撮影した画像に対して各種の画像処理ソフトを活用できる．計数や計測のほか，二値化，コントラスト強調，ノイズ除去，画像の自動重ね合わせなど多様であり，目的に合った画像処理ソフトと適切な画質で撮影できるカメラを組み合わせるとよい．

図 9.16 の例は，焦点深度よりも大きな凹凸のある試料でピント位置を変えて複数の像を撮影し，全視野でピントが合った画像(図 9.13(d)全焦点画像)に合成している．

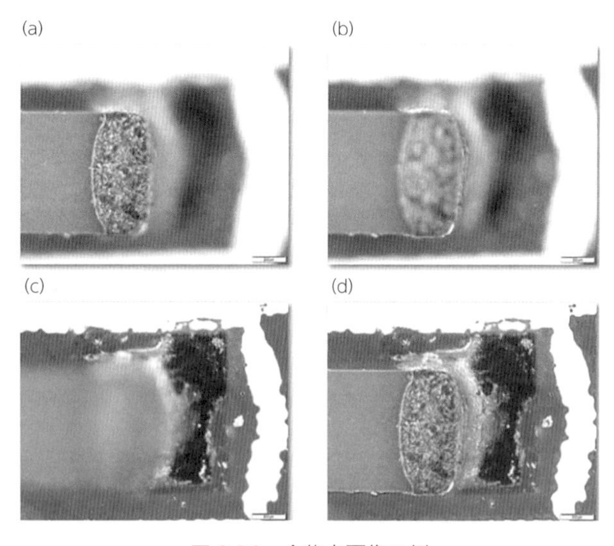

図 9.16　全焦点画像の例
プリント基板上の凹凸．(a)最上部の焦点像，(b)中段部の焦点像，(c)最下部の焦点像，(d)全焦点画像．

9.6 何が見えるか

金属顕微鏡で見えるのは，試料面で反射した光の干渉色，回折光，散乱光，蛍光による像が重なりあったものである．これらと観察法との対応をまとめると表 9.3 になる．見えるコントラストが何に起因するかがわかりにくいときは，あらかじめ見え方のわかっている他の試料の像と比較することでわかる場合もある．

①開口数に応じた分解能で，観察している部分の形が見える

分解能以上の大きさの形態が，大きさを見分けられる像として見える．

②試料表面の反射率の違いが見える

像の明暗や色は試料の反射率の違いを示すことがある．照明の強度を上げても像が暗黒な場合はその部位は光を吸収しているといえる．

③試料表面で生ずる光の干渉が見える

基板上の薄膜や薄い層状の液体では，表面反射と裏面反射の光が干渉して，像に干渉色や干渉縞を生ずる．

④試料表面の凹凸やうねりが見える

明視野観察で見えない表面の微細な凹凸やうねりは，微分干渉観察で見ることができる．微分干渉像は，偏光 2 光束シアリング光を照射し，試料面の凹凸やうねりの傾斜部分で反射する際に生じる偏光の干渉像である．リターデーションで十数 nm を超える位相差を生ずる凹凸や傾斜があれば，コントラストがついて観察できる．

⑤試料の微細な段差や傷が見える

微分干渉観察でも見えない微小な傷や段差は，暗視野観察で見ることができる．開口数よりも大きな角度で照明光を当てるので，検出力が高く，数 nm の傷や段差を見つけることができる．

⑥反射によるリターデーションが見える

表 9.3 見えるものと観察法

見えるもの	観察法	検出能	特徴
表面の反射率の違いによる 光の強弱	明視野	分解能(開口数)に依存する	反射率の違いが，像の明暗や色のコントラストになる．
薄い透明体の反射による 干渉縞	明視野	十数 nm の厚さ	厚さが波長程度のときは干渉縞が見える．干渉縞が見えない場合は，厚いか非常に薄いかのいずれかになる．
微細な凹凸やうねりによる 光の位相差	微分干渉	十数 nm の段差	凹凸に対して高感度． 立体感のあるコントラストになる．見かけの凹凸感と実際の凹凸は，一致しないことがある．
微細な凹凸による散乱光，回折光	暗視野	数 nm の段差	高感度（分解能以下の大きさを検出可）． 大きな段差が明るく，小さな段差は暗く見える．大きな段差の近くにある小さな段差は見えないことがある．
斜め反射，磁気光学効果による楕円偏光のリターデーション	偏光	十数 nm のリターデーション	旋光や楕円偏光以外は見えないので，明視野観察と違うコントラストになる．
異物などの自家蛍光	蛍光	十数 nm の微粒子など	高感度（分解能以下の大きさを検出可）．暗い視野の中で，試料の蛍光が光って見える．

偏光観察では十数nm程度のリターデーションが明暗や色で見える．また，試料面に複屈折性がなくとも，光は斜め入射によって反射光がわずかに楕円偏光になるため，明視野観察では見えにくい微細構造を見やすく観察することにも応用できる．

⑦試料の自家蛍光が見える

多くの物質は紫外線波長を吸収して自家蛍光を発する．物質により蛍光波長は異なるが，励起光の照射で蛍光を発すれば見ることができる．暗視野像であるため，暗視野観察同様に検出力が高い．検出したいものだけを蛍光標識(蛍光染色)し，励起法を選択することで，その蛍光像だけ(自家蛍光に対して特異蛍光と呼ぶ)を見ることもできる．

9.7 おわりに

「よく見えない」「観察できない」のは，多くは像のコントラストが弱すぎるからである．試料の前処理も含めた観察法の見直しや工夫で改善しないときは，「光学顕微鏡では見えない」と考えがちだが，レンズやフィルタなどの光学系に汚れがあると不要な散乱光を生じて，コントラストを悪くすることがある．レンズが汚れていてはよい像は得られない．ほこりや酸，湿度の少ない環境に設置することはもちろん，実験室の維持管理プログラムに定期的なクリーニングも組込まれているのが望ましい．

レンズのクリーニングには，無水アルコールなどの有機洗浄液，レンズペーパー，綿棒などを使う．分析者が自分でできるように練習しておくことも大切である．

【参考文献】

1) 稲澤譲治他監，『顕微鏡フル活用術イラストレイテッド』，秀潤社(2000)．

2) 朝倉健太郎他編，『材料解析・顕微鏡研究者のためのマクロ観察と新型顕微鏡技報Q&A』，アグネ承風社(2010)．

3) 辻内順平他著，『最新光学技術ハンドブック　普及版』，朝倉書店(2012)．

4) 小瀬輝次他編，『光工学ハンドブック』，朝倉書店(1986)．

5) 早水良定，『光機器の光学Ⅰ，Ⅱ』，日本オプトメカトロニクス協会(1989)．

6) B. Dougla et al, “Fundamentals of Light Microscopy and Electronic Imaging Second Edition,” WILEY-Blackwell (2013).

【参考ウェブサイト：顕微鏡各社のウェブサイト』(2021年1月現在)】

・オリンパス㈱
https://www.olympus-ims.com/ja/microscope-solutions/
https://www.olympus-lifescience.com/ja/support/learn/
https://www.olympus-lifescience.com/ja/microscope-resource/

・㈱ニコンソリューションズ
https://www.nsl.nikon.com/jpn/learn-know
https://www.microscopyu.com/

・カールツアイス㈱
http://zeiss-campus.magnet.fsu.edu/

・ライカマイクロシステムズ㈱
https://www.leica-microsystems.com/science-lab/science-lab-home/

10 電子顕微鏡（TEM, SEM, EPMA）

中野裕美（豊橋技術科学大学教育研究基盤センター）

10.1 はじめに

電子顕微鏡（electron microscope）は，大きく二つに分類される．一つは透過型電子顕微鏡（transmission electron microscope：TEM），もう一つは走査型電子顕微鏡（scanning electron microscope：SEM）である．TEM は，球面収差補正 TEM（Cs-corrected TEM）の出現により低加速・高分解能が実現され，水素原子の観察や，1 原子からの元素分析が可能になった．SEM のほうは，高真空 SEM から低真空 SEM まで幅広い用途のものがある．最近では大気圧 SEM の開発により，大気圧のまま湿った試料や溶液中の試料も観察できるようになった．

本章では，汎用タイプの TEM, SEM, および電子線マイクロアナライザー（electron probe（X-ray）micro analyzer：EPMA）を中心に，装置原理から像観察，電子回折図形の解析，元素分析手法など，データを示しながらわかりやすく解説する．

10.2 透過型電子顕微鏡

10.2.1 透過型電子顕微鏡で何がわかるか

TEM でわかること，観察できることを以下に示す．

①低倍率では，組織，粒子形状，粒子サイズ，凝集度合が観察できる．
②高倍率では，原子配列，結晶配向，格子欠陥，積層欠陥，局所の結晶構造などを電子回折図形と組み合わせて判断できる．
③電子回折図形により，非晶質か結晶質かの判断，微小の回折反射と高分解能像の組み合わせによる長周期構造の判断ができる．ストリークスによる積層欠陥，他の回折法と組み合わせて結晶系，空間群の判断ができる．
④エネルギー分散型 X 線分光（energy-dispersive X-ray spectroscopy：EDS）の検出器を取り付けたものは，原子レベルでの元素分析や元素分布（マップ）情報を取得できる．
⑤電子エネルギー損失分光（electron energy-loss spectroscopy：EELS）の検出器により，軽元素の分析や元素の化学結合状態がわかる．

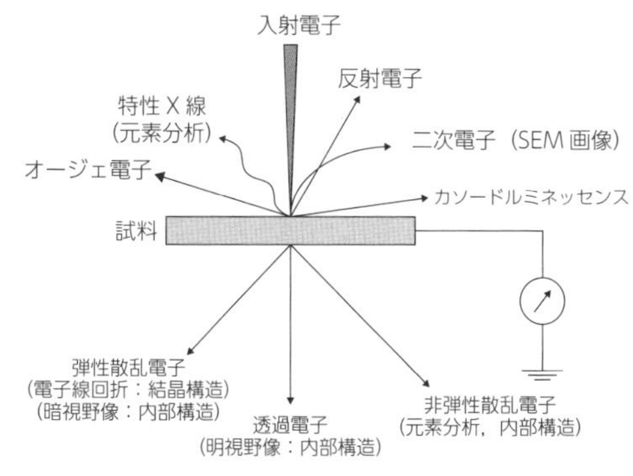

図 10.1　電子線と試料の相互作用

10.2.2 透過型電子顕微鏡の原理

真空中で電子線を試料に照射すると，図 10.1 のように各種の情報が得られる．TEM では，その中の透過電子と弾性散乱電子を主に用いる．弾性散乱電子は，入射電子が試料中の原子との

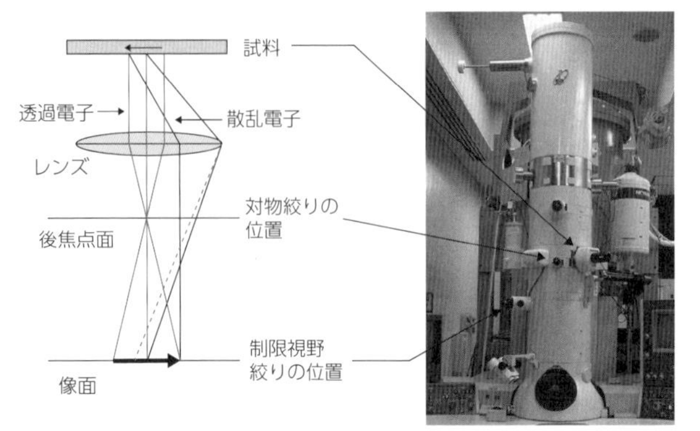

図 10.2 光線図と透過型電子顕微鏡装置

相互作用による散乱で進行方向を変えて通過したものである．一方，非弾性散乱電子は，入射電子が試料中の原子の電子と相互作用し，エネルギーを少し損失して通過したものである．

TEM は，電子銃で電子を発生させ，加速電極で加速し，その電子線を電子レンズにより収束または拡大して観察する装置である．電子銃には，タングステン，LaB_6 単結晶，ショットキー，冷陰極電界放出などあり，輝度，光源サイズ，エネルギー幅，エミション安定性などが異なる．電子銃のタイプは SEM の項で詳しく説明する．

図 10.2 に光線図と透過型電子顕微鏡装置を示す．TEM の分解能を式で表すと次式になる．

$$ds = 0.65\ Cs^{1/4} \lambda^{3/4} \quad (ds：点分解能,\ Cs：球面収差係数,\ \lambda：波長) \tag{10.1}$$

この式から，分解能をよくするためには，波長(λ)もしくはレンズの球面収差(*Cs*)を小さくする必要があることがわかる．球面収差が存在するということは，図 10.2 の光線図に点線で書かれているように，レンズの中心を通る電子線よりも，レンズの外側を通る電子線の焦点距離が短くなることを意味する．以前は，加速電圧を上げた 1000 kV 以上の超高圧電子顕微鏡により分解能を向上させていた．最近では，球面収差（*Cs*）を補正する透過型電子顕微鏡が開発されたことにより，水素原子までもが観察できる時代になった．Cs- 補正 TEM は，通常の TEM に比べて磁場や電流変動などの影響を大きく受けるため，設置する部屋環境を整備しないと，本来の分解能を得ることは難しい．

10.2.3 観察用試料作製法

TEM 観察においては，薄片試料作製が最も重要な作業であり，これにより TEM データの良し悪しが決まる．試料作製方法は多岐にわたり，ノウハウも多い[1,2]．ここでは粉体試料，無機材料試料，金属試料，生物試料の代表的な方法のみ記載する．(1) 以外は熟練が必要な作業である．

(1) 粉体試料

粉体試料の最も簡単な観察法として最も簡単な観察法として，粉体をそのままマイクログリッド貼り付けメッシュ（直径 3 mm）に載せる方法がある．メッシュは銅製のものが多く，メッシュサイズ，形状，Mo 製などを用途に応じ使い分ける．粉末を溶媒(エタノールなど)に分散させて 1 滴メッシュにたらすか，水面に浮遊している粉をメッシュですくい，メッシュをよく乾燥させた後，観察する．

(2)無機材料

無機材料は，集束イオンビーム(FIB)装置，イオンミリング装置などを使い，試料を観察位置に合わせて薄片化する．FIB を使えば最も短時間で薄片試料が得られるが，ダメージ層を除去する作業が重要になる．イオンミリング装置は，前作業として直径 3 mm にカッティング，ディンプラー加工工程があり，最後に小さい孔をあけ，その周辺を観察する．

(3)金属試料

金属試料の観察の代表的なものに電解研磨法がある．試料を陽極として電解し，電解液中に金属を溶解させて薄片化する手法で，溶解させる液が金属により異なるため，適した溶液を用いることが重要である．

(4)生物試料

生物試料は，樹脂包埋法と超薄切片法(ミクロトーム)の組み合わせがよく用いられている．ミクロトームは，ガラスナイフまたはダイヤモンドナイフを用いて，包埋試料を電子線の透過可能厚み(50～100 nm)以下の薄片にカットし，メッシュで試料をすくい上げる．

10.2.4　クライオ電子顕微鏡法

2017 年にノーベル化学賞の受賞対象となったクライオ電子顕微鏡についても少し触れる．通常の電子顕微鏡では真空中で観察するため，水分を含んだものは蒸発してしまうので観察ができない．これに対し，クライオ電子顕微鏡法は水に溶けている分子を観察する手法である．凍った観察試料を冷やしながら電子顕微鏡で観察するので，生物のタンパク質の構造解析を可能にした．ノーベル賞受賞者らは，たくさんの顕微鏡像から立体構造(3D 像)を構築することにより，解析の精度を向上させた．

10.2.5　アライメント

TEM の性能を最大限に引き出すためには，各種レンズの電子光学系を観察時に調整する必要があり，ここではフィラメント軸，照射系レンズ，結像系レンズの三つの軸調整について主に記載する．

(1)フィラメント軸調整

これは毎日調整する必要はなく，継時劣化に応じてフィラメントから発生する電子線を効率よく得るために，適時調整すればよい．

(2)照射系レンズ

像質を向上させるため，集束可動絞りを挿入し，電子線が同心円状に広がるように位置設定をする．

(3)結像系レンズ

対物レンズと結像系レンズの電子光学中心軸を合わせることにより，フォーカス変更時の像の逃げをなくし，像質を向上できる．高倍率撮影時には対物レンズの非点収差の補正が重要である．マイクログリッドメッシュの支持膜上または試料の非晶質領域で，TEM像（または装置によりフーリエ変換イメージ）を確認し，非点収差を補正する．図10.3に非点収差補正前後の写真を示す．非点収差の補正をせずに高倍率写真撮影をすると，本来の分解能は出ない．

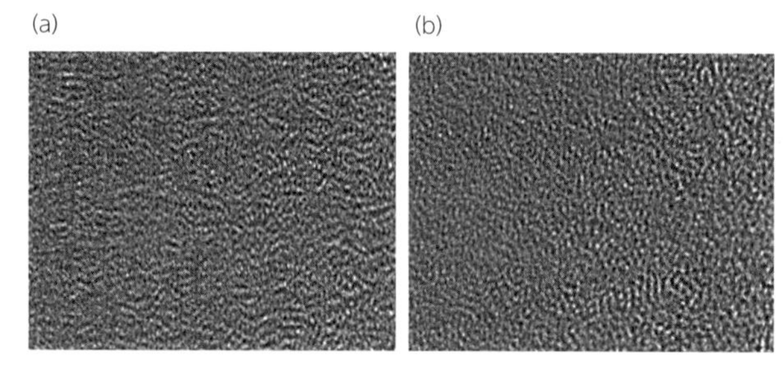

図10.3 支持膜のTEM像で非点収差補正前後を比較
(a)非点収差あり，(b)非点収差補正後．

10.2.6 像・組織観察

TEM像を観察するためのコントラストは，大別すると散乱，回折，位相コントラストがある．

(1) 散乱コントラスト

散乱コントラストは，電子線の一部が散乱するもので，原子の種類により散乱量が異なる．重い原子ほど散乱されやすいので，コントラストのない生物試料を重金属で染色するのは，このためである．

(2) 回折コントラスト

結晶性の試料に照射した電子線が特定の方位にブラッグ反射したものが，回折反射である．この回折反射に対物絞りを入れて結像させると，回折コントラストにより暗視野像が得られる．

(3) 位相コントラスト

平行な電子線で薄い試料を照射し，透過電子線と散乱電子線の両方が通過するように対物絞りを用いると，像にコントラストが生じる．透過波と散乱波の位相がわずかに異なることにより生じたコントラストを位相コントラストと呼び，高分解能像の観察ができる．

レンズには球面収差があるために（図10.2），正規の焦点より長くして下側に像を形成するように(アンダーフォーカス)写真を撮影する．そうすると，像にコントラストがついて，原子配列が正確に反映される．

アンダーフォーカスにするということは，対物レンズのレンズ電流値を小さくしてレンズを弱く働かせ(球面収差の効果を弱くする)，原子からの散乱波の位相をずらしていることに対応する．このとき，観察試料が十分に薄ければ，原子番号の大きい原子列は，より濃い黒のコントラストを示す．加速電圧に応じた最適なフォーカス値（Δf：焦点はずれ量）は式（10.2）から計算できる．この最適値はシェルツァーフォーカスと呼ばれ，この値で撮影するときれいな構造像が得られる．

$$\Delta f = 1.2\ (Cs\lambda)^{1/2} \tag{10.2}$$

図 10.4 にアンダーフォーカスとオーバーフォーカスの写真を示す．この写真は，わかりやすくするためにフォーカスをやや大きくずらして撮影している．フリンジの違いで判断でき，一般的にアンダーフォーカスで撮影する．アンダーフォーカスでは像との間に白い線が出る．オーバーフォーカスの場合には像との間に黒い線が出る．

界面観察の際に必要な技術として，電子ビームに対して垂直に界面を立てるエッジオン観察がある．中でも，自形をもたない粒子や丸い形状の粒子どうしで形成される界面観察においては，初心者には少し難しいテクニックであるが，正確に界面層を観察するためには必要な技術である．

図 10.5 に AlN セラミックスの 3 粒子界面の写真を示す．図 10.5(a) は I の粒子に II や III の粒子が重なり，中心部分の粒界三重点が観察できない．それに対し，図 10.5(b) では，三重点がすっきり観察できている．

エッジオン条件にするには，試料厚みの薄い箇所で，粒子界面に現れるフリンジが両側に均等に出るように，試料を傾斜して調整する．試料の厚い個所での観察はフリンジが出にくく，粒界が直線的でない場合にはエッジオン観察は容易ではない．

CCD や CMOS カメラによる撮影や保存が簡便になり，素子の性能が向上したことにより，以前のようなフィルムでの撮影はほぼ見かけなくなった．

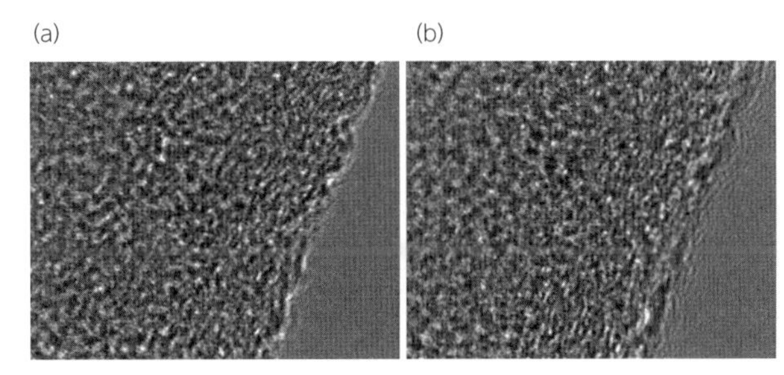

図 10.4 アンダーフォーカスとオーバーフォーカスの違い
(a) アンダーフォーカス，(b) オーバーフォーカス．

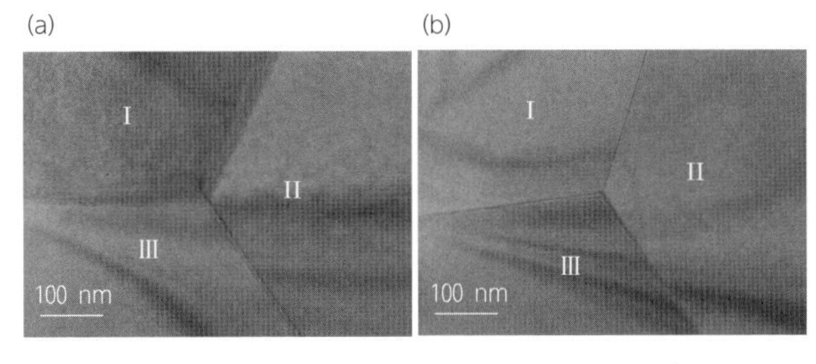

図 10.5 AlN セラミックスの粒子界面観察
(a) I の粒子に II やⅢの粒子が重なっている，(b) エッジオン条件．

10.2.7 電子回折図形と解析法

電子回折図形を正確に観察するためには，中間レンズ位置に制限視野絞りを入れ，規定のレンズ電流値にセットし，フォーカスを触らずに回折点を絞る必要がある．フォーカスを触るとレンズの焦点距離が変化してカメラ定数がずれるため，正確に解析できなくなる．

電子回折図形を解析するためには，金を標準物質として使用し，図 10.6 のような多結晶回折図形（デバイリング）を各カメラ長で撮影する．このデータをもとに未知試料の解析が可能になる．表 10.1 のように，Au（Cubic：$a = 0.4078$ nm）の多結晶回折図より R_1 から R_4 を測定し，これにそれぞれの格子定数(d)を掛け，カメラ定数($R \times d$)を算出しておく．次に観察試料（たとえばAl：立方晶 $a = 0.4050$ nm，図10.7）の回折反射間の距離（R_x，例：7.75 mm）を測定する．カメラ定数（例：1.57）を測定した回折間の距離（R_x）で割ると，観察試料の d_x（格子間隔例：0.2025 nm）が算出できる．観察試料の格子定数がわかっていれば，回折反射の hkl 指数を計算できる．

電子回折図形は逆格子であるため，逆格子ベクトルは実格子（TEM像）の hkl 面に垂直になる．電子回折図形へのミラー指数 hkl は，かっこ（　）はつけず，2点の回折反射を記載すれば十分である．最後に2点の回折反射 $h1k1l1$ と $h2k2l2$ を用いて晶帯軸 $[uvw]$ を計算する．

$$u = k1 \times l2 - l1 \times k2,\quad v = l1 \times h2 - h1 \times l2,\quad w = h1 \times k2 - k1 \times h2 \tag{10.3}$$

（$h1k1l1$）から（$h2k2l2$）に回したとき右ねじが進む方向が $[uvw]$ の方向になる．図10.7の場合，晶帯軸[001]が計算で求められる．

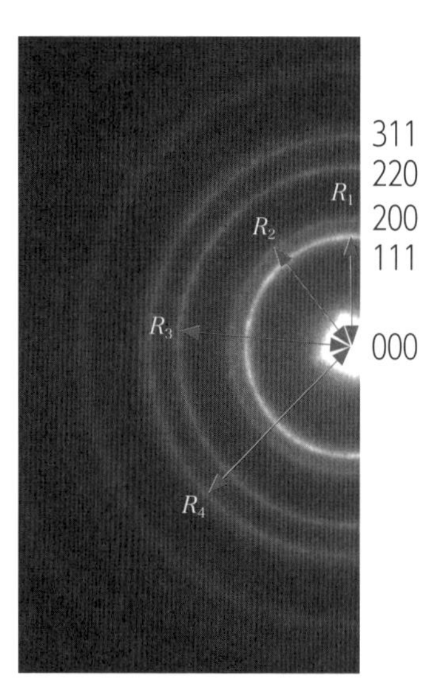

図10.6　Au（fcc）の多結晶リング

表10.1　カメラ定数（$R \times d$）の求め方

hkl	d（nm）	R（mm）測定例	$R \times d$
111	0.2355	R_1 6.7	1.58
200	0.2039	R_2 7.7	1.57
220	0.1442	R_3 10.9	1.57
311	0.1230	R_4 12.8	1.57
		平均値	1.57

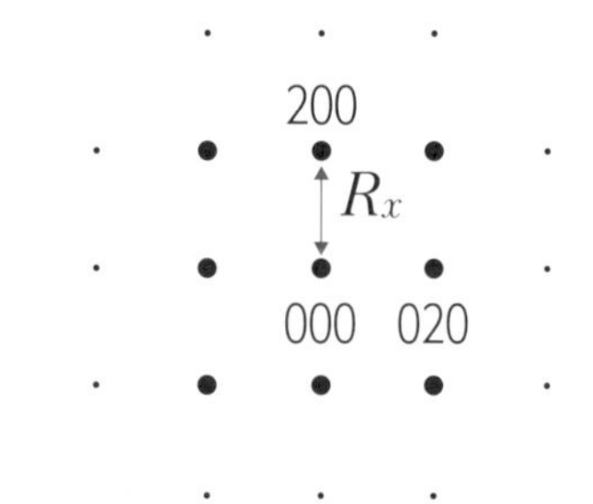

図10.7　Alの電子回折図

10.2.8　元素分析定性分析と状態分析

図10.1に示したように，電子線が試料に照射されると，元素との相互作用によりX線が発生する．中でも特性X線は，図10.8に示すように，入射電子のエネルギーにより内殻電子が励起され，空いた電子殻に他の電子軌道より電子が補われて定常状態にも戻る際，過剰なエネルギーとして放出されるX線である．

特性X線は元素固有のエネルギーをもつため，元素分析に用いることができる．電子顕微鏡にEDS検出器を取り付ければ，電子ビームを絞って目的の箇所に照射することにより，ナノスケール領域の元素分析ができる．TEMの場合は0.1 μm以下の薄片試料であるため，深さ方向からの情報は考慮しない．

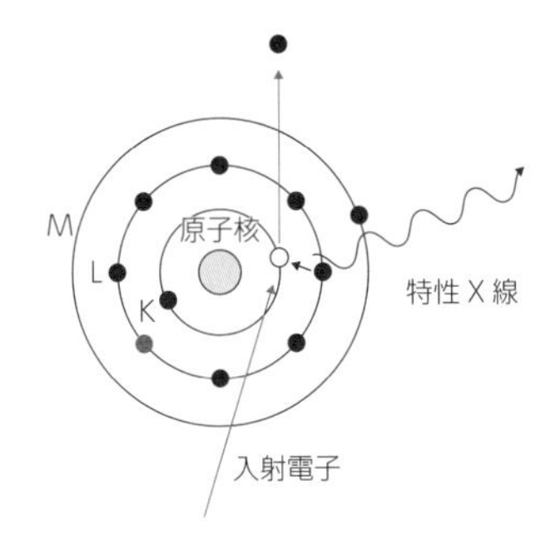

図 10.8　ナトリウム(Na)原子モデルを使った特性 X 線の発生

過去には，液体窒素冷却を必要とするシリコン・リチウム検出器が多く見られたが，近年では液体窒素不要のシリコンドリフト検出器も増え，管理しやすくランニングコストも低く抑えられるようになった．EDS により元素マップを取得することもできるが，長時間電子ビームを照射すると，試料ダメージ，試料ドリフト，試料汚染(コンタミネーション)が発生するため，測定には注意を要する．通常は，鏡筒内の汚染を防止するために，液体窒素トラップを用いる．

図 10.9 に，Li-Nb-Ti-O 系固溶体（Ti 15 mol%）の周期構造をもつユニークな材料について，TEM 像，Ti の元素マップ，電子回折図形を示す[3)]．この固溶体は 7.5 nm 間隔で周期的に $[Ti_2O_3]^{2+}$ によるインターグロース層が自己組織的に導入される材料で，電子回折図形には，周期構造により出現したサテライト反射が観察できる．元素マップからも，インターグロース層では Ti が母相より過剰に存在していることが確認できる．通常，1 原子列の元素マップの撮影には時間がかかる．最近では，観察中の像の微動(ドリフト)を自動補正できるシステムが TEM に導入されており，像のずれを軽減できるようになった．

EDS とともに電子顕微鏡で多く利用されている分析手法に，EELS がある．図 10.1 に示したように，試料を透過した電子が原子との相互作用により，その電子のエネルギーを失う非弾性散乱過程に着目し，エネルギー損失を生じた電子の分光を行うものである．EELS では元素の同定ができ，一部の元素については，ケミカルシフトと呼ばれる化学結合状態によるシフトを検出することができる．EDS と EELS を比較すると，軽元素は EELS が，重元素は EDS のほうが感度は高いので，分析目的に応じて使い分ける必要がある．

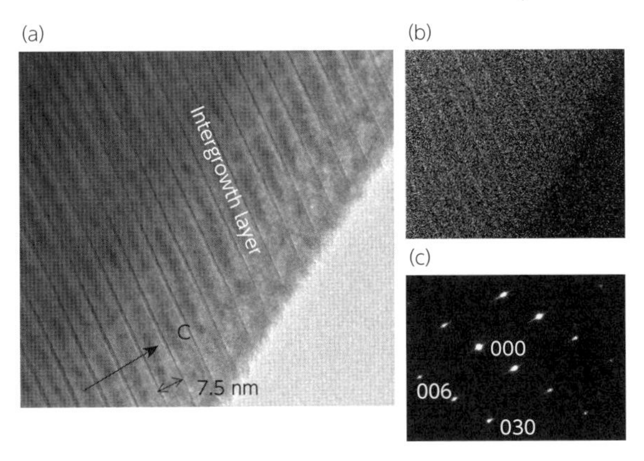

図 10.9　Li-Nb-Ti-O 系固溶体の周期構造
(a)[100]方位からの TEM 像，(b)Ti マップ，(c)電子回折図形．

図 10.10 に高角度散乱暗視野(high-angle annular dark-field：HAADF)の原理図を示す．低角度（< 50 mrad）に散乱された電子は，主に非弾性散乱電子と弾性散乱電

子から形成される．一方，高角度（> 50 mrad）に散乱された電子は，弾性散乱電子が急激に減少し，格子振動による熱散漫散乱電子（エネルギー損失 0.1 eV 以下の非弾性散乱電子）が支配的になる．走査型透過電子顕微鏡法（scanning transmission electron microscopy：STEM）を組み合わせて，高角度に散乱された電子を図 10.10 のような円環状の検出器で検出することにより，STEM-HAADF 像を得ることができる．HAADF 像の強度は原子番号の 2 乗に比例するとされているので，重い原子がより明るく観察され，軽い原子は見えにくい．高角度散乱電子を使うので散乱断面積が小さく多重散乱がないため，また電子波の干渉効果が結像に関与していない(非干渉像)ため，像の解釈が容易である．分解能は試料上の入射ビームのサイズでほぼ決まり，Cs- 補正 STEM の装置では 0.05 nm を切っている．

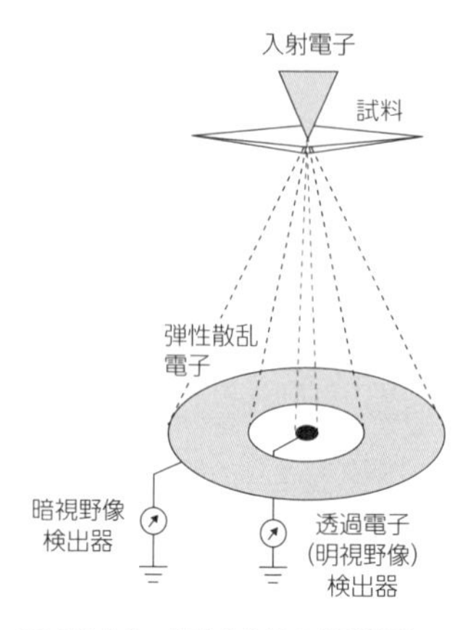

図 10.10　HAADF の原理図

図 10.11 に Li-Nb-Ti-O 系固溶体(Ti 20 mol%)の STEM-HAADF 像と EELS データを示す．図 10.11(a)でインターグロース層が暗く見えるのは，母相の組成とは違い，$[Ti_2O_3]^{2+}$ 相による原子番号の差である．EELS データは，母相中とインターグロース層の Ti の $L_{2,3}$ エッジに着目したデータであるが，母相で現れたシャープな t_{2g} ピークがインターグロース層では検出できていない．このことから，母相では Ti^{4+} イオンであり，インターグロース層では Ti^{3+} により形成されていることがわかった[4]．このように，STEM-EELS データより原子スケールでのイオン価数の情報を正確に得ることができる．

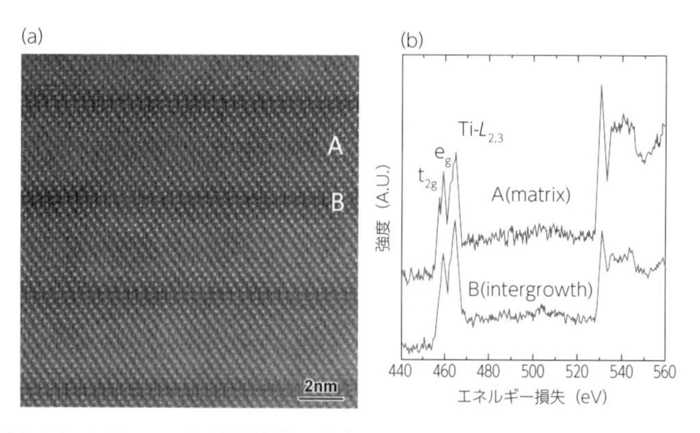

図 10.11　Li-Nb-Ti-O 系固溶体の(a)STEM-HAADF 像と(b)EELS データ

10.2.9　三次元的な TEM 像の構築(電子線トモグラフィー)

10.2.4 項でも記載したように，生物試料や高分子材料の三次元解析に，電子線トモグラフィーが注目されている．電子線トモグラフィーとは，試料を連続的に傾斜して取りこんだ TEM 像を，コンピュータ上で画像処理することにより得られる三次元の

TEM 像である．できるだけ大きく傾斜した像のほうが，たとえば ±60 ° よりも ±80 ° 傾斜した像のほうがより正確な三次元像を構築できる．そのため，TEM の分解能を上げるよりも，試料傾斜を重視した TEM のポールピースを選択する必要がある．

最近では，ソフトウエアの進歩により，約 30 分程度で数百枚の傾斜像を自動的に取りこむことができるようになった．三次元構築ソフトウエアには，傾斜軸位置を自動的にアライメントする機能，計算結果から三次元形状分布やさまざまな断面での切り口を表示する機能など，多彩な機能が含まれている．

10.3　走査型電子顕微鏡

10.3.1　走査型電子顕微鏡で何がわかるか

SEM でわかること，観察できることを以下に示す．

①ミリスケールの低倍率から高倍率まで固体表面の状況や組織観察ができる．
②焦点深度が深く，試料の傾斜により立体的な画像も得られる．
③検出器(エネルギー分散型 EDS)を取り付けたものは，ミクロスケールで元素分析や，元素分布(マップ)が観察できる．
④エレクトロンチャンネリングパターン検出器(EBSD)を使用することにより，微結晶の方位マップ図を撮影できる．

10.3.2　走査型電子顕微鏡の原理

SEM の装置概略図を図 10.12 に示す．電子線を試料に照射すると，図 10.1 に示したように，二次電子や反射電子が飛び出す．SEM はそれらの電子を用いて結像させる装置である．

一般に，SEM には拡大レンズがなく，倍率は電子線の試料への走査面積 (幅) に対応する．それぞれの発生深さは，電子ビームの強さ(加速電圧)や試料の構成元素に依存し，加速電圧の高いほど，また構成元素が軽いほど発生深さは深くなる．TEM の場合は薄片試料のため，発生深さを気にする必要はないが，SEM の場合には，図 10.13 に示すように，情報が発生した領域 (深さ，広さ) を考える必要がある．図 10.13 は発生領域

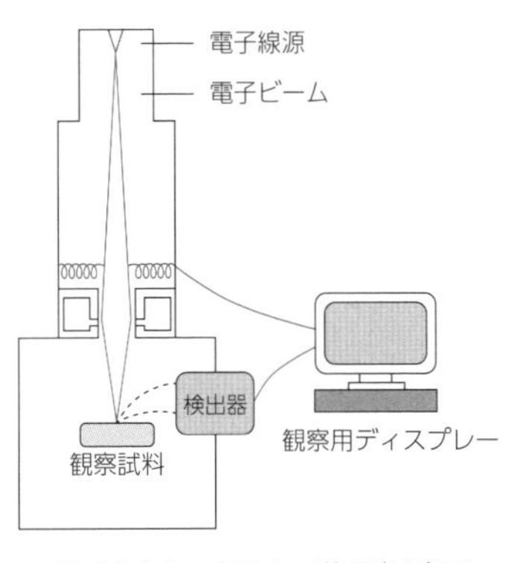

図 10.12　SEM の装置概略図

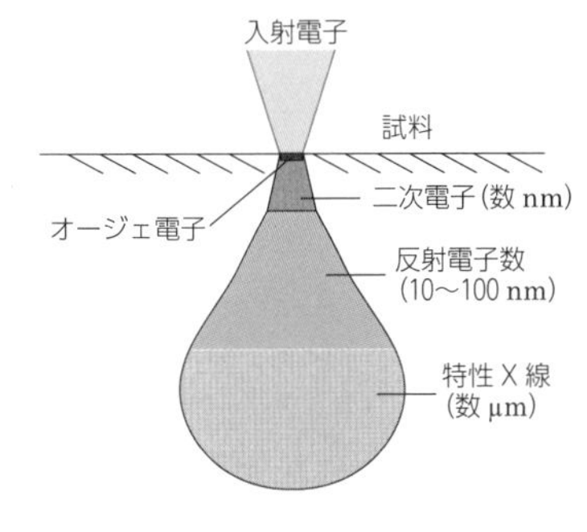

図 10.13　各エネルギーの試料から放出される領域

の深さを示すためにわかりやすくイラストにしたものである．特性X線は数μmの深い領域からも発生するが，もちろんそれより浅い領域からも発生する．二次電子のエネルギーは数十eV以下と小さく，発生のしやすさは表面形状に依存するため，試料形状が細かく観察でき，二次電子発生量の差が白黒のコントラストになる．一方，反射電子は，試料の組成(原子番号，結晶方位など)に依存して発生するため，像のコントラストから組成分布を読み取ることができる．また，反射電子は，試料の傾斜が大きくなるほど電子反射率が大きくなるため，凹凸像を観察しやすい．

電子銃には，タングステンヘアピン型（W），LaB_6型熱電子銃，電界放出型（FE）電子銃，ショットキー電子銃がある．表10.2にSEM用の電子銃の特性比較を示す．FE電子銃が最も輝度が高く，高い分解能が得られる．ショットキー電子銃もまた，高機能でしかもFE電子銃に比べて安定性が高いので，X線分析に適している．

表10.2　SEMの電子銃の特性比較

電子銃	W	LaB_6	FE	ショットキー
輝度(A/cm^2・sr)	10^6	10^7	10^9	10^8
光源の大きさ(μm)	20	10	0.005	0.02
最大照射電流(目安)	10 μA	10 μA	数nA	数百nA～数μA
真空度(Pa)	～10^{-4}	～10^{-5}	～10^{-9}	～10^{-7}
寿命	50～100時間	500～1000時間	1年以上	1年以上
陰極温度(K)	2800	1800	室温	1800

10.3.3 観察用試料作製法

通常のSEM観察試料は，電子線照射による帯電（チャージアップ）を防止するため，導電性のないバルク試料の場合には，図10.14のように試料台に導電テープで固定した後，表面を金属などでコーティングする必要がある．コーティング材料は，カーボン，金，白金，オスミウムが代表的である．高倍率観察時には，コーティングされた金粒子が見えてしまうため，オスミウムを薄くコーティングするほうがよい．また，カーボンコーティングは，主に元素分析時に用いられるが，導電効果は他に比べて低い傾向がある．導電ペーストを使用する場合には，SEM観察前に十分にペースト中の溶剤成分を乾燥する必要がある．

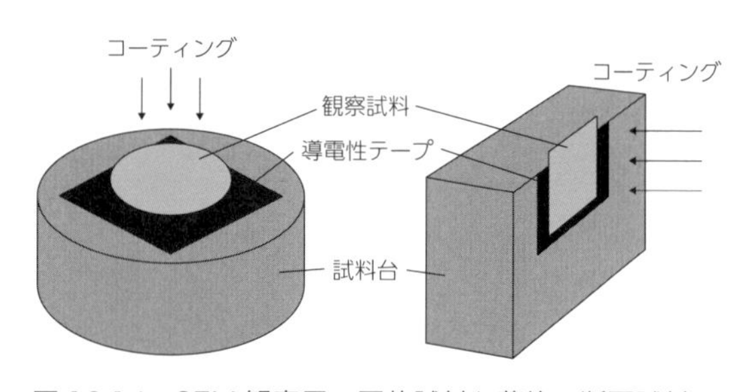

図10.14　SEM観察用の固体試料と薄片の断面試料

試料への金属コーティングを避けたい場合は，低加速電圧や，あるいは数Paから数100 Paの低真空モードで観察できる装置を使用することにより，試料帯電を抑えて観察することができる．

磁性材料の観察は，電子レンズ系に影響を及ぼし，粉末試料の場合には観察中に飛散して電子レンズに付着する場合もある．このため，粉末試料の場合は樹脂などで固定するか，高分解能 SEM（セミインレンズ，インレンズタイプ）での観察は避けたい．

10.3.4 像・組織観察

良い SEM 像を得るためには，目的に応じて加速電圧，コンデンサーレンズ電流，対物絞りの孔径，作動距離など，さまざまな条件を最適化する必要がある．

ここでは，像質に差が出やすい条件として，加速電圧，真空度，試料傾斜について記載する．加速電圧と像質の関係を表 10.3 に示す．図 10.15 にα-アルミナを加速電圧 20 kV と 2 kV で撮影比較した SEM 像を示す．表 10.3 で示したような像質の差が顕著に表れている．加速電圧を下げると，粒子表面状態が観察でき，チャージアップを防げるが，像の分解能は下がる．これは，加速電圧を下げると電子線量が少なくなり，像質（コントラストや S/N 比）を確保するために，電子ビームを細く絞って観察することができなくなるためである．

表 10.3 加速電圧の像質に及ぼす影響

像質に関する項目	加速電圧が低い	加速電圧が高い
表面構造	鮮明	不鮮明
分解能	低い	高い
試料ダメージ	低い	高い
チャージアップ	減る	増える
微細構造のコントラスト	出やすい	出にくい

鏡筒は真空になるように真空ポンプにより排気しているが，その真空度は，高真空から低真空まで用途に応じてさまざまなものがある．真空ポンプについては 8 章を参照されたい．水分を含む試料は，10 ～ 3 Pa 程度の高真空 SEM 中では水分が蒸発して試料形状がひずむため，低真空 SEM での観察が必要である．

真空度を変えて撮影した，つつじの花びらの SEM 写真を図 10.16 に示す．二次電子はエネルギーが弱く，低真空の場合には鏡筒中のガスで散乱されるため，結像には反射電子を使用する．低真空（650 Pa）の場合にはきれいな細胞の形状が観察されるが，30 Pa に真空度を上げると水分が飛んで干からびた様子に変化し，全く違う SEM 像になっている．このように，水分を含有する材料は，真空度を下げて観察しないと，本来の形

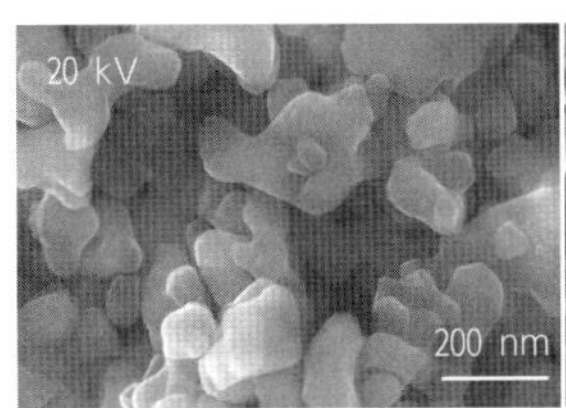

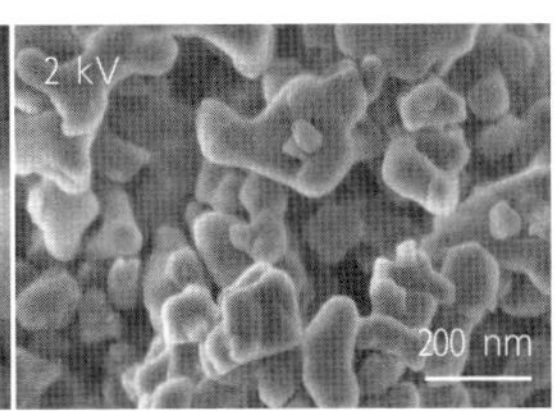

図 10.15 加速電圧 20 kV と 2 kV で撮影したα-アルミナ粒子の二次電子像

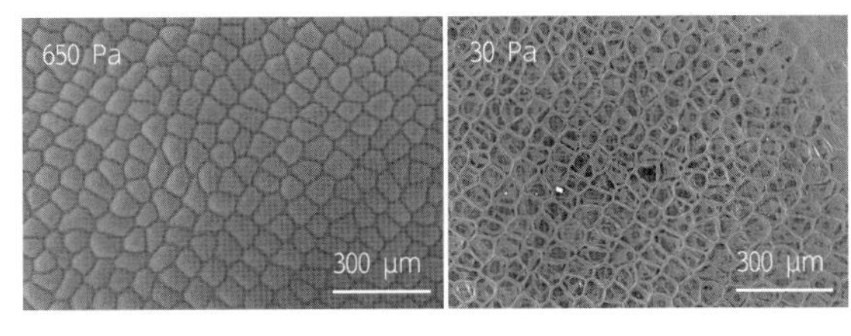

図 10.16 真空度を 650 Pa と 30 Pa で撮影したつつじの花びらの SEM 写真

状を把握することができない．

固体試料をさまざまな方位から観察したい場合には，図10.14 のように断面用試料台を用いたり，包埋樹脂に埋めてカットしたりと，試料の観察面を変えて撮影する場合も多い．また，試料台を傾斜することにより，ある程度の角度までの観察が可能である．図 10.17 に 500 円玉を傾斜して観察した SEM 像を示す．試料台を SEM 中で傾斜すると，より立体的な像が観察される．ただし，測長する場合には傾斜なしで行うべきであり，傾斜した場合には，傾斜角度による長さのずれを補正する必要がある．また，試料傾斜により二次電子放出効率を上げて，絶縁物試料の帯電をある程度抑えることも可能である．

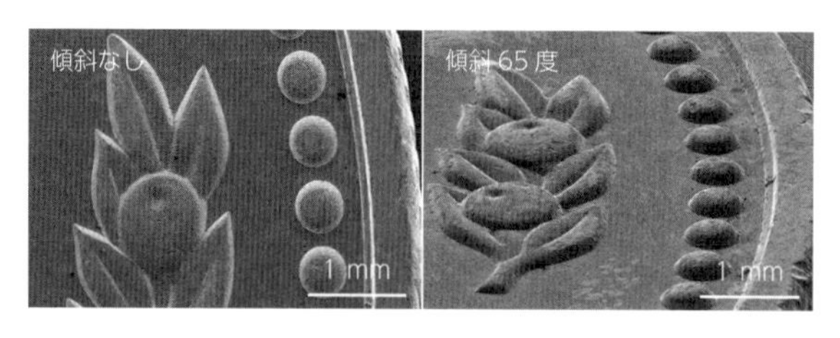

図 10.17　傾斜を変えて撮影した 500 円玉の SEM 写真

10.3.5　元素分析：定性分析と定量分析

図 10.1 に示したように，試料に電子線が照射されると，元素に固有のエネルギーをもって試料から特性 X 線が発生し，その発生領域は図 10.13 に示すように数 μm の試料深さから検出器に入る．元素分析における分析領域の判断は重要であり，一つの観察粒子から分析したつもりでも，実は周りからの情報を含んで検出している場合がある．

あらかじめ拡散領域を調べておく手段として，図 10.18 のノモグラムを用いた算出方法がある．たとえば Si の場合，加速電圧を 20 kV で測定すると，Si 試料中（密度 2.33 g cm^{-3}）で約 5 μm 範囲に電子線が広がることを示している．軽元素のほうが重元素に比べて電子線の広がりは大きい．

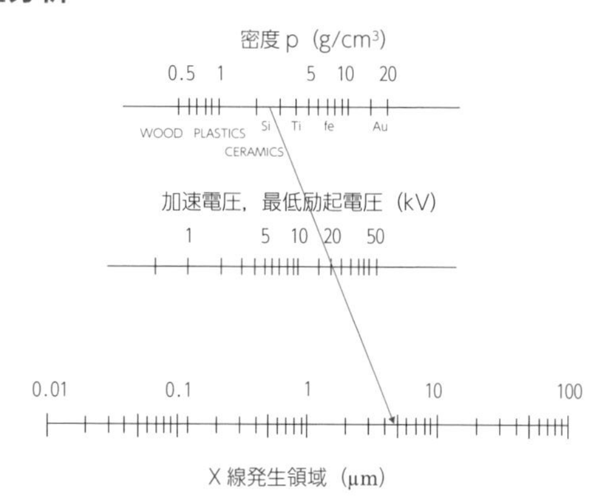

図 10.18　電子の拡散領域を導くためのノモグラム
日本電子(株)提供．

検出器は，10.2.8 項でも記載したエネルギー分散型 X 線分光器（EDS）と，波長分散型 X 線分光器（wavelength dispersive X-ray spectrometer：WDS）がある．前者は半導体検出器と多チャンネル波高分析器の組合せで，後者は分光結晶による波長分散機構と比例計数管の組合せで構成されている．一般的に，SEM には EDS を装着した装置が多く，専用の電子光学系を備えて WDS/EDS 装置を装着したものは電子線マイクロアナライザー（electron probe (X-ray) micro analyzer：EPMA）と呼ばれ，後の章で詳しく述べる．

図 10.19 に，AlN セラミックスの二次電子像，反射電子像，元素（Y）マッピング像，EDS 分析結果を示す．チャージアップを防ぐため，オスミウムを 10 nm コーティングして観察した．反射電子の発生効率は原子番号に依存するため，明るいコントラストは

暗いコントラストよりも原子番号の高い元素で構成されている．粒子界面の白く見える個所は，AlN 焼結時に焼結助剤 Y_2O_3 を添加したことにより形成された Al-Y-O 系の液相成分であり，Y の元素マップの結果からもわかる．

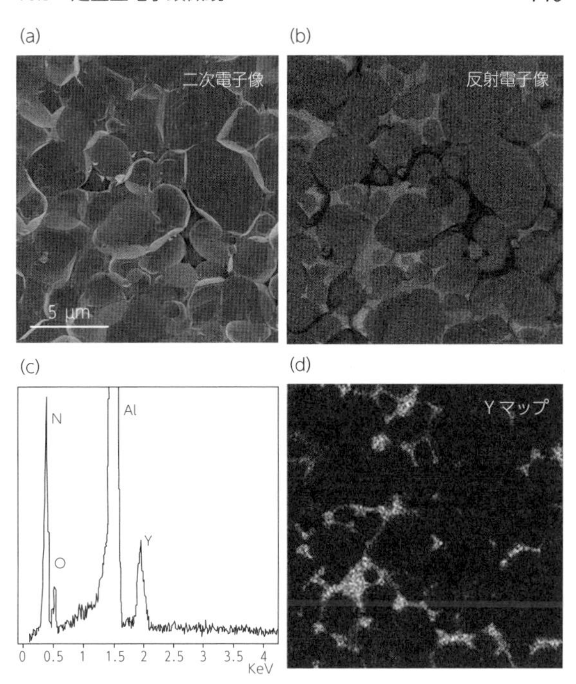

図 10.19　AlN セラミックスの分析例
(a) 二次電子像，(b) 反射電子像，(c) EDS による元素分析，(d) Y の元素マップ．

最近では，検出器の性能や解析ソフトが向上した結果，比較的短時間で元素マッピング像が得られるようになった．図 10.20 に加速電圧 7 kV と 15 kV で，さまざまな電子銃を用いて測定した Ag 元素マッピング図を示す．7 kV の FE 電子銃では，プローブ径を十分に小さくできるため，X 線空間分解能が向上し，Ag 粒子形状が判別できている．これに対し，15 kV の FE 電子銃では周りからの情報を含んでしまい，Ag 粒子はぼやけた映像になっている．7 kV のときは，W 電子銃ではプローブ径を小さくすると情報量が少なくなり，正確な情報は得られない．

定量分析は，一般に標準試料からの特性 X 線の強度データと比較して行う．EDS による定量分析は WDS に比べてエネルギー分解能が悪く，ピークの重なりもあるため，ピークの重なりの分離状況で精度が決まる．また微量元素においては，精度は悪くなる傾向にある．EDS による定性・定量分析では，次のような元素については，ピークの重なりに注意を要する．

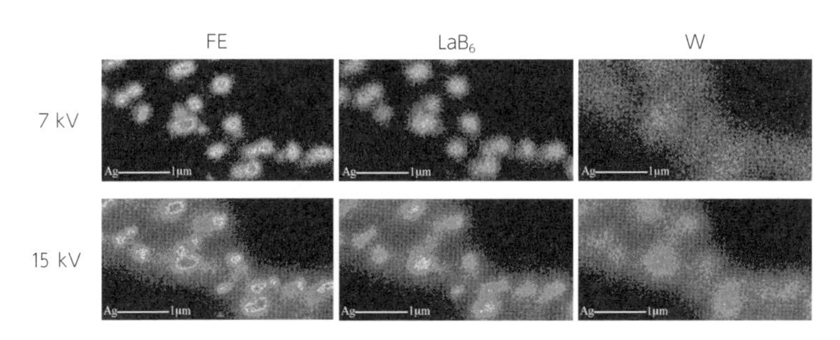

図 10.20　電子銃の比較
FE，LaB_6，W 電子銃の SEM により測定したはんだ中の Ag 元素マッピングの比較．
日本電子(株)提供．カバー袖にフルカラー図を掲載．

①軽元素の K 線と重元素の L 線

Na-Kα と Zn-Lα，Si-Kα と Sr-Lα，S-Kα と Mo-Lα や Pb-Mα など．

②隣り合う元素

Ti-Kβ と V-Kα，Fe-Kβ と Co-Kα，V-Kβ と Cr-Kα，Co-Kβ と Ni-Kα など．

EDS による定量分析の利点は，すべての元素を同時に検出するため，短時間測定が可能であること，また WDS に比べて照射電流量が小さくてよいことがあげられる．表 10.4 に EDS と WDS の特性比較を示す．図 10.21 に，EDS と WDS による材料の測定事例を示し，ピーク形状，性能を比較する．EDS はエネルギー分解能が低いため，ピークがブロードである．またバックグラウンドが高いために，本来含有されている In が EDS では検出できていない．このスペクトルから，検出感度は EDS のほうが低いことがわかる．

表 10.4　EDS と WDS の特性の比較

	WDS	EDS
分析対象元素	(Be)，B ～ U 複数の分光結晶を用いて分析	Be ～ U 1 つの分光器で全元素分析
分析条件	大電流により，微量元素分析可能 (10^{-9} ～ 10^{-5} A)	SEM 観察条件の少ない電流でも分析可能(10^{-12} ～ 10^{-7} A)
検出感度(検出限界)	高い (100 ppm ＝ 0.01 mass % 程度)	低い (1 mass % 程度)
エネルギー分解能	高い(10 eV 程度)	低い(130 eV 程度)
試料形状	試料の凹凸に敏感	試料の凹凸にあまり影響されない

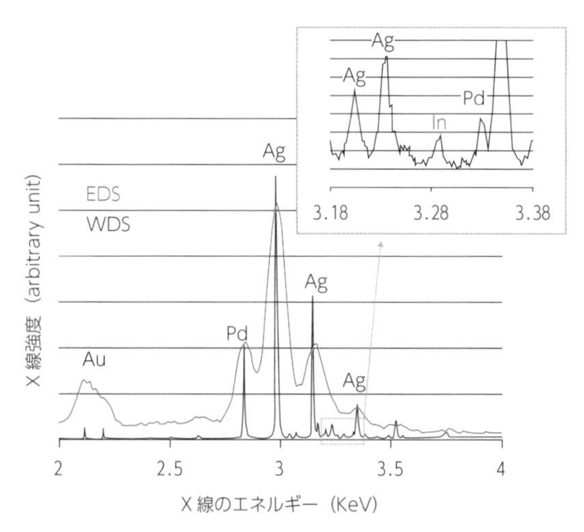

図 10.21　EDS と WDS スペクトルの比較

日本電子(株)提供．

10.3.6 電子線マイクロアナライザーによる分析

過去には，X線マイクロアナライザー(X-ray micro analyzer：XMA) とも呼ばれていたが，現在は電子線マイクロアナライザー(electron probe(X-ray)micro analyzer：EPMA) で統一されている．最近では，SEM に EDS を装着した装置も EPMA と呼ぶ場合もあるが，一般に EPMA は観察よりも分析を目的にしており，通常の SEM よりも大きい観察試料を分析する目的で設計されているため，アウトレンズタイプで分解能が低く，高倍率観察には不向きである．ここでは，EPMA 専用機で検出器が WDS であるものを中心に記述する．

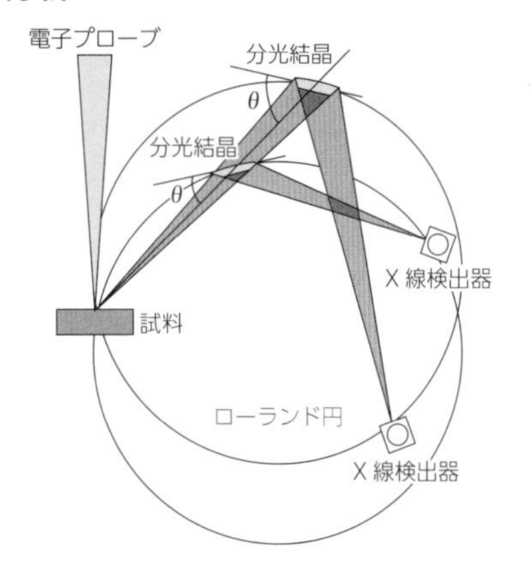

図 10.22 WDS のゴニオメータの原理図

図 10.22 に WDS のゴニオメータの原理図を示す．ブラッグの条件（$n\lambda = 2d \sin\theta$）を満たすように，試料表面，分光結晶，X 線検出器が一つの円周(ローランド円)上に位置している．このローランド円上からはずれると，検出感度は大きく低下する．表 10.4 に記載したように，WDS が試料の凹凸に影響を受けやすいのはこのためである．全元素を分析するためには，面間隔の異なる複数の分光結晶が必要になる．軽元素である Be ～ F については，人工超格子分光素子などが開発され，感度は従来の分光素子に比べ数十倍に向上している．

WDS では一部の元素で状態分析もできる．一例として Fe，FeO，Fe_2O_3 の区別ができる．これは，表 10.4 に記載しているように，WDS のエネルギー分解能の高さによるもので，EDS 分析ではこの差は検出できない．

10.4 おわりに

レーウエンフックが顕微鏡を最初に発明し，生涯で 500 体の顕微鏡を制作したともいわれており，ミクロの世界を見ることのできる顕微鏡の出現により，研究は一気に加速した．現在，原子レベルの世界を観察する技術は劇的に進化し，より簡便に使いやすくなっている．

しかし，観察用装置がいくら進化しても，出てきたデータを鵜呑みにすることはできない．目的に応じた観察試料のための前準備が重要である．特に，透過型電子顕微鏡の薄片観察試料の作製スキルは高度で，ひずみやコンタミが入ることを避け，原子レベルの撮影に適した薄片にする必要がある．また，高倍率での観察は，狭い領域からのデータであり，「木を見て森を見ず」にならないよう，全体像を低倍率で観察しておくことも大事な作業である．最新の装置は，タッチパネル形式で，コンピュータ画面上での操作が増え，作業は簡便化しているが，装置の理論を理解して使用することで，より正確なデータを得ることができる．

【参考文献】

1) 日本電子顕微鏡学会関東支部編，『先端材料評価のための電子顕微鏡技法』，朝倉書店(1991).

2）医学・生物学電子顕微鏡技術研究会編，『よくわかる電子顕微鏡技術』，朝倉書店(1992).
3）H. Nakano et al, *J. Ceram. Soc. Jpn.*, **119**(**11**), 808 (2011).
4）H. Nakano et al, *Materials*, **11**, 987 (2018).
5）堀内繁雄他，『電子顕微鏡 Q&A』，アグネ承風社(1996).
6）日本金属学会編，『材料開発のための顕微鏡法と応用写真集』，日本金属学会　(2006).
7）進藤大輔，平賀賢二，『材料評価のための高分解能電子顕微鏡法』，共立出版(1996).
8）進藤大輔，及川哲夫，『材料評価のための分析電子顕微鏡法』，共立出版(1999).
9）今野豊彦，『物質からの回折と結像』，共立出版(2003).
10）日本表面科学会編，『透過型電子顕微鏡』，丸善(1999).
11）日本電子顕微鏡学会関東支部編，『走査型電子顕微鏡の基礎と応用』，共立出版(1983).
12）日本表面科学会編，『電子プローブ・マイクロアナライザー』，丸善(1998).

11 プローブ顕微鏡

小林　圭（京都大学大学院工学研究科）

11.1 はじめに

走査型プローブ顕微鏡（Scanning Probe Microscope：SPM）は，先鋭な探針を試料表面のごく近傍に近接させたときに生じる探針－試料間相互作用を検出し，これを一定に保つように探針－試料間距離を制御し，探針または試料を二次元的に走査することによって表面形状像を取得する顕微鏡である．

SPMは，1981年にスイスのチューリッヒにあるIBM社の研究所でBinnigとRohrerらによって開発された走査型トンネル顕微鏡（Scanning Tunneling Microscope：STM）に端を発する[1]．彼らは1986年にノーベル物理学賞を受賞した（このとき同時に同賞を受賞したのは電子顕微鏡を開発したRuskaである）．STMの開発から数年後の1985年に，上記のBinnig，スタンフォード大学のQuate，IBM社のGerberらによって，相互作用をSTMのトンネル電流から相互作用力に置き換えた原子間力顕微鏡（Atomic Force Microscope：AFM）が開発された[2]．STMの測定対象は導電性をもつ試料に限られるため，最も力を発揮するのは金属・半導体の表面物理化学の研究分野であるのに対し，AFMは試料の制約が少なく，有機材料や生体分子も測定対象となる．また，AFMをベースとしたさまざまな顕微鏡法が開発されたことで多角的測定が可能となっており（表11.1），現在ではSTMよりAFMのほうが幅広い分野で用いられている．

そこで本章では，AFMを中心にその測定原理，装置構成，データの解析方法，装置を使う際の注意点などについて述べる．

表11.1　さまざまな走査型プローブ顕微鏡（SPM）

名称	プローブ信号（相互作用量）
走査型トンネル顕微鏡（STM）	トンネル電流
原子間力顕微鏡（AFM，SFM）	探針に垂直にはたらく力
摩擦力顕微鏡（FFM，LFM）	探針の走査方向にはたらく力
導電性AFM 走査型広がり抵抗顕微鏡（SSRM）	電流
静電気力顕微鏡（EFM） ケルビンプローブ力顕微鏡（KPFM，KFM，SKPM）	静電気力（表面電位）
超音波顕微鏡（UAFM） 原子間力超音波顕微鏡（AFAM）	接触粘弾性
磁気力顕微鏡（MFM）	漏洩磁場
走査型容量顕微鏡（SCM）	静電容量（微分容量）
近接場光学顕微鏡（SNOM，NSOM）	近接場光

11.2 SPMの原理

図 11.1 (a) および (b) に，一般的な SPM である STM および AFM のブロック図をそれぞれ示す．SPM では探針－試料間の距離を精密に制御する必要があるため，SPM 装置は周囲の振動の影響を受けないようコンパクトに作られている．探針および試料の相対位置は XY ステージやモータ (Z 軸) などの粗動機構と，圧電素子 (高電圧をかけると伸び縮みする素子) を用いた 3 軸 (XYZ) の微動機構によって制御される．これらの機構は，探針側，試料側のどちらかに備えていればよい (図 11.1 では粗動機構，微動機構のいずれも試料側に描かれている)．

SPM では，まず粗動機構を用いて，先鋭化した針 (プローブ) を試料表面に近接させ (アプローチ)，相互作用検出系によって探針－試料間にはたらく何らかの相互作用 (プローブ信号) を検出する必要がある．たとえば STM ではプローブ信号はトンネル電流であり，相互作用検出系は電流アンプ (電流－電圧変換回路および対数アンプ) となる．いったん相互作用が検出されると，フィードバック制御回路においてプローブ信号を目標値と比較し，目標値と一致するように Z 軸用の圧電素子を用いて探針－試料間の距離を精密に制御する．このとき，XY 軸用の圧電素子に三角波電圧をかけてラスター (ジグザグ) 走査すると，Z 軸用の圧電素子にかかっている電圧を画像化した表面形状像がコンピュータのスクリーンに描画される．通常，X 軸がラスター走査における高速走査軸，Y 軸を低速走査軸とする (図 11.1 (a))．

SPM には一般に二通りの画像取得モードがある．一つは上記の相互作用を一定に保って表面形状像を取得する相互作用一定モード (STM ではトンネル電流一定モード，

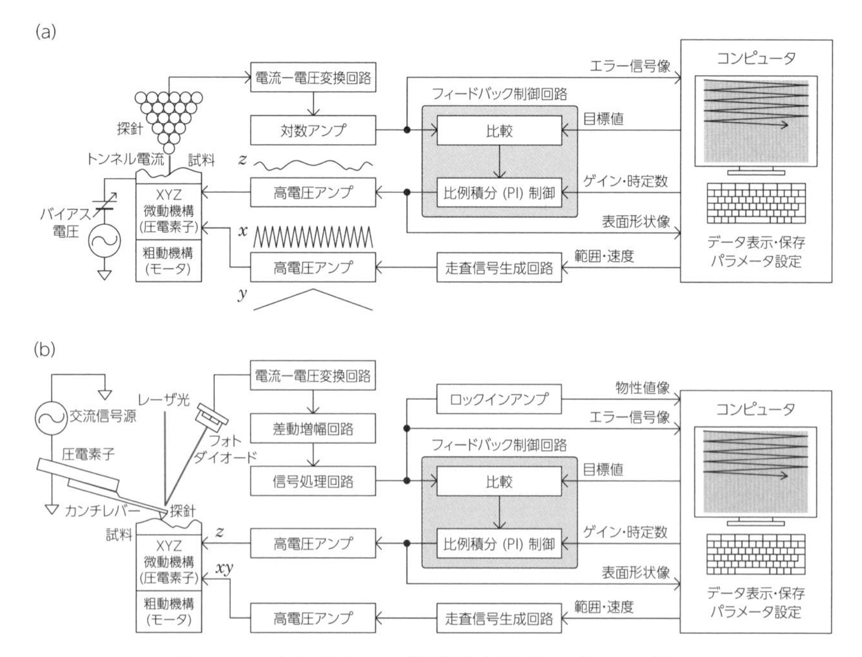

図 11.1 走査型プローブ顕微鏡 (SPM) のブロック図
(a) 相互作用一定モード，(b) 高さ一定モード．

AFMでは力一定モードなどと呼ばれる）であり，もう一つは探針－試料間距離制御は行わずにプローブ信号を画像化する高さ一定モード（しばしばコンスタントハイトモードと呼ばれる）である．高さ一定モードでは，試料表面の凹凸の大きさは正確に数値化できないが，走査速度に対して比較的速く変化するプローブ信号成分も画像化されるため，相互作用一定モードと比べて空間分解能が高い．ただし，探針－試料間距離制御を全く行わないと，ドリフト（装置の各部位の温度変化による熱膨張／収縮により探針と試料の相対位置が徐々に変化すること）によって探針が試料に衝突したり，強く押し込まれたりする危険性があるため，試料の全体の傾きにしか追従しないくらい（フィードバックの時定数を大きく設定することで）緩やかに制御をかけるのが一般的である．

11.3 STMの原理

先端を先鋭化した金属の探針と導電性の試料にバイアス電圧をかけておき，探針を試料表面に対して約1 nm程度の距離まで近づけると，探針と試料の電子の軌道が重なり，トンネル電流と呼ばれる電流が流れる．なお，真空中のSTMにはW（タングステン）製の電解研磨探針が，大気中のSTMにはPtIr（白金イリジウム）製の機械研磨探針がそれぞれよく用いられる．

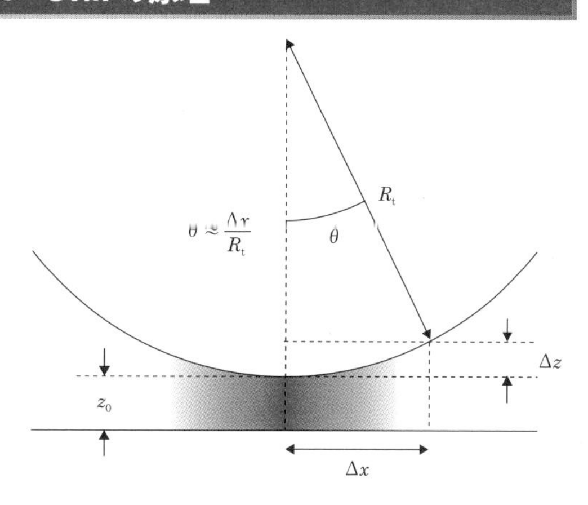

図11.2 走査型トンネル顕微鏡（STM）におけるトンネルギャップ

トンネル電流は探針－試料間の間隙（トンネルギャップ）に対して指数関数的に減衰することが知られている．トンネルギャップがz_0のときのトンネル電流密度をJ_0とすると，トンネルギャップがz_0にΔz広がったときのトンネル電流密度J_tは次式で表される．

$$J_t = J_0 \exp(-\kappa_t \Delta z) \tag{11.1}$$

ただし，κ_tは

$$\kappa_t = \frac{\sqrt{8 m_e \phi}}{\hbar} \tag{11.2}$$

で与えられる減衰定数である．ここでm_e, ϕはそれぞれ電子の質量，トンネルバリア（ポテンシャル障壁の大きさ）であり，$\hbar$はディラック定数（プランク定数をhとすると$\hbar = h/2\pi$となる定数）である．図11.2に示すように，探針径R_tの中心($x = 0$)におけるトンネルギャップがz_0であるとき，探針の中心からΔxだけ離れた位置におけるトンネルギャップは

$$\Delta z = R_t - R_t \cos\theta \simeq \frac{R_t}{2}\theta^2 \approx \frac{\Delta x^2}{2R_t} \tag{11.3}$$

だけ広いことになる．したがって，トンネル電流密度はΔxの関数として

$$J_t = J_0 \exp(-\kappa_t \Delta z) = J_0 \exp\left(-\kappa_t \frac{\Delta x^2}{2R_t}\right) \tag{11.4}$$

と表され，わずかなΔxに対してJ_tが大きく減少することがわかる．したがって，R_tが数十 nm であっても，探針先端の数個の原子群にトンネル電流が集中し，その領域だけが実効的な探針としてはたらくことを示している．このように，相互作用が探針－試料間距離に大きく依存することが，STM をはじめとする SPM の空間分解能が高い理由である[3)]．

11.4 AFM の原理

AFM の動作モードには大きく分けてコンタクトモードとダイナミックモードがあり，表 11.2 のように分類される．探針はカンチレバー（片もち梁）と呼ばれる力センサに取り付けられており，コンタクトモードでは相互作用力（斥力）によって生じるカンチレバーのたわみがプローブ信号となる．

ダイナミックモードでは圧電素子などを用いてカンチレバーをその共振周波数付近で振動させ，相互作用力によって発生する振動振幅（AM–AFM：11.8 節参照）や共振周波数の変化(FM–AFM：11.8 節参照)がプローブ信号となる．ダイナミックモードでは，探針が試料表面に定常的には接触しないため，試料に対して横方向に与える力(摩擦力)が小さく，観察時の試料へのダメージを軽減できる．このため，生体試料などの比較的軟らかい試料の観察にも適している．最近では液中でのダイナミックモード AFM を高速化した高速 AFM や，高分解能 FM–AFM の技術的進展が著しい[4)]．

コンタクトモード，ダイナミックモードいずれも，カンチレバーの自由端近傍のたわみや振動を測定する変位検出系が必要となる．光学的手法で変位を検出する，光てこ法や光干渉法があるが，前者が最も広く普及している．光てこ法は，カンチレバーの背面にレーザ光を照射し，その反射光の方向を分割フォトダイオードによって検出する方法であり(図 11.1(b))，厳密にはカンチレバー先端の変位ではなく角度変化を検出しているため，たわみや振幅の定量化には校正が必要となる（11.5.5 項参照）．なお，カンチレバーの背面はしばしば金属薄膜でコーティングされているが，これは光学的変位検出系においてカンチレバー背面での光反射強度を高くするため，またカンチレバーの前面と背面での光干渉を防ぐためである．

また，ピエゾ抵抗カンチレバーや音叉型水晶振動子(チューニングフォーク)など，カンチレバーそのものにセンサーが組み込まれている場合もある(自己検出方式)．ピエゾ

表 11.2 原子間力顕微鏡(AFM)の分類

動作モード	相互作用検出方法	応用測定手法
コンタクトモード	たわみ検出	摩擦測定，粘弾性測定，電流測定，分極ドメイン測定など
ダイナミックモード	振幅変調法(AM–AFM)	位相測定，表面電位測定，磁気力測定など
	周波数変調法(FM–AFM)	散逸エネルギー測定，表面電位測定，磁気力測定など

抵抗カンチレバーは，シリコンのピエゾ抵抗効果を利用したものであり，カンチレバーの固定端近傍に設けたシリコン抵抗体の抵抗変化をブリッジ回路を用いて検出する．一方，チューニングフォークは圧電体である水晶に電極が形成された水晶振動子をカンチレバーとして用いるため（ばね定数は数千 N/m 程度），W などの金属探針を取り付けるだけで自己検出カンチレバーとしてダイナミックモード AFM に用いることができる．最近では超高真空かつ低温環境下においてチューニングフォークの金属探針の先端を一酸化炭素（CO）分子で修飾すると分子内構造（骨格）を観察できることが見出された[5]．

11.4.1 相互作用力[6]

近接した原子間にはたらく相互作用力のポテンシャルとしては，レナード－ジョーンズ型として知られるべき級数ポテンシャルが最も有名である．原子の間隔を r とすると，レナード－ジョーンズ型ポテンシャル U_{LJ} は

$$U_{\mathrm{LJ}} = 4\varepsilon\left[-\frac{1}{2}\left(\frac{\sigma}{r}\right)^{6} + \frac{1}{4}\left(\frac{\sigma}{r}\right)^{12}\right] \tag{11.5}$$

と表される．このうち，第1項はロンドン分散力と呼ばれる誘起双極子間にはたらく引力に対応するものであり，第2項は斥力に対応する経験的な項である．ただし，ε は結合エネルギー，σ は平衡状態（$U_{\mathrm{LJ}} = -\varepsilon$）となる原子間距離に対応する．このとき，相互作用力 F_{LJ} は

$$F_{\mathrm{LJ}} = -\frac{\mathrm{d}U_{\mathrm{LJ}}}{\mathrm{d}r} = 12\varepsilon\left[-\frac{1}{\sigma}\left(\frac{\sigma}{r}\right)^{7} + \frac{1}{\sigma}\left(\frac{\sigma}{r}\right)^{13}\right] \tag{11.6}$$

と表され，$r = \sigma$ において $F_{\mathrm{LJ}} = 0$ となる．この原子間相互作用力における引力は距離の-7乗で急峻に減衰するが，AFM の探針および試料有限の曲率半径をもつため，実際に AFM で検出される引力は，探針や試料に含まれるすべての原子どうしの寄与を合わせたものとなる．曲率半径 R_{t} の探針と半無限平面状試料を仮定し，探針側と試料側のすべての原子に対して式（11.5）の第1項を積分すると

$$U_{\mathrm{vdw}} = \frac{A_{\mathrm{H}}R_{\mathrm{t}}}{6D} \tag{11.7}$$

と表される van der Waals ポテンシャルが得られる．ただし，A_{H} は Hamaker 定数，D は球と平面との距離である．これを D について微分すると，球と平面との間にはたらく引力（van der Waals 力）は

$$F_{\mathrm{vdw}} = -\frac{\mathrm{d}U_{\mathrm{vdw}}}{\mathrm{d}D} = -\frac{A_{\mathrm{H}}R_{\mathrm{t}}}{6D^{2}} \tag{11.8}$$

となり，探針と試料の間にはたらく引力は距離の-2乗で減衰することがわかる．STM のトンネル電流と比べると距離に対して緩やかに減衰するため，AFM を引力領域で動作させると高い分解能が期待できない．したがって，AFM で高い分解能を得るには，斥力を検出する必要がある．コンタクトモードでは探針先端は常に斥力領域にあり，ダイナミックモードでは探針の振動周期のうち大半は引力領域にあるが，最近接時には探針が斥力領域にわずかに入るように設定することで高い分解能が得ることができる．

11.4.2 接触理論 [7)]

AFMの探針－試料間の接触モデルとして最もシンプルなものがHertzの接触モデルである（図11.3(a)）．このモデルでは，半径R_tの弾性体球を半無限弾性体へ接触力F_nで押し込んだ際の押し込み深さδが，接触半径aと探針の曲率半径R_tを用いて

$$\delta = \frac{a^2}{R_t} \tag{11.9}$$

で与えられる．また，aは

$$a = \left(\frac{3F_n R_t}{4E^*}\right)^{1/3} \tag{11.10}$$

で与えられる．ただし，E^*は探針および試料のヤング率E_tおよびE_s，ポワソン比ν_tおよびν_sを用いて

$$\frac{1}{E^*} = \frac{1-\nu_t^2}{E_t} + \frac{1-\nu_s^2}{E_s} \tag{11.11}$$

と定義される有効ヤング率である．また，押し込み深さδと接触力F_nの関係は

$$\delta = \left(\frac{9{F_n}^2}{16R_t E^{*2}}\right)^{1/3} \tag{11.12}$$

で与えられる（図11.3(b)）．

Hertzの接触モデルには表面エネルギーの効果が取り入れられていないが，実際にはいったん接触した探針は試料に吸着しており，これを引き離す際に吸着力がはたらく．この吸着力を考慮した接触モデルがJKR（Johnson-Kendall-Roberts）のモデルである．JKRモデルによると，押し込み深さδ_{JKR}は

$$\delta_{JKR} = \frac{a^2_{JKR}}{R_t} - 2\sqrt{\frac{\pi a_{JKR}\gamma_s}{E^*}} \tag{11.13}$$

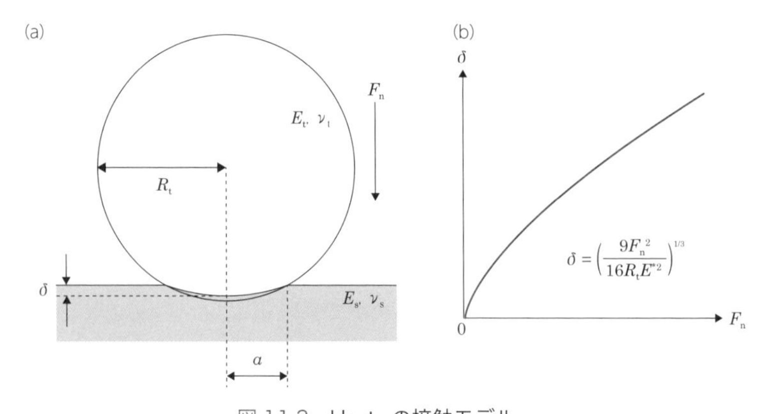

図11.3　Hertzの接触モデル
(a)弾性球－半無限弾性体モデル，(b)垂直力と押し込み深さの関係．

となる．ただし，γ_s は表面エネルギーである．また，接触半径 a_{JKR} は

$$a_{JKR} = \left[\frac{3R_t}{4E^*} \left(F_n + 6\pi R_t \gamma_s + \sqrt{12\pi R_t \gamma_s F_n + (6\pi R_t \gamma_s)^2} \right) \right]^{1/3} \tag{11.14}$$

で与えられる．この式において $F_n = 0$ とすると，接触力がゼロのときの接触半径は

$$a^0_{JKR} = (9\pi R_t^2 \gamma_s / E^*)^{1/3} \tag{11.15}$$

と有限の値をとることがわかる．探針を引き離していくと，$F_n = -3\pi R_t \gamma_s$ となったときに接触半径は

$$a^c_{JKR} = (9\pi R_t^2 \gamma_s / 4E^*)^{1/3} \approx 0.63\, a^0_{JKR} \tag{11.16}$$

となり，探針が試料から引きはがされることになる．このときの力が吸着力（F_{ad}）となる(図 11.7 参照).

11.5　カンチレバーの特性

11.5.1　ばね定数

カンチレバーについて，長さ方向を x 軸，幅方向を y 軸，厚み方向を z 軸と定義すると，探針先端における z 軸方向の力によって，カンチレバーの先端に z 軸方向の変位が生じる．この z 軸方向の力と変位の比をばね定数と呼ぶ．コンタクトモード用のカンチレバーのばね定数は通常 1 N/m 程度またはそれ以下，ダイナミックモード用のカンチレバーのばね定数は吸着の影響を避けるため数 N/m 以上であり，一般にばね定数が小さいほど小さな相互作用力を検出できる．

図 11.4(a)に示す短冊型カンチレバーの z 軸方向のばね定数 k_z は，カンチレバーの長さ，幅，厚みをそれぞれ l，w，t とすると

$$k_z = \frac{E_t w t^3}{4l^3} \tag{11.17}$$

で与えられる．ただし，E_t はカンチレバーの材質のヤング率であり，Si の場合は 170

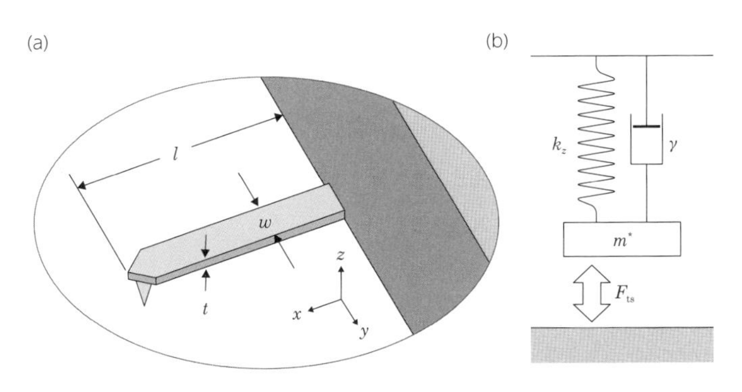

図 11.4　カンチレバー
(a)短冊形カンチレバー，(b)調和振動子モデル．

GPa 程度である．

11.5.2 探針

カンチレバーの探針形状は通常ピラミッド型や円錐型であり，先端曲率半径 R_t は 5〜10 nm 程度である．また，探針の長さ(高さ)は数 μm 〜 10 μm 程度である．

探針面を導電性薄膜や磁性薄膜でコートしたカンチレバーは，静電気力や磁気力の検出に利用される（表 11.1）．ただし，探針に薄膜をコーティングすることにより探針先端の曲率半径が薄膜の厚さ分だけ大きくなるため，コートされていない探針と比べると，面内分解能は低下してしまう．

11.5.3 共振周波数

共振周波数とは，カンチレバーを大きく振動させることができる周波数であり，ダイナミックモードにおいて特に重要となるパラメータである．この共振周波数における共振の鋭さを Q 値と呼ぶ．Q 値は力検出感度を大きく左右する重要なパラメータであり，カンチレバーを振動させる環境によって大きく変化する．典型的な値は，真空中では数千〜数万，大気中で数十〜数百，液中では 10 以下である．液中で圧電素子を用いてカンチレバーを励振すると，励振効率が低いため液セル全体を振動させてしまう問題がある．このため，最近の液中ダイナミックモード AFM では，強度変調レーザをカンチレバーに照射してカンチレバーに振動的な熱勾配を発生させてカンチレバーを振動させる光熱励振法がしばしば用いられる．

カンチレバーは図 11.4(b) に示すような調和振動子でモデル化でき，その運動方程式は

$$m^*\ddot{z} + \gamma\dot{z} + k_z z = F_0 \cos\omega t + F_{ts}(z + z_0) \tag{11.18}$$

となる．ただし，m^* は有効質量，ω_0 は共振角周波数 ($\omega_0 = \sqrt{k_z / m^*}$)，$\gamma$ は減衰定数，F_{ts} は探針－試料間相互作用力を表す．カンチレバーは角周波数 ω の外力によって強制振動しており，試料表面から平均距離 z_0 だけ離れているものとする．この運動方程式の解を

$$z = A\cos(\omega t + \phi) \tag{11.19}$$

とし，簡単のために $F_{ts} = 0$ であるとすると，カンチレバーの振幅と位相は

$$A(\omega) = \frac{Q}{\sqrt{Q^2(1 - \omega^2 / \omega_0^2)^2 + \omega^2 / \omega_0^2}} \frac{F_0}{k_z} \tag{11.20}$$

$$\phi(\omega) = \tan^{-1}[-\omega_0\omega / Q\,(\omega_0^2 - \omega^2)] \tag{11.21}$$

となる．ただし，Q はカンチレバーの Q 値であり $Q = k_z / \omega_0\gamma$ で与えられる．図 11.5 に $\omega \to 0$ のときの振幅 F_0/k_z を 1 とした規格化振幅と位相の周波数特性を示す．振幅 F_0 の外力によりカンチレバーを共振周波数近傍で振動させると，振幅は $A(\omega_0) = QF_0/k_z$ となる．これを A_0 とおくと，カンチレバーの運動エネルギーは

$$E_{\mathrm{cl}} = \frac{1}{2} k_z A_0^2 \tag{11.22}$$

となるが，式(11.18)左辺の第2項により振動の一周期ごとに運動エネルギーは$(2\pi/Q)E_{\mathrm{cl}}$ずつ失われていく．したがって，単位時間あたりのエネルギー損失は

$$P_{\mathrm{cl}} = \frac{k_z \mathrm{A}_0^2 \omega}{2Q} \tag{11.23}$$

と表される．

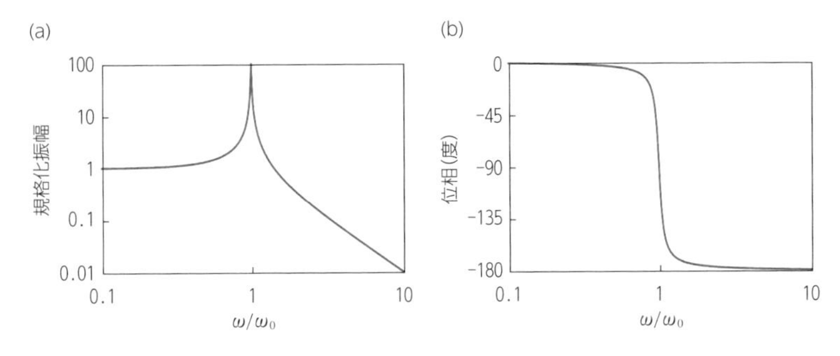

図 11.5　カンチレバーの共振特性
(a)規格化振幅，(b)位相．

11

11.5.4　ばね定数の校正

AFMを用いて正確に相互作用力を計測し，たとえばHertzモデルによって弾性率を算出するには，正しいばね定数を知る必要がある．ここでは短冊型のカンチレバーについて，校正方法を二つ紹介する．

(1)共振周波数と Q 値から割り出す方法(Sader法[8])

流体力学の計算に基づく方法であり，カンチレバーの平面形状だけ測定すればよく，比較的簡便である．この方法によれば，ばね定数は

$$k_z = 0.1906 \rho_{\mathrm{m}} w^2 l Q \Gamma_{\mathrm{i}} {\omega_0}^2 \tag{11.24}$$

で与えられる．ただし，ρ_{m}は空気の密度(約1.2 kg/m^3)である．Γ_{i}は流体力学関数の虚数項であり

$$\Gamma_{\mathrm{i}} = \frac{3.8018}{\sqrt{2\mathrm{Re}}} + \frac{2.7364}{2\mathrm{Re}} \tag{11.25}$$

と近似できる[9]．Reはレイノルズ数であり，慣性力と粘性による摩擦力との比で定義されており

$$\mathrm{Re} = \frac{\rho_{\mathrm{m}} w^2 \omega_0}{4\eta_{\mathrm{m}}} \tag{11.26}$$

で与えられる．ただし，η_{m}は空気の粘性係数(約1.8×10^{-5} Pa·s)である．

(2)熱振動ノイズから割り出す方法

カンチレバーは圧電素子などを使って励振しなくても，常に熱振動している．この方法は，熱振動エネルギーを全周波数帯域に渡って積分すれば，エネルギー等分配則によって予測される値となることを利用する方法である．この方法によれば，ばね定数は

$$k_z = k_\mathrm{B}T / \langle z_\mathrm{th}^2 \rangle \tag{11.27}$$

で与えられる．ただし，$\langle z_\mathrm{th}^2 \rangle$ はカンチレバー先端の変位の二乗平均，k_B はボルツマン定数，T は環境温度(通常は室温)である．この方法では，カンチレバーの熱振動スペクトルを全周波数帯域に渡って積分する必要があるが，光てこ法ではカンチレバーの変位ではなく角度変化を検出していること，また変位検出系からの信号には熱振動由来ではないノイズ成分が含まれることから，実際にはスペクトラムアナライザなどを使って変位検出系から出力される電圧信号の周波数スペクトル$\delta V(\omega)$を取得し，一次共振周波数近傍での理論式

$$\delta V(\omega) = S_\mathrm{ds}^\mathrm{dyn}\sqrt{\frac{2k_\mathrm{B}T}{\pi k_z Q\omega_0\left\{\left[1-(\omega/\omega_0)^2\right]^2+\left[(\omega/\omega_0)/Q\right]^2\right\}}+N_\mathrm{ds}^2} \tag{11.28}$$

に対してフィッティングする手法がとられる(図 11.6)．ただし，N_ds は光てこ変位検出系のノイズ（等価雑音変位密度）であり，$S_\mathrm{ds}^\mathrm{dyn}$ は変位検出系の感度である．$S_\mathrm{ds}^\mathrm{dyn}$ はあらかじめ校正しておく必要があるが，その校正方法として最も広く用いられている方法は，十分に硬い試料に対してカンチレバーを押しつけてフォースカーブ(後述)を測定する方法である．ただし，フォースカーブ計測で校正された変位検出感度 ($S_\mathrm{ds}^\mathrm{FC}$) はコンタクトモードにおける感度であり(11.6 節参照)，熱振動スペクトル測定における変位検出感度($S_\mathrm{ds}^\mathrm{dyn}$)はダイナミックモードにおける感度である．これらの間には $S_\mathrm{ds}^\mathrm{FC} = 1.09 S_\mathrm{ds}^\mathrm{dyn}$ という関係がある[10]．

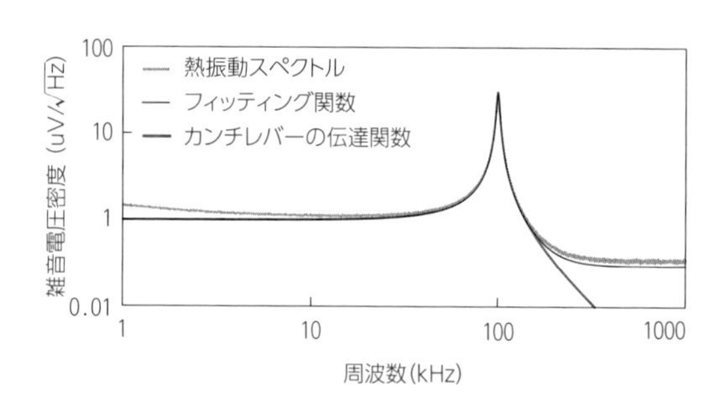

図 11.6 カンチレバーの熱振動スペクトル

11.5.5 光てこ変位検出系の感度校正

光てこ変位検出系はカンチレバー先端の変位でなく角度変化を検出する方法であるため，相互作用力の定量的に評価するためには，しばしば校正が必要となる．ここでは，以下の二つの方法を紹介する．一つ目の方法は，前項(1)の方法(Sader 法)でばね定数を決めた後で熱振動スペクトルを測定し，それを式(11.28)へフィッティングする方法であり，これにより $S_\mathrm{ds}^\mathrm{dyn}$ が求められる．二つ目の方法は，次節で紹介するフォースカー

ブ測定により $S_{\mathrm{ds}}^{\mathrm{FC}}$ を求める方法である．すでに述べた通り，$S_{\mathrm{ds}}^{\mathrm{FC}} = 1.09S_{\mathrm{ds}}^{\mathrm{dyn}}$ の関係があるため，どちらの方法を用いてもコンタクトモード，ダイナミックモードの両方における感度を校正できる．

11.6　フォースカーブ測定

探針－試料間相互作用力の探針－試料間距離依存性を調べる最も簡便な手法がコンタクトモード AFM によるフォースカーブ測定である．フォースカーブを定量的に解析するには，Z 軸用圧電素子の校正はもちろんのこと，カンチレバーのばね定数や(光てこ)変位検出系の校正も必要であり，以下に示すようにデータの変換が必要となる (図 11.7(a))．

コンタクトモード AFM では，通常，カンチレバーのたわみが一定，つまり探針－試料間相互作用力が一定となるように探針－試料間距離を制御しているため，フォースカーブ測定の際はこの制御をいったん切り，探針－試料間距離を変化させ，これに伴って生じる探針－試料間相互作用力の変化を記録する．通常，探針－試料間距離に用いられる Z 軸用の圧電素子に三角波電圧信号が印加して圧電素子を変位させ，この間のカンチレバーのたわみ信号が記録される (図 11.7(b))．このようにして得られるグラフはフォースカーブとは呼ばれるものの，圧電素子の変位に対するたわみ信号の変化をあらわすグラフに過ぎず，探針－試料間相互作用力の探針－試料間距離依存性を表すグラフに変換する必要がある．

カンチレバー先端にある探針に垂直な力 F_{ts} がはたらき，カンチレバー先端にたわみ d が生じたとすると，相互作用力とばね定数の関係は

$$F_{\mathrm{ts}} = k_Z d \qquad (11.29)$$

となる．光干渉方式の変位検出系を用いた AFM では，変位を直接検出できるため，d を直接測定できる．したがって，ただちに F_{ts} を算出できる．

一方，光てこ変位検出系では以下のようにして変位検出感度の校正を行う．ただし，

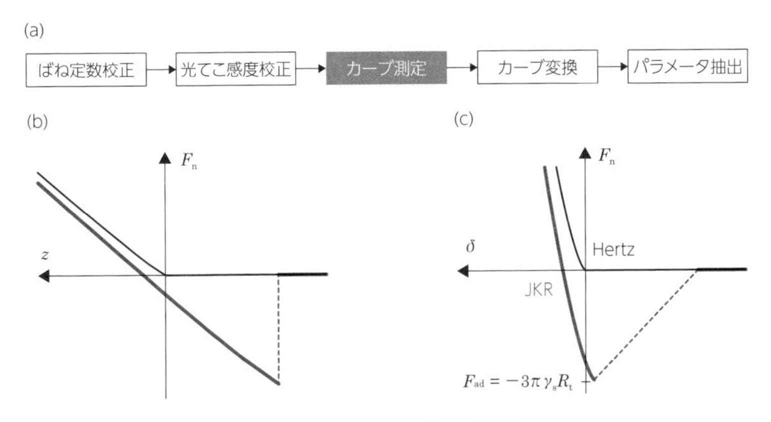

図 11.7　フォースカーブ測定
(a)測定フロー，(b)変換前のフォースカーブ，(c)変換後のフォースカーブ．

圧電素子(スキャナ)があらかじめ校正されていることが前提である．十分に硬い試料に対して探針を接触させて押し込んでいくと，探針は試料にほとんど押し込まれることなく，斥力によりカンチレバーがたわんでいく．つまり，圧電素子の変位量とカンチレバー先端の変位がほぼ等しいと考えてよい．圧電素子の変位量をΔs_{cal}としたときの，たわみ信号の変化量ΔV_{cal}との関係から，カンチレバーの変位検出感度は$S_{\mathrm{ds}}^{\mathrm{FC}} = \Delta V_{\mathrm{cal}} / \Delta s_{\mathrm{cal}}$となる．いったん$S_{\mathrm{ds}}^{\mathrm{FC}}$が校正されれば，たわみ信号$V_{\mathrm{d}}$から実際のたわみ$d$を求めるのは容易であり($d = V_{\mathrm{d}} / S_{\mathrm{ds}}^{\mathrm{FC}}$),

$$F_{\mathrm{ts}} = k_z \frac{V_{\mathrm{d}}}{\mathrm{S}_{\mathrm{ds\,(FC)}}} \tag{11.30}$$

として相互作用力を算出できる．

一方，フォースカーブの横軸に関しては，圧電素子の変位をs，カンチレバーのたわみをdとすると，$s = d + \delta$となる．ただし，δは探針の押し込み深さ（探針－試料間距離)である．フォースカーブの横軸をsから

$$\delta = s - d = s - \frac{V_{\mathrm{d}}}{S_{\mathrm{ds}}^{\mathrm{FC}}} \tag{11.31}$$

に変換すると，δとF_{ts}の関係が得られる（図11.7(c)）．これをHertzやJKRの接触モデル(11.4.2項参照)と比較すれば，弾性率などの物性値が得られる．

11.7 摩擦力顕微鏡（FFM）

探針－試料間相互作用力により，探針にはz軸方向だけではなく，x軸方向やy軸方向にも力がはたらく．カンチレバーの構造上，z軸方向の力とx軸方向の力を区別して検出することは困難だが，光てこ変位検出系において4分割フォトダイオードを用いれば，y軸方向の力をカンチレバーのねじれとして独立して検出することができる．こうして摩擦力の大きさを画像化する手法を摩擦力顕微鏡（Friction Force Microscope：FFM)と呼ぶ．FFMでは通常カンチレバーのy軸方向を高速走査軸とする．

カンチレバーのねじればね定数は，探針先端におけるy軸方向の力と探針先端のy軸方向の変位の比によって定義され

$$k_y = \frac{Gwt^3}{3lh^2} \tag{11.32}$$

で与えられる．ただしGは剛性率，hは探針の長さを表す．

11.8 ダイナミックモード

ダイナミックモードAFMは，カンチレバーの共振周波数の変化から探針－試料間相互作用力を検出する方法である．カンチレバーを共振周波数近傍の周波数で強制振動させ，相互作用力によって生じる振幅の変化を検出し，これを一定に保つよう距離制御を行う振幅変調(Amplitude Modulation：AM)法と，カンチレバーを自励発振によって常に共振周波数で振動させておき，共振周波数の変化を周波数検出(復調)回路を用いて

測定し，これを一定に保つよう距離制御を行う周波数変調（Frequency Modulation：FM）法がある（表 11.2 参照）．

11.9 ロックインアンプを用いた応用測定

ロックインアンプとは，ある入力信号に含まれるさまざまな信号成分のうち，参照信号と同一の周波数の特定の信号成分の電圧または電流の大きさおよび参照信号に対する位相差を測定する計測器である．これまでにロックインアンプを用いた SPM の応用測定手法が数多く開発されている（表 11.1）．

たとえば，ダイナミックモード AFM において探針－試料間バイアス電圧を変調し，探針－試料間相互作用力のうち変調に応答する静電気力成分を検出して画像化する手法は静電気力顕微鏡（Electrostatic Force Microscope：EFM）と呼ばれる．さらに，この応答成分をバイアス電圧フィードバック制御により打ち消すことで，その制御電圧から試料の表面電位または仕事関数を画像化する手法がケルビンプローブ表面力顕微鏡（Kelvin-Probe Force Microscope：KPFM）である．

また，STM においては，探針－試料間バイアス電圧を微小に変調し，トンネル電流に現れる応答成分を検出すれば，探針または試料の状態密度を計測できる（トンネル分光法）．一方，探針－試料間距離を微小に変調すれば，トンネル障壁の高さを計測できる（バリアハイトイメージング）．

11.10 SPM 観察のコツ

以上，SPM の測定原理，装置構成，データの解析方法について述べてきたが，最後に，SPM 観察において注意すべきことをいくつかあげておく．

【探針】

・探針先端は非常に鋭敏であり，静電気により先端が破損したり埃や有機物が付着したりすることがあるため，デシケータなどに保存して早めに使用するとよい（買いだめはしないこと）．

・探針に有機物が付着してしまった場合，UV オゾン洗浄装置を用いてクリーニングすると除去できることがある．

【試料】

・試料を温度の異なる場所からもち込んですぐに観察すると，熱膨張（または熱収縮）により，試料表面が探針へ時間とともに近づいていく（遠ざかっていく）ような現象（ドリフト）が生じる．試料温度が試料台の温度と同程度に収まるまで十分に待つとよい．

・観察前の試料にゴミが付いている場合，カメラ用のブロワは使わず，エアダスターを使うこと．エアダスターで吹き飛ばせないゴミは，アセトンを浸潤させて軟らかくしたセルロースアセテートフィルムを貼り，固化後にはがすことで除去できることがある．

・試料を試料台に固定する際に両面テープを使うと，固定時に押しつぶされた両面テープが徐々に元に戻る（緩和）過程によりドリフトが生じるため，あまり薦められない．乗せるだけで十分なことが多いが，走査中に試料が動いてしまう場合は，エポキシ系接着剤や銀ペーストを用いて固定するとよい.

・AFM による絶縁体試料の観察において，うまくアプローチできなかったり観察できなかったりする場合，試料の帯電が原因であれば静電ブロワや，軟エックス線を用いた静電気除去装置で帯電除去できることがある.

【スキャナ】

・圧電素子は電圧に対する変位の変化に非線形性があり，またヒステリシス(履歴現象)，クリープといった圧電体特有の性質がある．非線形性により測定対象物の測長が正しく行えなくなったり，ヒステリシスにより高速走査軸の順方向(トレース)と逆方向(リトレース）とで表面形状が一致しなかったり，クリープにより走査開始直後に大きく像が歪んだりといった問題が引き起こされる．非線形性の問題は，電圧に対する変位の変化を圧電定数ではなく，非線形性を考慮した多項式で表すことである程度対処可能だが，ヒステリシスやクリープの問題は，圧電素子の変位を測定して印加電圧をフィードバック制御するクローズドループスキャナを用いるほかない．スキャナの特性をよく知ったうえで装置を使うことが望ましい.

・Z 軸用の圧電素子の可動範囲を知っておくこと．通常アプローチ後は Z 軸用の圧電素子の可動範囲の中心付近で探針－試料間距離を制御するが，ドリフトにより可動範囲から外れそうになったら再アプローチするとよい.

【コンタクトモード AFM】

・コンタクトモード AFM でカンチレバーを長手方向 (x 軸方向) に走査すると，垂直方向（z 軸）の力と x 軸方向の摩擦力の両方がカンチレバーのたわみを引き起こすため，トレースリトレースとで相互作用力が一定ではなくなったり，試料にダメージを与えることがある．そのようなときは FFM と同様にカンチレバーの長手方向に垂直な方向(y 軸)を高速走査軸として走査するとよい.

【ダイナミックモード AFM】

・共振ピークが理想的でない場合，台座に付着した小さなゴミが原因でカンチレバーが正しく固定されていない場合が多い．このようなときは，いったん台座を軽く拭くなどしてゴミを除去することで改善されることがある.

・AM 法によるダイナミックモード AFM で大きな段差を有する試料を観察する際は，段差において相互作用力が大きく変化するが，振幅が変化するには一定の時間（Q/ω_0 程度)がかかり，段差の形状をうまくトレースできないことがある．このような現象をパラシュート効果と呼ぶ．図 11.8 に AFM によるナノ粒子を堆積した基板の表

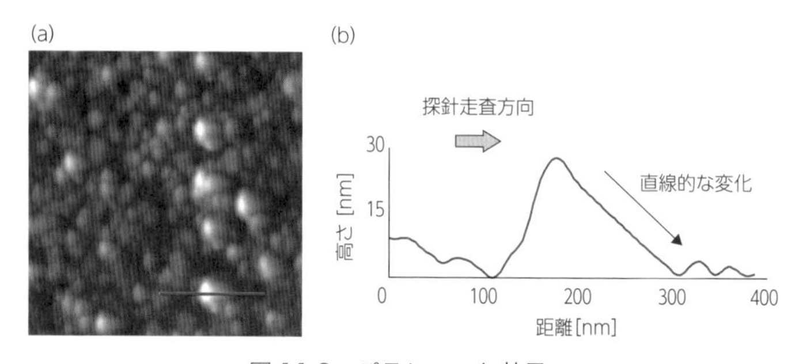

図 11.8　パラシュート効果

(a)パラシュート効果が現れている AFM 像の例，(b)図(a)の赤線の断面プロファイル.

面形状像（走査範囲：1000 nm 角）とその断面プロファイルを示している．大きめのナノ粒子を探針が越えた直後に振幅が増えるはずだが，走査速度が比較的速かったため，ナノ粒子の形状を正確に測定できておらず，直線的なプロファイルとなってしまっていることがわかる．このような場合は走査速度を落とすとよい．

【探針の交換時期について】

・探針をアプローチした直後と比べて分解能が低下した場合，探針の摩耗や付着物によって探針径が大きくなってしまっている可能性が高い．このようなときは探針を交換するとよい．なお，ナノ粒子やナノワイヤーなど，断面が円になるような試料の観察において，試料の半径を R_s，探針の半径を R_t とすれば，探針コンボリューション効果（図 11.9）により表面形状像における見かけ上の半径は $2\sqrt{R_s R_t}$ となる．R_s が既知の場合，探針径を推測することができる．

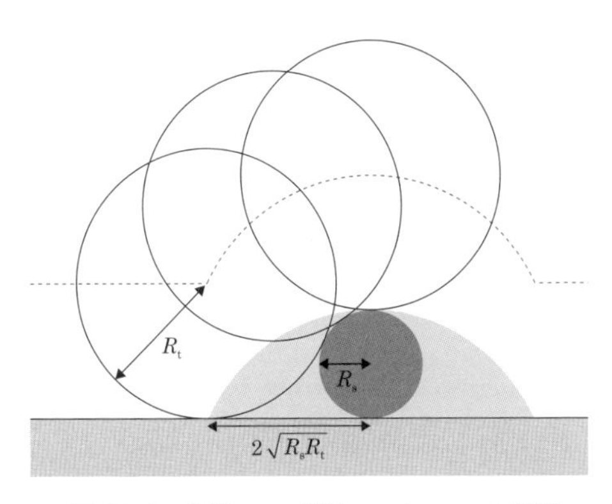

図 11.9　探針コンボリューションの影響

・粒子（またはナノスケールの凸部のある試料）を観察している際にすべての粒子について近くに同じ形状の粒子が観察されたり，段差が二重に見えたりする場合，探針側に実効的な探針としてはたらいている箇所が複数ある可能性がある（ダブルチップ）．ダブルチップにより正しい像が得られていない例を図 11.10(a) に示す．これは液中 FM-AFM によるプラスミド DNA の表面形状像（走査範囲：170 nm 角）であり，DNA が約 8 nm の間隔を隔てて 2 本あるように見えている．このようなときは探針を交換するとよい．

・形がよく似た大小相似な粒子が観察される場合，試料側の粒子の曲率半径よりも探針側の曲率半径が大きい可能性がある．そうした画像はチップイメージと呼ばれるが，

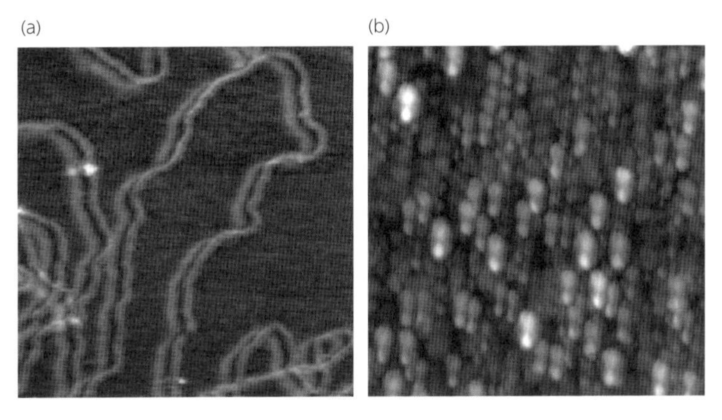

図 11.10　ダブルチップ
(a) ダブルチップによる AFM 像の例，(b) チップイメージの例．

11

これは探針コンボリューション効果によるものである．図 11.10(b)はナノ粒子を堆積した基板の表面形状像（走査範囲：1000 nm 角）だが，形がよく似た大小相似な粒子が見られる．このようなときは探針を交換するとよい．

【振動やノイズの影響について】

・走査中の画像に縞模様が現れる原因はいくつかある．光てこ法の AFM では，カンチレバー背面と試料表面で反射したレーザ光どうしが干渉することで，しばしば波長の約 2 倍の周期の(通常の赤色半導体レーザの場合 1.3 μm 程度)縞模様が現れる．このようなときはカンチレバーの背面に当てるレーザ光のスポットを少し先端から根元方向へ動かすなどして，試料表面へレーザ光が漏れないようにするとよい．また，フィードバックゲインが高すぎて発振している場合にも縞模様が現れる．ゲインを下げてみて消える場合はこれが原因である．これらのいずれでもない場合，周囲から来る電気的ノイズ(交流電源の周波数など)や，振動(音響)ノイズの可能性がある．電気的ノイズについては，導電性試料であれば試料台と導通を取ることで改善される場合があり，振動（音響）ノイズの場合，除振台が正しく機能しているかどうかを確認する（防音対策を施す）とよい．

【画像処理】

・SPM で得られる像に傾き補正やフィルタなどの画像処理を施す際は，原理をよく理解したうえで使うこと．それによってアーティファクト（画像処理によって新たに生じる縞模様などのパターン）が発生しないように注意すること．

・表面形状像は通常走査中に Z 軸用の圧電素子の軌跡を画像化したものであり，その絶対値はあまり重要ではなく，画像内の相対的な高さの違いがわかればよい．このため，傾斜補正や曲面補正などの画像処理をかけても問題ないが，KPFM の表面電位像などの物性値像については測定で得られた絶対値が重要な場合が多く，通常こうした処理は行わない．

・画像処理ソフトを使うと特定の走査線やピクセルごとに高度な画像レタッチ操作が可能であるが，恣意的な処理は改ざんと見なされる場合があるので注意が必要である．

11.11 おわりに

本章では，主に AFM の測定原理，装置構成，データの解析方法，装置を使う際の注意点などについて述べた．最近の SPM 装置はハードウェア，ソフトウェアの改良が進み，ユーザーが手動でパラメータを調整しなくても，自動的に調整されるような装置が増えてきた．しかし，各パラメータの意味を理解していれば，さらに手動でパラメータを最適化でき，より空間分解能が高くシャープな画像を得ることができる可能性がある．

また，SPM の使用経験が少ない場合や，観察経験のない試料を観察する場合に，走査しても全く画像が得られない／思った通りの画像が得られない／像をどう解釈していいかわからないなど，さまざまな問題に直面することがあるだろう．そのようなときに，探針やカンチレバーの特性と試料との相性，相互作用力の性質，圧電素子の特性，フィードバックの原理などの知識があれば，問題を解決できる可能性が高まるだろう．本章がそのような問題解決の端緒となれば幸いである．

【参考文献】

1) G. Binnig et al, *Appl. Phys. Lett.*, **40**, 178 (1982).
2) G. Binnig et al, *Phys. Rev. Lett.*, **56**, 930 (1986).
3) C. F. Quate, *Phys. Today*, **39**, 26 (1986).
4) Y. F. Dufrêne et al, *Nat. Nanotechnol.*, **12**, 295 (2017).
5) L. Gross et al, *Nat. Chem.*, **2**, 821 (2010).
6) J.N. イスラエルアチヴィリ,『分子間力と表面力　第３版』, 朝倉書店 (2013).
7) K. L. Johnson, "Contact Mechanics," Cambridge University Press (1985).
8) J. E. Sader et al, *Rev. Sci. Instrum.*, **70**, 3967 (1999).
9) A. Maali et al, *J. Appl. Phys.*, **97**, 074907 (2005).
10) S. M. Cook et al, *Nanotechnol.*, **17**, 2135 (2006).

付　録

付録1　試料溶解に用いられる試薬およびその溶解反応

金属 原子量	溶解に利用する酸など	溶解反応	注意点・留意点
Ag 107.9	硝酸 通常は，硝酸(1＋1)	HNO_2 を含む HNO_3 に溶ける． $Ag + 2HNO_3 \rightarrow AgNO_3 + H_2O + NO_2$ または $3Ag + 4HNO_3 \rightarrow 3AgNO_3 + 2H_2O + NO$ 錯塩を作ることによって溶ける．KCN に溶ける． $4Ag + 8KCN + 2H_2O + O_2 \rightarrow 4K[Ag(CN)_2] + 4KOH$ 濃 H_2SO_4 に冷時には徐々に，熱時には SO_2 ガスを発生しつつ，たやすく溶ける $2Ag + 2H_2SO_4 \rightarrow Ag_2SO_4 + 2H_2O + SO_2$	非酸化性の酸（HCl，希 H_2SO_4，酢酸など）にほとんど溶けない． NaOH に溶けない．
Al 26.98	塩酸， 希硫酸， 熱濃硫酸， 塩酸（1＋1）→ 過酸化水素， 混酸(塩酸＋硝酸)， 水酸化アルカリ	非酸化性の酸(HCl，H_2SO_4，酢酸)に冷時易溶である． $2Al + 6HCl \rightarrow 2AlCl_3 + 3H_2$ NaOH または KOH にたやすく溶けて，H_2 ガスを発生しつつ，アルミン酸塩を生じる． $2Al + 2NaOH + 6H_2O \rightarrow 2Na[Al(OH)_4] + 3H_2$	安定な酸化物の皮膜ができ，酸の作用を防ぐ（不動態）ため，酸化性の酸(HNO_3)には常温では希濃ともに溶けない．しかし，熱すればまず皮膜が溶けて金属が激しく溶ける． 純度 99.999% 以上の Al は塩酸での分解は不可能である．反応が激しいので，酸は少しずつ添加する．
As 74.92	硝酸，王水	濃 HNO_3 や王水にはたやすく溶けて H_3AsO_4 を生じる $As + 5HNO_3 \rightarrow H_3AsO_4 + 5NO_2 + H_2O$ 希 HNO_3 には熱時に溶けて H_3AsO_3 を生じる $As + HNO_3 + H_2O \rightarrow H_3AsO_3 + NO$ 熱濃 H_2SO_4 には SO_2 ガスを発生しつつ溶けて，H_3AsO_3 を生じる．これは酸化されて溶けることによる． アルカリ性の酸化剤（次亜塩素酸，さらし粉，次亜臭素酸など）に溶けてヒ酸塩を生じる $2As + 5KBrO + 6KOH \rightarrow 2K_3AsO_4 + 5KBr + 3H_2O$ Cl_2 とたやすく常温で反応して三塩化ヒ素を生じる．臭素またはフッ素も同様に，ヨウ素は熱時同様に反応する． $2As + 3Cl_2 \rightarrow 2AsCl_3$	酸素不在で，非酸化性の HCl，希 H_2SO_4 に溶けない． 塩酸溶液で加熱すると As(Ⅲ)は揮散するため，硝酸を加え，As(Ⅴ)に酸化する．
Au 197.0	王水	Cl_2 水，Br_2 水，王水，そのほかの酸化剤（たとえば，HNO_3，HIO_3，MnO_2，H_2O_2)を含む HCl に溶ける． $2Au + 3Br_2 \rightarrow 2AuBr_3$ $2Au + 2HNO_3 + 6HCl \rightarrow 2AuCl_3 + 2NO + 4H_2O$ $2Au + 3H_2O_2 + 6HCl \rightarrow 2AuCl_3 + 6H_2O$ $AuCl_3$ は過量に存在する HCl と化合して，より安定な錯塩であるテトラクロロ金酸(塩化金酸)を形成する． $AuCl_3 + HCl \rightleftarrows H[AuCl_4]$ 酸化力がごく強いセレン酸 H_2SeO_4 に溶ける． 空気酸素の協同作用によって KCN または NaCN に溶ける(青化法)． $4Au + 8CN^- + 2H_2O + O_2 \rightarrow 4[Au(CN)_2]^- + 4OH^-$	HCl，HNO_3，H_2SO_4 などの酸に溶けない．

金属 原子量	溶解に利用する酸など	溶解反応	注意点・留意点
B 10.81	硝酸 炭酸ナトリウム（融解）	濃 HNO_3，王水によって酸化され，ほう酸となる．また，溶融アルカリによっても酸化され，ほう酸塩となる．	金属中の一部が窒化物として存在している場合，混酸(リン酸＋硫酸)を用いて，十分に白煙が発生するまで加熱しないと分解できない．
Ba 137.3	水，酸，水酸化アルカリ	水に H_2 ガスを発生しつつ溶ける． 酸または水酸化アルカリに易溶である． $Ba + 2H_2O \rightarrow Ba(OH)_2 + H_2$	H_2SO_4 を用いることは避ける．
Be 9.012	硫酸，塩酸	希 HCl，希 H_2SO_4 に H_2 ガスを発生して溶ける． 濃 H_2SO_4 には熱時 SO_2 を発生して溶ける． 熱時，濃 HNO_3 に溶ける． NaOH に H_2 ガスを発生して溶ける．	冷時，希 HNO_3 にほとんど溶けない．
Bi 209.0	硝酸，濃硫酸，王水	熱 HNO_3 に溶ける． $Bi + 4HNO_3 \rightarrow Bi(NO_3)_3 + 2H_2O + NO$ 熱 H_2SO_4 には，SO_2 ガスを発生しつつ溶ける． $2Bi + 6H_2SO_4 \rightarrow Bi_2(SO_4)_3 + 3SO_2 + 6H_2O$ 王水に溶けて塩化物を生じる．	HCl には O_2 の不在で溶けない． 冷時，希 H_2SO_4 には溶けない． 希釈しすぎると加水分解物を生成する．
Ca 40.08	水，酸，アルカリ	水に H_2 ガスを発生しつつ溶ける． 酸，アルカリにたやすく溶ける． $Ca + 2H_2O \rightarrow Ca(OH)_2 + H_2$	
Cd 112.4	硝酸が最適， 混酸(塩酸＋硝酸) 混酸（塩酸＋過酸化水素）	濃 HNO_3 にたやすく溶け酸化窒素ガスを発生する． $3Cd + 8HNO_3 \rightarrow 3Cd^{2+} + 6NO_3^- + 4H_2O + 2NO_2$ $4Cd + 10HNO_3 \rightarrow 4Cd^{2+} + 8NO_3^- + NH_4NO_3 + 3H_2O$ 希 HCl または，希 H_2SO_4 に徐々に溶けて，H_2 ガスを発生する． $Cd + 2H^+ \rightarrow Cd^{2+} + H_2$	
Ce 140.1	酸	酸に溶けて H_2 ガスを発生し，第一セリウム塩を生じる．	
Co 58.93	硝酸 通常は硝酸(1＋1)， 混酸(硝酸＋塩酸)	希 HCl または希 H_2SO_4 には，H_2 ガスを発生しつつ徐々に溶け，希 HNO_3 には NO を発生しつつ溶ける． $Co + 2HCl \rightarrow CoCl_2 + H_2$ $Co + 8HNO_3 \rightarrow 3Co(NO_3)_2 + 4H_2O + 2NO$	濃 HNO_3 には溶けない．
Cr 52.00	塩酸	HCl，その他のハロゲン化水素酸，H_2SO_4，シュウ酸に H_2 ガスを発生して溶け，まず第一クロム塩 Cr(Ⅱ)を生じる．空気中でたやすく酸化を受けて第二クロム塩 Cr(Ⅲ)に変わる．	HNO_3 に溶けない． 一度，酸化性の酸（HNO_3，王水）に浸した Cr は表面的に変化を受けて不動態と呼ばれる状態になる．そのため，本来は可溶のはずの HCl，H_2SO_4，にも不溶になる．しかし，HCl と長く煮れば再び溶けるようになる．
Cs 132.9	水	水に溶け，H_2 ガスを発生し，水酸化セシウムを生じる．	
Cu 63.55	硝酸 通常は，硝酸(1＋1)	HNO_3 には易溶である．酸化性の酸に溶ける． $Cu + 8HNO_3 \rightarrow 3Cu(NO_3)_2 + 2NO + 4H_2O$ 希 HCl には同時に酸素または酸化剤が共存すれば溶ける． $2Cu + 4HCl + O_2 \rightarrow 2CuCl_2 + O_2$ 熱濃 H_2SO_4 には SO_2 ガスを発生しつつつ溶ける．これは H_2SO_4 の酸化作用と酸の作用とによる． $Cu + 2H_2SO_4 \rightarrow CuSO_4 + SO_2 + 2H_2O$	希 HCl には酸素の不在で常温ではほとんど溶けない． 希 H_2SO_4 には溶けない．

A

金属 原子量	溶解に利用する酸など	溶解反応	注意点・留意点
Cu 63.55		酢酸に徐々に溶ける. H_2O_2 などの酸化剤の共存下で，速やかに溶ける. 金属 Cu は濃 KCN に溶ける. 難解離性のシアン錯イオンの生成による. $2Cu + 4CN^- + H_2O \rightarrow 2[Cu(CN)_2]^- + 2OH^- + H_2$ HBr, HI, HCl の各濃溶液は熱時徐々に金属 Cu を溶かし，水素ガスを発生する. $2Cu + 4HBr \rightleftarrows 2H[CuBr_2] + H_2$ これに水を加えると，臭化第一銅を沈殿する $[CuBr_2]^- \rightleftarrows CuBr + 4Br^-$ 同様に 15% 以上の HCl に熱時徐々に溶ける. $2Cu + 4HCl \rightarrow 2H[CuCl_2] + H_2$	
Fe 55.85	希塩酸，希硫酸	希 HCl，希 H_2SO_4，酢酸，そのほかの非酸化性の酸に溶けて H_2 ガスを発生し第一鉄塩を生じる. $Fe + 2HCl \rightarrow FeCl_2 + H_2$ 冷時，希 HNO_3 には，H_2 ガスを発生することもなく溶けて，おもに $Fe(NO_3)_2$ 及び NH_4NO_3 を生じるが，多少の N_2O と H_2 を発生する. $4Fe + 10HNO_3 \rightarrow 4Fe(NO_3)_2 + NH_4NO_3 + 3H_2O$ $4Fe + 10HNO_3 \rightarrow 4Fe(NO_3)_2 + N_2O + 5H_2O$ 熱時，濃 HNO_3 には，主に NO を発生して溶け第二鉄塩を生じる. $4Fe + 4HNO_3 \rightarrow 4Fe(NO_3)_3 + NO + 2H_2O$ 熱時，濃 H_2SO_4 には，SO_2 ガスを発生して溶ける. $2Fe + 6H_2SO_4 \rightarrow Fe_2(SO_4)_3 + 3SO_2 + 6H_2O$	不動態を形成するため，冷時，酸化性の酸(濃 HNO_3，濃 H_2SO_4，$H_2Cr_2O_7$)には溶けない. いったん不動態になると非酸化性の酸にも溶けなくなる. これを還元剤に漬けるかまたは表面にかき傷をつけると不動態が消えて溶けるようになる. 冷時，濃 H_2SO_4 には溶けない.
Ge 72.63	混酸（塩酸 + 硝酸），硝酸，混酸（硝酸 + 硫酸），水酸化ナトリウム溶液 + 過酸化水素水 シュウ酸 + 過酸化水素	酸化性の酸(濃 HNO_3)と反応し，$GeO_2 \cdot H_2O$ を生じる. 濃 H_2SO_4，王水などに溶ける. NaOH には常温では溶けないが，熱時 Na_2O_2 に溶ける. 溶融した NaOH にも溶ける.	非酸化性の酸 (HCl または希 H_2SO_4 など)に溶けない . NaOH には常温では溶けない. 塩酸が過剰の場合は，四塩化ゲルマニウムとして揮散する
In 114.8	硝酸	希 HNO_3 に溶ける.	水，アルカリとは反応しない.
Ir 192.2	過酸化ナトリウム(融解) 水酸化ナトリウム(融解)	溶液から析出した微粉末状のものは，王水に徐々に溶ける. Au，Pt との合金中の Ir は王水に溶ける. 混合融剤（NaOH，KNO_3）との溶融後は王水に溶けて $Na_2[IrCl_6]$の溶液を生ずる.	金属の高熱処理を経たものは，すべての酸または王水に不溶である. $KHSO_4$(融解)により反応しない(Rh との相違).
K 39.10	水	水と Na より激しく作用して H_2 ガスを発生し，水酸化カリウムを生じる. $2K + 2H_2O \rightarrow 2KOH + H_2$	水と激しく反応する. 通常は，小分けにして灯油中に保管する.
Li 6.941	水	水に H_2 ガスを発生しつつ溶け，水酸化リチウムを生じる. $2Li + 2H_2O \rightarrow 2LiOH + H_2$	水と激しく反応する. 通常は，小分けにして灯油中に保管する.
Mg 24.31	塩酸，硝酸	酸にごくたやすく溶ける. 酢酸のような弱酸にも溶ける.	一般に酸との反応は激しいため，希釈した酸を用いる. 反応が激しいので，酸は少量ずつ添加する.
Mn 54.94	硝酸，塩酸，硫酸	非酸化性の希酸にたやすく溶けて H_2 ガスを発生しつつマンガン塩(2 価)を生じる。 $Mn + 2HCl \rightarrow MnCl_2 + H_2$	温湯と反応し，徐々に H_2 ガスを発生し，水酸化マンガンを析出する.

金属 原子量	溶解に利用する酸など	溶解反応	注意点・留意点
Mn 54.94		酸化性の酸(HNO_3, H_2SO_4)にも，たやすく溶けてマンガン塩(2価)を生じるが，H_2ガスは発生せずに，酸の酸化還元物を生じる． HNO_3の場合は，主に酸化窒素を発生する． $3Mn + 8HNO_3 \rightarrow 3Mn(NO_3)_2 + 2NO + 4H_2O$ H_2SO_4の場合，主に亜硫酸を発生する． $Mn + 2H_2SO_4 \rightarrow MnSO_4 + SO_2 + 2H_2O$	$Mn + 2H_2O \rightarrow Mn(OH)_2 + H_2$
Mo 95.95	王水，硫酸 通常は，混酸（フッ化水素酸＋硝酸）	酸化性の酸(HNO_3, 濃H_2SO_4, 王水)また混酸(H_2SO_4とHF)に溶ける．	非酸化性の酸（HCl，希H_2SO_4)に冷時ほとんど溶けない．熱時，溶ける． 酒石酸の添加は溶液を安定化する．
Na 22.99	水	水をたやすく分解してH_2ガスを発生し発火することが多く，NaOHを生じる． $2Na + 2H_2O \rightarrow 2NaOH + H_2$	水と激しく反応する． 通常は，小分けにして灯油中に保管する．
Nb 92.91	混酸（フッ化水素酸＋硝酸） 混酸（フッ化水素酸＋過酸化水素）	混酸($HF + HNO_3$)が用いられる． 粉末の場合には，混酸(HF＋亜酸化水素)が用いられる．	フッ素イオンを含まない溶液では，不溶性の酸化物を生成しやすい． 加水分解を防ぐために，HF以外の希酸溶液では，3% $(COONH_4)_2$溶液，H_2SO_4(1＋1)溶液や強アルカリ溶液で保存する． フッ素イオンを除きたい場合は，シュウ酸，酒石酸，クエン酸を加えてニオブ酸の沈殿を防げる．
Ni 58.69	硝酸，混酸(硝酸＋硫酸)， 通常は，硝酸(1＋1)	希HNO_3には易溶であるが濃HNO_3には不動態となって溶けない． $3Ni + 8HNO_3 \rightarrow 3Ni(NO_3)_2 + 4H_2O + 2NO$	濃HNO_3には不動態となって溶けない． 希HClまたは希H_2SO_4に溶けない．
Pb 207.2	希硝酸	希HNO_3に溶ける．$Pb(NO_3)_2$が水および希HNO_3に可溶であることによる． $3Pb + 8HNO_3 \rightarrow 3Pb(NO_3)_2 + 2NO + 4H_2O$ 希HClはPbを溶かしにくいが，熱濃HClは可溶性の錯塩$H_2[PbCl_4]$を生成して溶ける．酸素の存在下で酢酸水溶液に溶解する． $2Pb + O_2 + 4CH_3COOH \rightarrow 2Pb(CH_3COO)_2 + 2H_2O$	希HClや希H_2SO_4に溶けにくい． 濃HNO_3には溶解しにくい． 濃H_2SO_4で硫酸鉛を生成する．硫酸鉛は酢酸アンモニウムに溶解する．希H_2SO_4は不溶性の$PbSO_4$を生じる． HFは硫酸と同様に不溶性の膜を形成する．
Pd 106.4	硝酸，硫酸，王水，硫酸水素カリウム	熱濃H_2SO_4，濃HNO_3に徐々に溶ける． 空気酸素存在下において，Pd(微粉末)は熱濃HClに徐々に溶け，$PbCl_2$を生じる． 王水に溶解し，$PdCl_2$および$PdCl_4$を生じるが蒸発乾固するとすべて$PdCl_2$になる． $Pd + 3HCl + HNO_3 \rightarrow PdCl_2 + 2H_2O + NOCl$ $KHSO_4$と溶融すれば水溶性の$PdSO_4$を生じる．	希H_2SO_4，HCl，HFにほとんど溶けない．
Pt 195.1	王水	熱時，王水に溶解し，ヘキサクロロ白金酸(塩化白金)を生じる．酸化窒素の化合物$PtCl_4 \cdot 2NOCl$を副成するが，HClと蒸発をくりかえすと分解して全部$H_2[PtCl_6]$に変わる． $3Pt + 18HCl + 4HNO_3 \rightarrow 3H_2[PtCl_6] + 8H_2O + 4NO$ 混酸($HCl + H_2O_2$)も王水と同様に作用する．	強酸に溶けない．

A

金属 原子量	溶解に利用する酸など	溶解反応	注意点・留意点
Pt 195.1		HClおよびBr_2も作用して$[PtCl_6]^{2-}$および$[PtBr_6]^{2-}$の混合物を生じる．	
Rb 85.47	水	水に溶け，H_2ガスを発生し，水酸化ルビジウムを生じる． $2Rb + 2H_2O \rightarrow 2RbOH + H_2$	
Rh 102.9	王水，硫酸水素カリウム	微粉末状のものは熱時，濃H_2SO_4または王水に溶ける． $KHSO_4$と融解して，水溶性の$KRh(SO_4)_2$が得られる．	塊状は酸，王水にほとんど不溶である．
Ru 101.1	過酸化カリウム（融解）	KNO_3，$KClO_3$，Na_2O_2などの酸化剤を含むKOHと溶融すればルテニウム酸塩M_2RuO_4を生じる．	すべての酸に溶けない．王水にもほとんど溶けない．
Sb 121.8	王水，濃硫酸	王水やBrを含むHClには易溶である． 混酸（希HNO_3 + HF）も最良の溶剤である． 熱H_2SO_4にはSO_2ガスを発生しつつ溶けて$Sb_2(SO_4)$を生じる． 酒石酸の存在下ではHNO_3に容易に溶ける． 一般に酸化剤の共存でHClに溶けて，$SbCl_3$または，$SbCl_5$およびクロロ酢酸$H_2[SbCl_5]$または，$H[SbCl_6]$を生じる．	非酸化性の酸（HCl，希H_2SO_4）と熱してもほとんど反応しない． 希濃にかかわらず，HNO_3にはほとんど溶けないが，酸化を受けて，希HNO_3の場合にはSb_2O_3を，濃HNO_3の場合には，Sb_2O_3及びSb_2O_5を生じる．
Se 78.97	硝酸，王水 硝酸（1 + 1）	濃HNO_3または王水はSeを酸化してSeO_2を生じる． SeO_2は水に溶けて亜セレン酸H_2SeO_3に変わる． 冷濃H_2SO_4に溶けて緑色を呈する．セレン三酸化イオウの生成によるものと推定されるが，水を加えると再び赤色セレンとH_2SO_4に戻る． Se（赤色）+ $H_2SO_4 \rightleftarrows SeSO_3$（緑色）+ H_2O	水を加えずに温めると脱色し，Seは酸化されてSeO_2を生じSO_2ガスを発生する．
Sn 118.7	濃塩酸， 熱濃硫酸， 王水， 混酸（塩酸 + 過酸化水素）， 臭化水素酸， ヨウ化水素酸 通常は， 塩酸 + 硝酸（3：1）	希HClに徐々にH_2ガスを発生しつつ溶けて塩化第一スズを生じる． $Sn + 2HCl \rightarrow SnCl_2 + H_2$ 白金板または線を接触させると電池作用のため溶解が速やかになる． 温濃HClには速やかに溶けてテトラクロロスズ酸を生じる． $Sn + 4HCl \rightarrow H_2[SnCl_4] + 2H_2$ 濃H_2SO_4に溶けて，SO_2ガスを発生しつつ，硫酸第二スズを生じる． $Sn + 4H_2SO_4 \rightarrow Sn(SO_4)_2 + 4H_2O + 2SO_2$ 希HNO_3に徐々に溶けて硝酸第一スズと硝酸アンモニウムを生じる．これは発生期の水素がHNO_3を還元することによる $4Sn + 10HNO_3 \rightarrow 4Sn(NO_3)_2 + NH_4^+ + NO_3^- + 3H_2O$ 王水に溶けて塩化第二スズを生じる $3Sn + 4HNO_3 + 12HCl \rightarrow 3SnCl_4 + 4NO + 8H_2O$ 熱時濃厚な水酸化アルカリ溶液に，H_2ガスを発生しつつスズ酸塩を生じる． $Sn + 2NaOH + H_2O \rightarrow Na_2[Sn(OH)_4] + H_2$	濃HNO_3は酸化してスズ酸を沈殿する． $3Sn + 4HNO_3 + 10H_2O \rightarrow 3H_2[Sn(OH)_6] + 4NO$ スズ酸は脱水縮合して巨大分子である不溶性のメタスズ酸$SnO_2 \cdot nH_2O$に変化する．
Ta 180.9	混酸（フッ化水素酸 + 硝酸），混酸（フッ化水素酸 + 過酸化水素）	HNO_3とHFで容易に溶解できる．粉末の場合は，HF，H_2O_2が用いられる．	フッ素イオンを除きたい場合は，シュウ酸，酒石酸，クエン酸を加えてタンタル酸の沈殿を防ぐ．
Te 127.6	塩酸，硝酸，硫酸，王水 通常は，硝酸（1 + 1）分解後，3M以上の塩酸溶液にする．	濃HNO_3には酸化されて溶け，それを蒸発すると塩基性硝酸塩$Te_2O_3(OH)_3NO_3$の結晶を析出する． 王水に酸化されて溶けH_6TeO_6を生じる． 濃H_2SO_4と熱すればSO_2ガスを発生してH_2TeO_3を生じる．	水，HClに溶けない． KCNの濃厚溶液と熱するか，KCN粉末と溶融すれば赤色を呈したテルル化カリウムを生じる．

金属 原子量	溶解に利用する酸など	溶解反応	注意点・留意点
Te 127.6			$2KCN + Te \rightarrow K_2Te + (CN)_2$ この溶液に空気を通じるとTeが黒色粉末状に析出する． $2K_2Te + 2H_2O + O_2 \rightarrow 4KOH + 2Te$
Ti 47.87	フッ化水素酸，希塩酸，希硫酸	希 HCl に熱時溶け，酸化を防ぎながら溶かせば紫色の $TiCl_3$ を生じる． 希 H_2SO_4 には冷時溶けて $Ti_2(SO_4)_3$ と H_2 ガスを生じる． 濃 H_2SO_4 には熱時溶けて $Ti(SO_4)_2$ と SO_2 を生じる． 最良の溶解剤は HF であって，空気中で溶かせば TiF_4 を生じる．混酸（HF + HCl, HF + H_2SO_4）も用いられる．	HNO_3 には難溶性のチタン酸を生成する． 王水によって表面が酸化されてチタン酸の皮膜で覆われるので溶けにくくなる．
Tl 204.4	硝酸	HNO_3 に比較的たやすく溶ける． 空気中で熱すれば混合酸化物（Tl_2O と Tl_2O_3）を生じる．	希 HCl または希 H_2SO_4 は，溶けてできる塩が難溶性であるため，常温では溶けにくい． 水には空気の不在で溶けない．
U 238.0	水	粉末状のものは水と常温で反応し，H_2 ガスを発生する． 酸には H_2 ガスを発生しつつ溶けて U^{4+} の塩を生じる．	HNO_3 に対して不動態となり溶けにくい．粉末状のものは激しく NO を発生して溶ける． 水酸化アルカリには溶けない．
V 50.94	硝酸，硫酸	酸化性の酸（HNO_3 または熱濃 H_2SO_4）に溶け，また王水または $HClO_3$，$HClO_4$ などに溶けバナジン酸を生じる． 炭酸アルカリにはバナジン酸塩となって溶ける．	希酸にはほとんど溶けない． 水酸化アルカリ溶液には溶けない．
W 183.8	フッ化水素酸，混酸（硝酸 + フッ化水素酸）	混酸（HNO_3 + HF）には錯塩を生成し，徐々に溶ける． アルカリ性の酸化性の融剤（たとえば無水 Na_2CO_3，KNO_3 混合物または $NaNO_2$）と融解すれば激しく反応して Na_2WO_4 または K_2WO_4 を生じる．	HCl，H_2SO_4 に溶けにくい． 濃 HNO_3 や王水には不動態を形成し，表面が反応する程度である． 硝酸，混酸（塩酸 + 硝酸）の分解では酒石酸を加える．
Zn 65.38	希塩酸，希硝酸，希硫酸	非酸化性の酸または水酸化アルカリに溶けて，H_2 ガスを発生する．希 HCl, 希 H_2SO_4, 酢酸に溶ける．ただし，純粋の金属の溶解はごく遅く，不純の金属はたやすく溶ける． $Zn + HCl \rightarrow Zn^{2+} + 2Cl^- + H_2$ Cu，Pt などを接触させると電池作用によって，すみやかに溶ける． 酸化性の酸に溶けるが，H_2 ガスを発生しない．希 HNO_3 に溶けるとき，NH_4 塩を副生する． $4Zn + 10HNO_3 \rightarrow 4Zn^{2+} + 9NO_3^- + NH_4^+ + 3H_2O$ やや濃 HNO_3 には溶けて，おもに NO ガスを発生する．その濃度が薄いと NO_2 ガスも発生する． $3Zn + 8HNO_3 \rightarrow 3Zn^{2+} + 6NO_3^- + 2NO + 4H_2O$ $4Zn + 10HNO_3 \rightarrow 4Zn^{2+} + 8NO_3^- + N_2O + 5H_2O$ 熱濃 H_2SO_4 には SO_2 ガスを発生して溶ける $Zn + 2H_2SO_4 \rightarrow Zn^{2+} + SO_4^{2-} + SnO_2 + 2H_2O$ NaOH などの水酸化ナトリウムに溶けて H_2 ガスを発生する $Zn + OH^- \rightarrow ZnO_2^{2-} + H_2$	$Zn(NO_3)_2$ が濃 HNO_3 に溶けにくいため，濃 HNO_3 には溶けにくい．
Zr 91.22	フッ化水素酸，混酸（フッ化水素酸 + 塩酸，フッ化水素酸 + 硝酸）	HF および王水には常温においても溶ける． 熱 H_3PO_4 に溶ける．	HCl，H_2SO_4，HNO_3 にはほとんど溶けない．

A

参考：川田哲，ぶんせき，546(2012).
西村耕一，山岸良司，長島弘三，多田格三，神森大彦，分析化学，**21**，111(1972).
高木誠司，『新訂　定性分析化学　中巻・イオン反応編』，南江堂(1995).
長嶋弘三，ぶんせき，572(1979).
中村洋　監修，『分析試料前処理ハンドブック』，丸善(2005).
原子量は，日本化学会原子量委員会(2020)の「4 桁の原子量表(2020)」に基づいている.

付録 2 無機元素分析のための各種試料の溶解例

元素 原子量	各種試料の溶解例
Ag 107.9	【基本】HNO_3(1＋1)で容易に溶解する． 【有機物】湿式灰化後，HNO_3(1＋1)で処理する． 【鉱石類，ハロゲン化物】Na_2CO_3 で融解したのち，温水で浸出し，残渣を HNO_3 で処理する． 【硫化物，ヒ化物，テルル化物】HNO_3 で処理し，残渣を Na_2CO_3 で融解し，HNO_3 に溶解する．乾式法も有用な分解法である． 【金属】混酸($HNO_3 + H_2SO_4$)を用いる場合もある．微量の Ag に対しては王水で分解してもよい．
Al 26.98	【有機物】湿式または乾式灰化により分解できるが，揮散損失が少ない湿式灰化が望ましい．生体試料にはマイクロ波加熱分解法も使用される． 【ケイ酸塩】Na_2CO_3 で融解する． 【酸化アルミニウム】$KHSO_4$，混合融剤($Na_2CO_3 + H_3BO_3$)，混合融剤($Na_2CO_3 + Na_2B_4O_7$)で融解する． 【金属】酸化皮膜により保護され HNO_3 には溶けないが，王水には容易に溶ける．高純度でなければ，希鉱酸(無機酸)に，また熱アルカリにも溶ける．
As 74.92	【基本】乾式灰化：三塩化ヒ素($AsCl_3$)として揮散することを防ぐために，試料に酸化マグネシウムと硝酸マグネシウムをまぜ，100℃で乾燥後，550～600 ℃で灰化する．冷却後，水でぬらしてから HCl に溶解して試料とする． 湿式分解法：$AsCl_3$ の揮発を防ぐために，酸化性の酸(濃 HNO_3 や王水など)を用いる．過マンガン酸カリウムを添加して 5 価の状態を保ちながら分解すると As の損失はほぼ完全に防げる． 【有機物】混酸($H_2SO_4 + HNO_3$)，混酸($H_2SO_4 + HNO_3 + HClO_4$)による分解法が用いられている． 【ケイ酸塩岩石】ニッケルるつぼ中で，混合融剤（$NaOH + Na_2O_2$）あるいは混合融剤（$Na_2CO_3 + NaNO_3 + Na_2O_2$)で加熱融解する．
Au 197.0	【基本】Au の分解には酸化剤を要し，最良の溶解剤は王水である． 【有機物】低温または湿式灰化後，王水に溶解する．灰化の際，還元された Au が容器に付着し王水でも溶解が不可能になる場合があるので注意が必要である． 【酸化鉱，スラグ】HCl で溶解する． 【硫化鉱，マット，合金，地金】HNO_3 で処理し，Au を不溶解物として沪別後，王水に溶解する．HNO_3 処理の際，試料中に塩化物が存在すると Au が溶解するので，注意が必要である．
B 10.81	【水溶性試料】水に溶解する．浮遊物はろ過して取り除く． 【酸に可溶な試料】HCl，HNO_3，$HClO_4$ などで溶解する．蒸発乾固，あるいは白煙処理すると B の一部が揮散する．揮散抑制剤としてマンニトール，酒石酸などを添加する．HF はフッ化物を形成して揮散するので使用しない． 【酸に不溶な試料】Na_2CO_3 などで加熱融解後，酸で溶出する． 【生体試料など】$Ca(OH)_2$ や酸化ランタンなどの揮散抑制剤を加えて低温(550℃)で灰化後，酸に溶解する． 【BN】混酸($H_2SO_4 + H_3PO_4$)による高温での白煙処理で分解できる．
Ba 137.3	【基本】H_2SO_4 を用いた方法は避ける． 【重晶石 $BaSO_4$】Na_2CO_3 融解がよいが，Pb を含む場合は，ヨウ化水素酸(HI)を用いた耐圧容器中で分解する．
Be 9.012	【金属】安定な酸化皮膜をつくりやすいので，HNO_3 には溶けにくい．希 H_2SO_4，HCl，$HClO_4$ に溶解する．アルカリに溶けるが，水で薄めると水酸化物の難溶性の沈殿をつくる． 【BeO】H_2SO_4(1＋1)を用いて加熱溶解する．溶けにくい場合は，数滴の HF を加えるとよい． 【岩石試料】Na_2CO_3 融解後，HCl に溶解する． 【その他】Li を参照
Bi 209.0	【有機物】混酸($HNO_3 + H_2SO_4$)を用いて，湿式分解する． 【天然水試料】採取後ただちに HNO_3 を加えて酸性として保存する． 【酸化物や塩類】HNO_3 の他，HCl や H_2SO_4 にも溶ける． 【鉱物】HNO_3 に溶解し，HCl と H_2SO_4 を加えて蒸発させる． 【岩石や堆積物】乾燥試料の適量（0.1～0.5 g）をテフロンビーカーにとり，HNO_3，HF，$HClO_4$ を加えて 200 ℃で緩やかに加熱分解する．白煙が生じるまで蒸発したのち，希 HCl に溶解し，不溶性のものは沪別する． 【金属】HNO_3 を用いて分解する．
Ca 40.08	【基本】難溶性塩を作る HF，H_2SO_4，H_3PO_4 による試料の溶解は避ける． 【有機物】混酸($HNO_3 + HClO_4$)による湿式分解あるいは乾式灰化分解を行う． 【ケイ酸塩】炭酸塩を用いて融解後，酸に溶かす．

元素 原子量	各種試料の溶解例
Cd 112.4	【基本】HNO_3 を加えて静かに溶解したのち，H_2SO_4 と HNO_3 を加えて加熱分解する． 【鉱石】HCl 処理したのち，HNO_3 を追加し，さらに H_2SO_4 を加えて白煙を発生させる．生成した可溶性塩は水で溶解する． 【有機物】HNO_3 を加えて静かに溶解したのち，H_2SO_4 と HNO_3 を加えて加熱分解する．
Co 58.93	【有機化合物】HNO_3，H_2SO_4，$HClO_4$ で湿式分解する．乾燥，灰化で乾式灰化後，HCl に溶解する． 【酸化物】HCl，H_2SO_4，王水で加熱溶解する． 【鉱石類】HCl，HNO_3，H_2SO_4 などで加熱溶解する．残分は少量の硝酸カリウム(KNO_3)を加えた混合融剤(K_2CO_3 + Na_2CO_3)で融解する． 【金属 Co および合金】王水，HNO_3 で加熱分解する． 【Cr との合金】過酸化ナトリウム(Na_2O_2)で融解する．
Cr 52.00	【有機物を含む試料】酸化剤$(NH_4)_2S_2O_8$，HNO_3，$HClO_4$ を用いて湿式分解する．$HClO_4$ の白煙が生じるまで加熱するとき，多量の Cl^- が共存すると一部が CrO_2Cl_2 となって揮散する． 【クロム鉄鉱，強熱した $CrPO_4$，炭化物，窒化物】$KHSO_4$，($NaHSO_4$ + NaF(2 + 1))，Na_2O_2，(MgO + Na_2CO_3(4 + 1))，(NaOH + KNO_3)，(NaOH + Na_2O_2)を用いて融解する．融解後，Cr は，CrO_4^{2-}になる．アルカリ性融剤を用いると，Fe，Ti，Mn，Ni，Co など不溶性の水酸化物あるいは酸化物になって沈殿し，Cr との分離ができる． 【金属】希 HCl，希 H_2SO_4 に H_2 を発生して溶ける．不動態を生じて溶けにくいときは，他の金属を接触させるとよい． 【クロム鋼】希 HCl，希 H_2SO_4 に溶解する．高合金鋼は $HClO_4$ を併用する．Ni を多量に含む場合はあらかじめ王水で分解する． 混酸($HClO_4$ + H_3PO_4(1 + 1))，(H_2SO_4 + HNO_3)で分解する． Cr を多量に含む場合は，HF を加えて加熱し，H_2O_2 と $HClO_4$ を順次加える． 【海水】試料 400 mL に濃 HCl3.5 mL と$(NH_4)_2S_2O_8$　1 g を加えて 10 分間沸騰させる．これにより Cr(Ⅲ)の有機錯体は分解して，CrO_4^{2-}になる．
Cs 132.9	Li，Na の項を参照．
Cu 63.55	【有機物】Cu の有機錯体は揮発しやすい．ごく微量の Cu を分析する場合には，使用する酸類にふくまれる Cu が無視できないため，注意が必要である． 【硫化鉱】(HNO_3 + H_2SO_4(1：1)）で加熱分解し，分解が不完全な場合には王水を追加する．磁製るつぼなどで 700 ～ 900℃に加熱して酸化銅としたのちに硝酸を主体として溶解する． 【ケイ酸塩鉱物】HNO_3(1 + 1)や逆王水(HCl–HNO_3 (1：3))に HF を添加して溶解できるが，酸処理後の残渣を Na_2CO_3 などのアルカリ融剤により融解して溶液化することも可能である． いずれの場合も，$HClO_4$ または H_2SO_4 白煙処理を行い，最終的に適切な酸を加えて溶液化する． 【Cu 合金】HNO_3 (1 + 1)で加熱分解する．炭素，ケイ酸分，メタスズ酸などによる吸着には注意が必要である．Sn を多量に含む場合には逆王水(HCl + HNO_3 (1：3))で分解する．
Fe 55.85	【酸化物】Na_2CO_3，$Li_2B_4O_7$ またはこれらの混合物で融解した後，酸に溶解する． 【ケイ酸塩】混酸(HF + HNO_3)または混酸(HF + H_2SO_4)による加圧酸分解処理で溶解できる． 【鉱石類】HCl または混酸(HNO_3 +HCl)に溶解し，不溶解残渣を濾別し，強熱後，二硫酸カリウム($K_2S_2O_7$)または $KHSO_4$ に融解したのち，酸に溶解する． 【金属】HCl，H_2SO_4，H_3PO_4，$HClO_4$ またはこれらの混酸に容易に溶解するが，濃 HNO_3 には不動態となって溶解しない．希 HNO_3 には溶解する．混酸(HCl + HNO_3)はよい溶解酸である． 【Ni 含有量が少ない鋼】HNO_3，H_2SO_4，混酸 (HNO_3 + HCl(1 + 3))のいずれかに溶解できる． 【Ni 含有量が多い鋼】希 HCl，H_2SO_4 または混酸(HNO_3 + HCl)に溶解できる． 【Pb，Sn，Sb，Cu およびそれらの合金】混合物(Br_2 + HBr)によく溶解する． 【Al 合金】NaOH 溶液に溶解したのち，沈殿を沪別し，Fe を含む沈殿を酸に溶解する．
Ga 69.72	【ケイ酸塩】H_2SO_4 と HCl で分解する． 【酸化ガリウム】$KHSO_4$ で融解する． 【金属 Ga】HCl，$HClO_4$ で加熱溶解する． 【合金】鉱酸(無機酸)，王水に溶ける． 【GaAs】王水に溶解する． 【硫化物(鉱物)】王水かそれに Br_2 を添加して分解する．

A

元素 原子量	各種試料の溶解例
Ge 72.63	【基本】揮発性の $GeCl_4$ と不溶性の GeO_2 の生成に注意する必要がある． 【有機物】HNO_3，$HClO_4$ でゆっくり時間をかけて酸分解する．$K_2Cr_2O_7$ の存在下で強リン酸と硫酸による湿式酸化分解法も用いられる． 【石炭灰】混酸(H_2SO_4 + HF)を用いる． 【ケイ酸塩】混酸(H_2SO_4 + HF + HNO_3)を用いるが，ゆっくり低温で分解しないと，GeF_4 が揮発する． 【鉱石】NaOH，Na_2CO_3，Na_2O_2 あるいはこれらの混合物を用いて融解する． 【金属, 合金】混酸(H_2SO_4 + HNO_3)を用いる． 【合金類】(NaOH + H_2O_2)で分解できる．
Hf 178.5	Zr の項を参照．
Hg 200.6	【金属 Hg および水銀化合物】強熱またはアルカリ融解により揮散し，またその水溶液を煮沸しても揮散するので，処理過程での損失には注意が必要である． 【有機物】分解促進剤として，Se，Cr_2O_3 または V_2O_5 などを添加する．揮散防止のため，還流冷却器つきフラスコやテフロン製密閉ボンブなどが用いられる．(H_2SO_4 + HNO_3 + V_2O_5)や(H_2SO_4 + HNO_3 + $KMnO_4$ + $K_2S_2O_8$(過剰の $KMnO_4$ は塩酸ヒドロキシルアミン($NH_2OH \cdot HCl$)で還元する))などによる開放加熱方式が利用される． 【金属 Hg】HNO_3 に容易に溶解する． 【HgS】王水にすみやかに溶解する．酸化性の酸 (HNO_3 または混酸 (HNO_3 + H_2SO_4)) が利用されるが，これらに $KMnO_4$，$HClO_4$, H_2O_2, $(NH_4)_2S_2O_8$ または KIO_3 などの強酸化剤を組み合わせて処理する場合が多い．
In 114.8	【酸化インジウム】$KHSO_4$ で融解できる． 【含インジウム鉱物】まず HCl，次に HNO_3 または王水で分解できる． 【金属 In】希鉱酸(無機酸)や熱 H_2SO_4 に溶解する． 【$In(OH)_3$】強アルカリにも溶けにくい． 【合金】無機酸，王水に溶ける．
Ir 192.2	KNO_3，Na_2O_2，$KClO_3$ などの酸化剤を加えた水酸化アルカリと融解すると，酸化物(IrO_2，Ir_2O_3)を生じ，それを HCl または王水に溶かすと $M_2[IrCl_6]$を得ることができる． Pb，Zn などと合金化したのち，酸処理して微粉とする必要があり，次に Na_2O_2 融解後，酸処理するか，融解法(NaCl + Cl_2)により可溶性の $Na_2[IrCl_6]$とする方法が用いられている．
K 39.10	Li，Na の項を参照．
Li 6.941	【生物試料】乾式灰化：元素の損失が起こりやすい． 湿式灰化：ケルダールフラスコに試料を入れ，H_2SO_4，HNO_3，$HClO_4$，H_2O_4 のうちのいずれか，またはその組み合わせを用いて分解する．マイクロ波加熱分解法(硝酸)も有効である． 【岩石，鉱物，ガラス，酸化物】融解法：融剤由来のコンタミの恐れがあり，微量成分分析には向かない． ケイ酸塩岩石粉末試料 0.2g を PTFE ビーカーに入れ，少量の水で湿らせてから 46% HF 5cm^3，60% $HClO_4$ 0.5cm^3 を加え，白煙が出るまで加熱する．この操作を内容物が溶解するまで繰り返す．内容物が完全に乾固する直前に加熱をやめ，少量の HCl で残留物を湿し，水を加えて溶解する．有機物を含む試料の場合はさらに HNO_3 を加えるとよい． マイクロ波加熱分解法：HF と王水で容易に分解できる
Mg 24.31	【ケイ酸塩】Na_2CO_3 で融解後，酸に溶かす． 【アルミナセラミックス】融剤として NaOH，(NaOH + $Na_2B_4O_7 \cdot 10H_2O$) を用いると融剤からの汚染が無視できなくなる．混酸(H_3PO_4 + H_2SO_4)による酸分解が望ましい． 【金属および化合物】適当な酸に溶解する．
Mn 54.94	【酸化物】二酸化マンガン：酸性にして H_2O_2 を添加すると容易に溶ける． 【マンガン鉱】HCl，HNO_3，混酸(HCl + HNO_3)または混酸(HCl + H_2O_2)に溶ける．不溶物は沪別し HF で処理したのち，$K_2S_2O_7$ または Na_2CO_3 で融解する． 【金属 Mn】薄い鉱酸 (無機酸) に溶ける．酢酸，クエン酸，ホウ酸，水，NH_3 と徐々に反応する．熱濃アルカリ溶液にすみやかに溶ける．フッ素，塩素，臭素水と反応して MnX_2 となる． 【鋳鉄，炭素鋼，低合金鋼】HNO_3 で溶解する． 【高合金鋼】混酸 (HCl + HNO_3，HNO_3 + HF，HNO_3 + $HClO_4$)を用いる．酸化して，定量的に安定な MnO_4^- を生成させる場合には，その安定剤として H_3PO_4 を加えるとよい． 【有機物】乾式法(400 °C，24 時間)あるいは湿式法(HNO_3 + $HClO_4$ + H_2SO_4)を用いる．

A

元素 原子量	各種試料の溶解例
Mo 95.95	【金属 Mo】熱濃 H_2SO_4，王水，混酸（濃 HNO_3 + HF，濃 H_2SO_4 + HF），HNO_3 に溶ける．混合融剤（Na_2CO_3 + KNO_3, Na_2CO_3 + Na_2O_2）と融解すると可溶性 MoO_4^{2-} となる．MnO_3 は濃 HCl, 濃 H_2SO_4 およびアルカリに溶ける． 【モリブデン鋼】HNO_3，H_2SO_4 に溶ける．酸化性アルカリ融剤で融解すると水に可溶となる． 【鉄, 鉄鋼】混酸（HNO_3(1 + 1) + $HClO_4$）に溶解する． Si が多い場合, HF を加えて, $HClO_4$ の白煙が生じるまで加熱する．HCl(1 + 1) または H_2SO_4(1 + 5) で処理し，HNO_3 あるいは（HNO_3(1 + 5) + H_2O_2）を加えて加熱分解する． 【ステンレス鋼】混酸（$HClO_4$ + H_3PO_4 + HF）に溶解し，$HClO_4$ の白煙が生じるまで加熱する． 【Mo-W 合金】混酸（HNO_3 + HF）で分解する．分解後に Mo の還元反応が必要な場合は，分解に用いた HNO_3 は完全に追い出しておく．
Na 22.99	Li の項を参照． 原子吸光法の際，イオン化干渉が Li により抑制できるので，リチウム塩を融剤として用いるのが有効である． 【ケイ酸塩岩石粉末】試料 100 mg に，融剤（Li_2CO_3：300 mg，H_3BO_3：300 mg）で分解後，1 moldm^{-3} HCl 溶液 100 cm^3 に溶かす．
Nb 92.91	【基本】加水分解を防ぐため，HF 以外の希酸溶液では $(COONH_4)_2$ 溶液（3%），H_2SO_4(1 + 1) 溶液や強アルカリ溶液として保存する． 【酸化物】$KHSO_4$, $K_2S_2O_7$, K_2CO_3, KOH, Na_2O_2 などで融解する．テフロン密閉容器で HF で加熱分解される． 【金属】混酸（HF + HNO_3）で加熱分解する．K_2SO_4 または $(NH_4)_2SO_4$ で加熱分解する．
Ni 58.69	【有機物】HNO_3, H_2SO_4, $HClO_4$ で湿式分解する．$HClO_4$ を用いる湿式分解では HNO_3 を共存させるなどして，急激な酸化に伴う爆発などに十分配慮する必要がある．乾燥，灰化後，酸に溶解する． 【金属 Ni，合金】HCl，HNO_3，H_2SO_4 などの各種酸で加熱溶解する．Ni が高濃度の場合，希酸（HCl，H_2SO_4，王水）で加熱溶解する． 【酸化物】HCl，HNO_3 で加熱溶解し，残分を沪別する．残分を水酸化カリウム共存下で炭酸塩（カリウム塩またはナトリウム塩）で融解し，それを酸で溶解する．
Os 190.2	KNO_3，Na_2O_2，$KClO_3$ などの酸化剤を加えた水酸化アルカリと融解すると，水溶性の $M_2[OsO_4]$ を得ることができる。
Pb 207.2	【有機物】多量の塩化物が存在しない限り, 石英るつぼを用いて, 450〜500℃で乾式灰化すると Pb の損失はない．リン酸を含む場合：800〜900 ℃で灰化してもよい． 湿式分解法：試料をテフロン製三角フラスコに入れて，テフロン漏斗で蓋をして，HNO_3，$HClO_4$，HF とともに煮沸する．Pb の損失はないが，汚染には注意が必要である． 【硫化物】濃 HCl で分解し，不溶物は HNO_3 で処理し，必要があれば，HCl を加えて加熱溶解する． 【ケイ酸塩】Na_2CO_3 融解後，酸性にして溶液とする．テフロン容器中 HNO_3，$HClO_4$，HF とともに 150 ℃で数時間加温すれば溶解できる． 【非鉄金属，金属 Pb，酸化物】HNO_3(1 + 1)，HCl，HBr またはこれらの混酸で加熱分解する．
Pd 106.4	王水にて，$H_2[PdCl_4]$ として溶解することができる．また，Ru，Rh と同様に，アルカリ融解や（NaCl + Cl_2）融解でも溶解することが可能である．
Pt 195.1	王水にて，$H_2[PtCl_6]$ として溶解することができる．また，Os，Ir と同様に，アルカリ融解や（NaCl + Cl_2）融解でも溶解することが可能である．
Rb 85.47	Li，Na の項を参照．
Re 186.2	【有機物】アルカリの存在下で密閉容器中で灰化する． 【鉱石】HNO_3 または混酸（HNO_3 + HCl）に溶ける．これを蒸発乾固したり，H_2SO_4 または $HClO_4$ 溶液を加熱して白煙を生じさせると揮散による損失を招く． 【酸に不溶な試料】Na_2CO_3 または混合融剤（NaOH + Na_2O_2）で融解する． 【金属】H_2O_2 または HNO_3 と激しく反応し，$HReO_2$ 溶液となる．熱 H_2SO_4 で徐々に分解される．
Rh 102.9	微粉末は王水に溶解することができる． $KHSO_4$ と融解すると，水溶性の塩 $KRh(SO_4)_2$ が得られる． 【基本】熱濃 H_2SO_4 または二硫酸塩融解により $Rh_2(SO_4)_3$ の溶液とする方法が取られている．
Ru 101.1	KNO_3，Na_2O_2，$KClO_3$ などの酸化剤を加えた水酸化アルカリと融解すると，水溶性の $M_2[RuO_4]$ を得ることができる．

元素 原子量	各種試料の溶解例
Sb 121.8	【有機物】混酸($H_2SO_4 + HNO_3$)，あるいは混酸($H_2SO_4 + HNO_3 + HClO_4$)を用いて湿式分解する． 【鉱石】混酸($HNO_3 + HBr + HCl$)による分解を行う．熱 HNO_3 で処理すると不溶性の酸化物が生成するが，この酸化物は Na_2CO_3 と S の混合物で加熱融解することができる． 【硫化物】H_2SO_4 と K_2SO_4 で加熱し溶解する． 【ケイ酸塩岩石】混酸($H_2SO_4 + HF$)で加熱溶解する． 【金属，合金】熱濃 H_2SO_4，または混酸($HCl + HNO_3$)などで溶解できる．熱 HCl による溶解は Sb を揮散させることがあるので，還流冷却器付きの反応容器をを用いる．
Sc 44.96	【岩石試料】酸による熱分解とアルカリかその塩による溶融法を用いる．分解する前に試料をめのう乳鉢などを用いて粉砕する．
Se 78.97	酸分解法：HNO_3 および H_2SO_4 を加えて加熱溶解する．単体 Se，Te およびセレン化合物，テルル化合物は H_2SeO_3，H_2TeO_3 に酸化される． 融解法：混合融剤($Na_2CO_3 + KNO_3$)または($KOH + KNO_3$)とともに，ニッケルるつぼ中で融解すると，Se と Te は酸化されて M_2SeO_4 および M_2TeO_4 となる．
Si 28.09	【有機物】灰化したのちに，Na_2CO_3 などのアルカリ融剤で融解するか，$HClO_4$ を用いて湿式分解する．微量の Si を定量する場合は，使用する水，器具類からの汚染の混入に十分注意しなければならない．石英製品も含めてガラスからの Si の溶出は無視できないので，フッ素樹脂などの器具を用いることが望ましい． 【ケイ酸塩】Na_2CO_3, NaOH, Na_2O_2 などを用いて融解後, HCl, HNO_3 などに溶解する．融解には白金，グラファイトるつぼが用いられる．H_3BO_4 やホウ酸塩を混合することにより，るつぼの浸食を抑制できる．テフロン容器内にフッ化水素酸と HCl，H_2SO_4 などを入れて密閉し，常温で放置して分解する． 【セラミックス】ステンレス製外筒付きテフロン容器内に HF と他の無機酸を入れて密閉し，加熱分解する．開栓後，H_3BO_3 溶液を添加することにより Si の揮散が抑制され，生成した塩類も溶解しやすくなる． 【金属，合金】塩酸，H_2SO_4，$HClO_4$ などを用いて溶解するが，加熱しすぎると不溶性のケイ酸が生成しやすいので注意が必要である．
Sn 118.7	【有機物トリブチルスズ，トリフェニルスズ】実際の試料中では塩化物あるいはタンパク質の SH 基などと結合しているので，HCl で処理後，ヘキサンなどの溶媒で抽出する． 【Sn の鉱物】ニッケル，ジルコニアるつぼを用い，Na_2O_2 単独，または混合融剤($Na_2CO_3 + Na_2O_2$)などで融解し，水または HCl で溶出する． 【SnO_2】NaOH あるいは Na_2O_2 で融解し，HCl で溶出する．Pt 小片を触媒に加え，NH_4I で融解する．試料を HCl や王水で溶解する際に乾固まで蒸発すると，Sn は $SnCl_4$ として損失するので，H_2SO_4 を加えて白煙まで処理する． 【合金】HCl, 混酸($HCl + HNO_3$, $HCl + H_2O_2$)などに溶ける．濃厚な熱酸には簡単に溶解する．HNO_3 はメタスズ酸($SnO_2 \cdot xH_2O$)を沈殿するので適当でない．
Sr 87.62	【基本】難溶性塩をつくる HF，H_2SO_4，H_3PO_4 による試料の溶解は避ける． 【ケイ酸塩】炭酸塩を用いて融解後，酸に溶かす．ホウ砂，$LiBO_2$ による融解は酸化物の分解に有効である．
Ta 180.9	Nb の項を参照．
Te 127.6	Se の項を参照．
Th 232.0	Th(IV) が F^- と強く錯形成することを利用して試料を分解する． 高濃度の F^- を含む溶液中では難溶性のフッ化物を形成するので，分解処理後の試料を H_2SO_4 あるいは $HClO_4$ を共存させて白煙が生じるまで強熱し，F^- 濃度を低減する． 【Th 金属，ThO_2】HF を少量含む HNO_3 に加熱溶解する． 【鉱物】KHF_2 を用いて融解する．耐圧密閉式テフロン容器を用いて，混酸($HCl + HF$)で処理する．
Ti 47.87	【チタン鉱石】混合融剤($Na_2CO_3 + Na_2O_2$)や($NaOH + Na_2O_2$)あるいは($KOH + H_3BO_3$)により融解する． 【ケイ酸塩岩石】Na_2CO_3 により融解するか，H_2SO_4 と HF 溶液により加熱分解する．残渣がある時は，さらに $K_2S_2O_7$ により融解する． 【TiO_2】$K_2S_2O_7$ により融解して H_2SO_4 溶液にする．混合融剤(H_2SO_4, $(NH_4)_2SO_4$)により加熱分解することができる． 【金属】2～9M-H_2SO_4 または 3～12M-HCl に徐々に溶ける． JIS 法では H_2SO_4 (1＋1～9)や HCl(1＋1)，あるいは混酸($H_2SO_4 + HCl$)により加熱分解し，標準液にする方法がとられている．溶解した際，Ti(3 価)を生成するので，HNO_3 で酸化し，Ti(4 価)にして分析に用いる場合が多い．Ti(4 価)は加水分解しやすいので，希釈する場合は注意が必要である． 【金属や合金】HF，混酸($HF + H_2SO_4$)また混酸($HF + HCl$)を用いる．

A

元素 原子量	各種試料の溶解例
Tl 204.4	【有機物】湿式分解する．乾式灰化は揮散のおそれがある． 【タリウム鉱物】H_2SO_4 と K_2SO_4 により分解される． 【黄鉄鉱，セン亜鉛鉱】HCl，HNO_3 により分解できる． 【ケイ酸塩】HCl，HNO_3(または H_2SO_4)により分解できる． 【金属 Tl】HNO_3 または H_2SO_4 に溶け，HCl には溶けにくい． 【Tl 合金】鉱酸(無機酸)または王水に溶ける．
V 50.94	【重油など】H_2SO_4 を加えて加熱し炭化し，525 ℃で数時間灰化後，酸に溶解する． 【石炭灰など】密閉テフロン容器に試料，混酸（HF + HNO_3）を加え 110℃，1 時間程度加熱分解し，さらにホウ酸溶液で再加熱する． 【酸で分解が難しい試料】アルカリ融解(Na_2CO_3 + K_2CO_3)で処理することもある． 【V を含む鋼，合金，鉱石など】王水や HNO_3 に容易に溶解する． 【炭化物など溶けがたい化合物を含む場合】HNO_3 と H_2SO_4 を加えて硫酸白煙まで加熱し，冷却後 HNO_3 を加え加熱を繰り返して分解する． 【高速度鋼など W を含む試料】H_3PO_4 の添加が効果的である．
W 183.8	【酸化物】WO_2 は加熱すると HCl や H_2SO_4 に溶ける．WO_2 は KOH に溶ける．WO_3 は酸に溶けにくいが，KOH，K_2CO_3，NH_3，$(NH_4)_2CO_3$，$(NH_3)_2SO_4$ に溶ける． 【硫化物を含むとき】HNO_3 で分解し，残分を Na_2CO_3 で融解する． 【金属 W および W 合金】HCl や H_2SO_4 には溶解しないので，混酸(HNO_3 + HF)で WF_6 や WOF_4 に分解し，その後 H_2SO_4 を加えて白煙が生じるまで加熱する． 【Fe および Fe 合金】上述【金属 W および W 合金】の混酸(HNO_3 + HF)の他，混酸(H_2SO_4+ H_3PO_4+ 王水)を用いて分解する． 【W–Mo 合金】H_2O_2 で分解する． 【タングステン鉱】混酸(HNO_3 + HCl)で分解すると W は H_2WO_4 として析出する． 【灰重石($CaWO_4$)】HCl で分解する． 【鉄マンガン鉱】KOH，Na_2CO_3，混合融剤(Na_2CO_3 + Na_2O_2)，ピロリン酸塩などで融解し，溶融物から WO_4^{2-} を水で抽出する．Na_2CO_3 で溶融すると，Mo，V，As，P，Cr，Si，Al，Sb，S，Ta が抽出されてくるが，Fe，Zr，Mn，Ca は残留する．アルカリ金属塩で融解すると，その後の酸処理やシンコニンとの反応において沈殿生成が不完全になるので注意を要する．
Y，ランタノイド	【リン酸塩鉱物】H_2SO_4 や $HClO_4$ に容易に分解する． 【含フッ素炭酸塩】H_2SO_4 や $HClO_4$ と加熱すると分解する．アルカリ融解は硫酸水素カリウム（$KHSO_4$）を用いる． 【ケイ酸塩鉱物，ガラス】酸分解法：混酸(HF + HNO_3 + $HClO_4$)を用い，テフロン容器中で行う． 【酸に溶けにくい試料】アルカリ融解法が適している．融剤は，Na_2CO_3，Na_2O_2，四ホウ酸ナトリウム($Na_2B_4O_7$)，メタホウ酸リチウム($LiBO_2$)である． 混合融剤(Na_2O_2，NaOH)はケイ酸塩の他，金属や酸化物も融解できる． ICP-AES や ICP-MS で測定する場合，アルカリ融解法はマトリックス元素量を増やすため，一般に酸分解法が適している． ICP-MS を行う際のアルカリ融解は，メタホウ酸リチウムがスペクトル干渉を抑えることができる．
Zn 65.38	【有機物】混酸(HNO_3 + $HClO_4$)，混酸(HNO_3 + H_2SO_4 + $HClO_4$)などによる湿式分解法と，乾式分解法(500～550℃)が用いられている． 湿式分解法は分解中の Zn の損失は少ないが，試薬からの汚染のおそれがある．乾式分解法は試薬からの汚染は少ないが，加熱中に Zn が損失する恐れがある． 【亜鉛鉱石】HCl，HNO_3 の順に添加して加熱分解し，次いで白煙処理が発生するまで H_2SO_4 を加える．HCl だけで強熱すると Zn が揮散するおそれがある． 【Zn 合金】通常の鉱酸(無機酸)に溶解する． 【Cu 合金，Pb 合金】HNO_3，王水，過酸化物，Br_2 などの酸化剤の利用，ときには錯形成剤の利用が望ましい．
Zr 91.22	【酸化物】JIS では ZrO_2 を混合融剤(H_2SO_4, $(NH_4)_2SO_4$)により加熱分解して標準液を調製している． 【バレデイ石(ZrO_2)】$K_2S_2O_7$ で融解する． 【ジルコン】Na_2CO_3，$Na_2B_4O_7$ などで融解する． Na_2CO_3 で融解し，熱水で洗うことで SiO_3^{2-} などを溶かしだし，残留物をろ過，灰化し，$K_2S_2O_7$ により融解する． KHF_2 と融解後，希 H_2SO_4 を加え白煙まで蒸発すれば分解される． 【金属 Zr または合金】HF また混酸(HF + 強酸)，混酸(HF + H_3BO_3)で溶解する．不溶残渣があれば，HNO_3 を加えて分解する．KHF_2 または NH_4F により融解する．

資料：日本分析化学会編，『改定 6 版　分析化学便覧』，丸善(2011)．
原子量は，日本化学会原子量委員会(2020)の「4 桁の原子量表(2020)」に基づいている．

A

付録3　特性X線のエネルギー

元素	$K\alpha_1$	$K\alpha_2$	$K\beta_1$	$L\alpha_1$	$L\alpha_2$	$L\beta_1$	$L\beta_2$	$L\gamma_1$	$M\alpha_1$
3 Li	54.3								
4 Be	108.5								
5 B	183.3								
6 C	277								
7 N	392.4								
8 O	524.9								
9 F	676.8								
10 Ne	848.6	848.6							
11 Na	1,040.98	1,040.98	1,071.1						
12 Mg	1,253.60	1,253.60	1,302.2						
13 Al	1,486.70	1,486.27	1,557.45						
14 Si	1,739.98	1,739.38	1,835.94						
15 P	2,013.7	2,012.7	2,139.1						
16 S	2,307.84	2,306.64	2,464.04						
17 Cl	2,622.39	2,620.78	2,815.6						
18 Ar	2,957.70	2,955.63	3,190.5						
19 K	3,313.8	3,311.1	3,589.6						
20 Ca	3,691.68	3,688.09	4,012.7	341.3	341.3	344.9			
21 Sc	4,090.6	4,086.1	4,460.5	395.4	395.4	399.6			
22 Ti	4,510.84	4,504.86	4,931.81	452.2	452.2	458.4			
23 V	4,952.20	4,944.64	5,427.29	511.3	511.3	519.2			
24 Cr	5,414.72	5,405.509	5,946.71	572.8	572.8	582.8			
25 Mn	5,898.75	5,887.65	6,490.45	637.4	637.4	648.8			
26 Fe	6,403.84	6,390.84	7,057.98	705.0	705.0	718.5			
27 Co	6,930.32	6,915.30	7,649.43	776.2	776.2	791.4			
28 Ni	7,478.15	7,460.89	8,264.66	851.5	851.5	868.8			
29 Cu	8,047.78	8,027.83	8,905.29	929.7	929.7	949.8			
30 Zn	8,638.86	8,615.78	9,572.0	1,011.7	1,011.7	1,034.7			
31 Ga	9,251.74	9,224.82	10,264.2	1,097.92	1,097.92	1,124.8			
32 Ge	9,886.42	9,855.32	10,982.1	1,188.00	1,188.00	1,218.5			
33 As	10,543.72	10,507.99	11,726.2	1,282.0	1,282.0	1,317.0			
34 Se	11,222.4	11,181.4	12,495.9	1,379.10	1,379.10	1,419.23			
35 Br	11,924.2	11,877.6	13,291.4	1,480.43	1,480.43	1,525.90			
36 Kr	12,649	12,598	14,112	1,586.0	1,586.0	1,636.6			
37 Rb	13,395.3	13,335.8	14,961.3	1,694.13	1,692.56	1,752.17			
38 Sr	14,165	14,097.9	15,835.7	1,806.56	1,804.74	1,871.72			
39 Y	14,958.4	14,882.9	16,737.8	1,922.56	1,920.47	1,995.84			
40 Zr	15,775.1	15,690.9	17,667.8	2,042.36	2,039.9	2,124.4	2,219.4	2,302.7	
41 Nb	16,615.1	16,521.0	18,622.5	2,165.89	2,163.0	2,257.4	2,367.0	2,461.8	
42 Mo	17,479.34	17,374.3	19,608.3	2,293.16	2,289.85	2,394.81	2,518.3	2,623.5	
43 Tc	18,367.1	18,250.8	20,619	2,424	2,420	2,538	2,674	2,792	
44 Ru	19,279.2	19,150.4	21,656.8	2,558.55	2,554.31	2,683.23	2,836.0	2,964.5	

元素	Kα_1	Kα_2	Kβ_1	Lα_1	Lα_2	Lβ_1	Lβ_2	Lγ_1	Mα_1
45 Rh	20,216.1	20,073.7	22,723.6	2,696.74	2,692.05	2,834.41	3,001.3	3,143.8	
46 Pd	21,177.1	21,020.1	23,818.7	2,838.61	2,833.29	2,990.22	3,171.79	3,328.7	
47 Ag	22,162.92	21,990.3	24,942.4	2,984.31	2,978.21	3,150.94	3,347.81	3,519.59	
48 Cd	23,173.6	22,984.1	26,095.5	3,133.73	3,126.91	3,316.57	3,528.12	3,716.86	
49 In	24,209.7	24,002.0	27,275.9	3,286.94	3,279.29	3,487.21	3,713.81	3,920.81	
50 Sn	25,271.3	25,044.0	28,486.0	3,443.98	3,435.42	3,662.80	3,904.86	4,131.12	
51 Sb	26,359.1	26,110.8	29,725.6	3,604.72	3,595.32	3,843.57	4,100.78	4,347.79	
52 Te	27,472.3	27,201.7	30,995.7	3,769.33	3,758.8	4,029.58	4,301.7	4,570.9	
53 I	28,612.0	28,317.2	32,294.7	3,937.65	3,926.04	4,220.72	4,507.5	4,800.9	
54 Xe	29,779	29,458	33,624	4,109.9	—	—	—	—	
55 Cs	30,972.8	30,625.1	34,986.9	4,286.5	4,272.2	4,619.8	4,935.9	5,280.4	
56 Ba	32,193.6	31,817.1	36,378.2	4,466.26	4,450.90	4,827.53	5,156.5	5,531.1	
57 La	33,441.8	33,034.1	37,801.0	4,650.97	4,634.23	5,042.1	5,383.5	5,788.5	833
58 Ce	34,719.7	34,278.9	39,257.3	4,840.2	4,823.0	5,262.2	5,613.4	6,052	883
59 Pr	36,026.3	35,550.2	40,748.2	5,033.7	5,013.5	5,488.9	5,850	6,322.1	929
60 Nd	37,361.0	36,847.4	42,271.3	5,230.4	5,207.7	5,721.6	6,089.4	6,602.1	978
61 Pm	38,724.7	38,171.2	43,826	5,432.5	5,407.8	5,961	6,339	6,892	—
62 Sm	40,118.1	39,522.4	45,413	5,636.1	5,609.0	6,205.1	6,586	7,178	1,081
63 Eu	41,542.2	40,901.9	47,037.9	5,845.7	5,816.6	6,456.4	6,843.2	7,480.3	1,131
64 Gd	42,996.2	42,308.9	48,697	6,057.2	6,025.0	6,713.2	7,102.8	7,785.8	1,185
65 Tb	44,481.6	43,744.1	50,382	6,272.8	6,238.0	6,978	7,366.7	8,102	1,240
66 Dy	45,998.4	45,207.8	52,119	6,495.2	6,457.7	7,247.7	7,635.7	8,418.8	1,293
67 Ho	47,546.7	46,699.7	53,877	6,719.8	6,679.5	7,525.3	7,911	8,747	1,348
68 Er	49,127.7	48,221.1	55,681	6,948.7	6,905.0	7,810.9	8,189.0	9,089	1,406
69 Tm	50,741.6	49,772.6	57,517	7,179.9	7,133.1	8,101	8,468	9,426	1,462
70 Yb	52,388.9	51,354.0	59,370	7,415.6	7,367.3	8,401.8	8,758.8	9,780.1	1,521.4
71 Lu	54,069.8	52,965.0	61,283	7,655.5	7,604.9	8,709.0	9,048.9	10,143.4	1,581.3
72 Hf	55,790.2	54,611.4	63,234	7,899.0	7,844.6	9,022.7	9,347.3	10,515.8	1,644.6
73 Ta	57,532	56,277	65,223	8,146.1	8,087.9	9,343.1	9,651.8	10,895.2	1,710
74 W	59,318.24	57,981.7	67,244.3	8,397.6	8,335.2	9,672.35	9,961.5	11,285.9	1,775.4
75 Re	61,140.3	59,717.9	69,310	8,652.5	8,586.2	10,010.0	10,275.2	11,685.4	1,842.5
76 Os	63,000.5	61,486.7	71,413	8,911.7	8,841.0	10,355.3	10,598.5	12,095.3	1,910.2
77 Ir	64,895.6	63,286.7	73,560.8	9,175.1	9,099.5	10,708.3	10,920.3	12,512.6	1,979.9
78 Pt	66,832	65,112	75,748	9,442.3	9,361.8	11,070.7	11,250.5	12,942.0	2,050.5
79 Au	68,803.7	66,989.5	77,984	9,713.3	9,628.0	11,442.3	11,584.7	13,381.7	2,122.9
80 Hg	70,819	68,895	80,253	9,988.8	9,897.6	11,822.6	11,924.1	13,830.1	2,195.3
81 Tl	72,871.5	70,831.9	82,576	10,268.5	10,172.8	12,213.3	12,271.5	14,291.5	2,270.6
82 Pb	74,969.4	72,804.2	84,936	10,551.5	10,449.5	12,613.7	12,622.6	14,764.4	2,345.5
83 Bi	77,107.9	74,814.8	87,343	10,838.8	10,730.91	13,023.5	12,979.9	15,247.7	2,422.6
84 Po	79,290	76,862	89,800	11,130.8	11,015.8	13,447	13,340.4	15,744	—
85 At	81,520	78,950	92,300	11,426.8	11,304.8	13,876	—	16,251	—
86 Rn	83,780	81,070	94,870	11,727.0	11,597.9	14,316	—	16,770	—
87 Fr	86,100	83,230	97,470	12,031.3	11,895.0	14,770	14,450	17,303	—

元素	$K\alpha_1$	$K\alpha_2$	$K\beta_1$	$L\alpha_1$	$L\alpha_2$	$L\beta_1$	$L\beta_2$	$L\gamma_1$	$M\alpha_1$
88 Ra	88,470	85,430	100,130	12,339.7	12,196.2	15,235.8	14,841.4	17,849	—
89 Ac	90,884	87,670	102,850	12,652.0	12,500.8	15,713	—	18,408	—
90 Th	93,350	89,953	105,609	12,968.7	12,809.6	16,202.2	15,623.7	18,982.5	2,996.1
91 Pa	95,868	92,287	108,427	13,290.7	13,122.2	16,702	16,024	19,568	3,082.3
92 U	98,439	94,665	111,300	13,614.7	13,438.8	17,220.0	16,428.3	20,167.1	3,170.8
93 Np	—	—	—	13,944.1	13,759.7	17,750.2	16,840.0	20,784.8	—
94 Pu	—	—	—	14,278.6	14,084.2	18,293.7	17,255.3	21,417.3	—
95 Am	—	—	—	14,617.2	14,411.9	18,852.0	17,676.5	22,065.2	—

付録 4　電子の結合エネルギー

元素	K 1s	L_1 2s	L_2 $2p_{1/2}$	L_3 $2p_{3/2}$	M_1 3s	M_2 $3p_{1/2}$	M_3 $3p_{3/2}$	M_4 $3d_{3/2}$	M_5 $3d_{5/2}$	N_1 4s	N_2 $4p_{1/2}$	N_3 $4p_{3/2}$
1 H	13.6											
2 He	24.6											
3 Li	54.7											
4 Be	111.5											
5 B	188											
6 C	284.2											
7 N	409.9	37.3										
8 O	543.1	41.6										
9 F	696.7											
10 Ne	870.2	48.5	21.7	21.6								
11 N	1070.8	63.5	30.65	30.81								
12 Mg	1303.0	88.7	49.78	49.50								
13 I	1559.6	117.8	72.95	72.55								
14 Si	1839	149.7	99.82	99.42								
15 P	2145.5	189	136	135								
16 S	2472	230.9	163.6	162.5								
17 Cl	2822.4	270	202	200								
18 r	3205.9	326.3	250.6	248.4	29.3	15.9	15.7					
19 K	3608.4	378.6	297.3	294.6	34.8	18.3	18.3					
20 C	4038.5	438.4	349.7	346.2	44.3	25.4	25.4					
21 Sc	4492	498.0	403.6	398.7	51.1	28.3	28.3					
22 Ti	4966	560.9	460.2	453.8	58.7	32.6	32.6					
23 V	5465	626.7	519.8	512.1	66.3	37.2	37.2					
24 Cr	5989	696.0	583.8	574.1	74.1	42.2	42.2					
25 Mn	6539	769.1	649.9	638.7	82.3	47.2	47.2					
26 Fe	7112	844.6	719.9	706.8	91.3	52.7	52.7					
27 Co	7709	925.1	793.2	778.1	101.0	58.9	59.9					
28 Ni	8333	1008.6	870.0	852.7	110.8	68.0	66.2					
29 Cu	8979	1096.7	952.3	932.7	122.5	77.3	75.1					
30 Zn	9659	1196.2	1044.9	1021.8	139.8	91.4	88.6	10.2	10.1			
31 G	10367	1299.0	1143.2	1116.4	159.5	103.5	100.0	18.7	18.7			
32 Ge	11103	1414.6	1248.1	1217.0	180.1	124.9	120.8	29.8	29.2			
33 s	11867	1527.0	1359.1	1323.6	204.7	146.2	141.2	41.7	41.7			
34 Se	12658	1652.0	1474.3	1433.9	229.6	166.5	160.7	55.5	54.6			
35 Br	13474	1782	1596	1550	257	189	182	70	69			
36 Kr	14326	1921	1730.9	1678.4	292.8	222.2	214.4	95.0	93.8	27.5	14.1	14.1
37 Rb	15200	2065	1864	1804	326.7	248.7	239.1	113.0	112	30.5	16.3	15.3
38 Sr	16105	2216	2007	1940	358.7	280.3	270.0	136.0	134.2	38.9	21.3	20.1
39 Y	17038	2373	2156	2080	392.0	310.6	298.8	157.7	155.8	43.8	24.4	23.1
40 Zr	17998	2532	2307	2223	430.3	343.5	329.8	181.1	178.8	50.6	28.5	27.1
41 Nb	18986	2698	2465	2371	466.6	376.1	360.6	205.0	202.3	56.4	32.6	30.8
42 Mo	20000	2866	2625	2520	506.3	411.6	394.0	231.1	227.9	63.2	37.6	35.5
43 Tc	21044	3043	2793	2677	544	447.6	417.7	257.6	253.9	69.5	42.3	39.9
44 Ru	22117	3224	2967	2838	586.1	483.5	461.4	284.2	280.0	75.0	46.3	43.2
45 Rh	23220	3412	3146	3004	628.1	521.3	496.5	311.9	307.2	81.4	50.5	47.3
46 Pd	24350	3604	3330	3173	671.6	559.9	532.3	340.5	335.2	87.1	55.7	50.9

A

元素	K 1s	L_1 2s	L_2 $2p_{1/2}$	L_3 $2p_{3/2}$	M_1 3s	M_2 $3p_{1/2}$	M_3 $3p_{3/2}$	M_4 $3d_{3/2}$	M_5 $3d_{5/2}$	N_1 4s	N_2 $4p_{1/2}$	N_3 $4p_{3/2}$
47 g	25514	3806	3524	3351	719.0	603.8	573.0	374.0	368.3	97.0	63.7	58.3
48 Cd	26711	4018	3727	3538	772.0	652.6	618.4	411.9	405.2	109.8	63.9	63.9
49 In	27940	4238	3938	3730	827.2	703.2	665.3	451.4	443.9	122.9	73.5	73.5
50 Sn	29200	4465	4156	3929	884.7	756.5	714.6	493.2	484.9	137.1	83.6	83.6
51 Sb	30491	4698	4380	4132	946	812.7	766.4	537.5	528.2	153.2	95.6	95.6
52 Te	31814	4939	4612	4341	1006	870.8	820.0	583.4	573.0	169.4	103.3	103.3
53 I	33169	5188	4852	4557	1072	931	875	630.8	619.3	186	123	123
54 Xe	34561	5453	5107	4786	1148.7	1002.1	940.6	689.0	676.4	213.2	146.7	145.5
55 Cs	35985	5714	5359	5012	1211	1071	1003	740.5	726.6	232.3	172.4	161.3
56 B	37441	5989	5624	5247	1293	1137	1063	795.7	780.5	253.5	192	178.6
57 L	38925	6266	5891	5483	1362	1209	1128	853	836	274.7	205.8	196.0
58 Ce	40443	6549	6164	5723	1436	1274	1187	902.4	883.8	291.0	223.2	206.5
59 Pr	41991	6835	6440	5964	1511	1337	1242	948.3	928.8	304.5	236.3	217.6
60 Nd	43569	7126	6722	6208	1575	1403	1297	1003.3	980.4	319.2	243.3	224.6
61 Pm	45184	7428	7013	6459	—	1471	1357	1052	1027	—	242	242
62 Sm	46834	7737	7312	6716	1723	1541	1420	1110.9	1083.4	347.2	265.6	247.4
63 Eu	48519	8052	7617	6977	1800	1614	1481	1158.6	1127.5	360	284	257
64 Gd	50239	8376	7930	7243	1881	1688	1544	1221.9	1189.6	378.6	286	271
65 Tb	51996	8708	8252	7514	1968	1768	1611	1276.9	1241.1	396.0	322.4	284.1
66 Dy	53789	9046	8581	7790	2047	1842	1676	1333	1292.6	414.2	333.5	293.2
67 Ho	55618	9394	8918	8071	2128	1923	1741	1392	1351	432.4	343.5	308.2
68 Er	57486	9751	9264	8358	2207	2006	1812	1453	1409	449.8	366.2	320.2
69 Tm	59390	10116	9617	8648	2307	2090	1885	1515	1468	470.9	385.9	332.6
70 Yb	61332	10486	9978	8944	2398	2173	1950	1576	1528	480.5	388.7	339.7
71 Lu	63314	10870	10349	9244	2491	2264	2024	1639	1589	506.8	412.4	359.2
72 Hf	65351	11271	10739	9561	2601	2365	2108	1716	1662	538	438.2	380.7
73 T	67416	11682	11136	9881	2708	2469	2194	1793	1735	563.4	463.4	400.9
74 W	69525	12100	11544	10207	2820	2575	2281	1872	1809	594.1	490.4	423.6
75 Re	71676	12527	11959	10535	2932	2682	2367	1949	1883	625.4	518.7	446.8
76 Os	73871	12968	12385	10871	3049	2792	2457	2031	1960	658.2	549.1	470.7
77 Ir	76111	13419	12824	11215	3174	2909	2551	2116	2040	691.1	577.8	495.8
78 Pt	78395	13880	13273	11564	3296	3027	2645	2202	2122	725.4	609.1	519.4
79 u	80725	14353	13734	11919	3425	3148	2743	2291	2206	762.1	642.7	546.3
80 Hg	83102	14839	14209	12284	3562	3279	2847	2385	2295	802.2	680.2	576.6
81 Tl	85530	15347	14698	12658	3704	3416	2957	2485	2389	846.2	720.5	609.5
82 Pb	88005	15861	15200	13035	3851	3554	3066	2586	2484	891.8	761.9	643.5
83 Bi	90524	16388	15711	13419	3999	3696	3177	2688	2580	939	805.2	678.8
84 Po	93105	16939	16244	13814	4149	3854	3302	2798	2683	995	851	705
85 t	95730	17493	16785	14214	4317	4008	3426	2909	2787	1042	886	740
86 Rn	98404	18049	17337	14619	4482	4159	3538	3022	2892	1097	929	768
87 Fr	101137	18639	17907	15031	4652	4327	3663	3136	3000	1153	980	810
88 R	103922	19237	18484	15444	4822	4490	3792	3248	3105	1208	1058	879
89 c	106755	19840	19083	15871	5002	4656	3909	3370	3219	1269	1080	890
90 Th	109651	20472	19693	16300	5182	4830	4046	3491	3332	1330	1168	966.4
91 P	112601	21105	20314	16733	5367	5001	4174	3611	3442	1387	1224	1007
92 U	115606	21757	20948	17166	5548	5182	4303	3728	3552	1439	1271	1043

元素	N_4 $4d_{3/2}$	N_5 $4d_{5/2}$	N_6 $4f_{5/2}$	N_7 $4f_{7/2}$	O_1 5	O_2 $5p_{1/2}$	O_3 $5p_{3/2}$	O_4 $5d_{3/2}$	O_5 $5d_{5/2}$	P_1 6	P_2 $6p_{1/2}$	P_3 $6p_{3/2}$
48 Cd	11.7	10.7										
49 In	17.7	16.9										
50 Sn	24.9	23.9										
51 Sb	33.3	32.1										
52 Te	41.9	40.4										
53 I	50.6	48.9										
54 Xe	69.5	67.5	—	—	23.3	13.4	12.1					
55 Cs	79.8	77.5	—	—	22.7	14.2	12.1					
56 Ba	92.6	89.9	—	—	30.3	17.0	14.8					
57 La	105.3	102.5	—	—	34.3	19.3	16.8					
58 Ce	109	—	0.1	0.1	37.8	19.8	17.0					
59 Pr	115.1	115.1	2.0	2.0	37.4	22.3	22.3					
60 Nd	120.5	120.5	1.5	1.5	37.5	21.1	21.1					
61 Pm	120	120	—	—	—	—	—					
62 Sm	129	129	5.2	5.2	37.4	21.3	21.3					
63 Eu	133	127.7	0	0	32	22	22					
64 Gd	—	142.6	8.6	8.6	36	28	21					
65 Tb	150.5	150.5	7.7	2.4	45.6	28.7	22.6					
66 Dy	153.6	153.6	8.0	4.3	49.9	26.3	26.3					
67 Ho	160	160	8.6	5.2	49.3	30.8	24.1					
68 Er	167.6	167.6	—	4.7	50.6	31.4	24.7					
69 Tm	175.5	175.5	—	4.6	54.7	31.8	25.0					
70 Yb	191.2	182.4	2.5	1.3	52.0	30.3	24.1					
71 Lu	206.1	196.3	8.9	7.5	57.3	33.6	26.7					
72 Hf	220.0	211.5	15.9	14.2	64.2	38	29.9					
73 Ta	237.9	226.4	23.5	21.6	69.7	42.2	32.7					
74 W	255.9	243.5	33.6	31.4	75.6	45.3	36.8					
75 Re	273.9	260.5	42.9	40.5	83	45.6	34.6					
76 Os	293.1	278.5	53.4	50.7	84	58	44.5					
77 Ir	311.9	296.3	63.8	60.8	95.2	63.0	48.0					
78 Pt	331.6	314.6	74.5	71.2	101.7	65.3	51.7					
79 Au	353.2	335.1	87.6	84.0	107.2	74.2	57.2					
80 Hg	378.2	358.8	104.0	99.9	127	83.1	64.5	9.6	7.8			
81 Tl	405.7	385.0	122.2	117.8	136.0	94.6	73.5	14.7	12.5			
82 Pb	434.3	412.2	141.7	136.9	147	106.4	83.3	20.7	18.1			
83 Bi	464.0	440.1	162.3	157.0	159.3	119.0	92.6	26.9	23.8			
84 Po	500	473	184	184	177	132	104	31	31			
85 At	533	507	210	210	195	148	115	40	40			
86 Rn	567	541	238	238	214	164	127	48	48	26		
87 Fr	603	577	268	268	234	182	140	58	58	34	15	15
88 Ra	636	603	299	299	254	200	153	68	68	44	19	19
89 Ac	675	639	319	319	272	215	167	80	80	—	—	—
90 Th	712.1	675.2	342.4	333.1	290a	229a	182a	92.5	85.4	41.4	24.5	16.6
91 Pa	743	708	371	360	310	232	232	94	94	—	—	—
92 U	778.3	736.2	388.2	377.4	321a	257a	192a	102.8	94.2	43.9	26.8	16.8

付録5　Mg K$_\alpha$線で測定したときの光電子スペクトルのピーク位置

元素番号 元素	1s	2s	$2p_{1/2}$	$2p_{3/2}$	3s	$3p_{1/2}$	$3p_{3/2}$	$3d_{3/2}$	$3d_{5/2}$	4s	$4p_{1/2}$	$4p_{3/2}$
3 Li	56											
4 Be	112											
5 B	189											
6 C	285											
7 N	398											
8 O	531	23										
9 F	685	30										
10 Ne	863	41		14								
11 Na	1072	64		31								
12 Mg	1303	89		50								
13 Al		118		73								
14 Si		151	100	99								
15 P		188	131	130	14							
16 S		228	165	164	18							
17 Cl		271	201	199	17		6					
18 Ar		320	244	242	24							
19 K		380	297	294	35		19					
20 Ca		440	351	347	45		26					
21 Sc		499	404	399	51		29					
22 Ti		561	460	454	59		33					
23 V		627	520	512	66		37					
24 Cr		696	583	574	75		43					
25 Mn		769	650	639	83		48					
26 Fe		845	720	707	92		53					
27 Co		925	793	778	101		60					
28 Ni		1009	870	853	111		67					
29 Cu		1097	953	933	123	77	75					
30 Zn		1195	1045	1022	140	91	89		10			
31 Ga			1144	1117	160	107	104		19			
32 Ge			1248	1217	181	126	122	30	29			
33 As					205	146	141	43	42			
34 Se					232	169	163	57	56			
35 Br					256	189	182	70	69	15	5	
36 Kr					287	216	208	88	87	21	8	
37 Rb					325	249	240	113	111	31	16	
38 Sr					360	281	270	136	134	39	21	
39 Y					394	311	299	158	156	45	24	
40 Zr					430	343	330	181	179	51	28	

□で囲んだスペクトルの強度が相対的に高い.

索　引

【A〜E】

【F〜I】

【J〜N】

【P〜S】

【T〜X】

【さ】

【た】

【な】

【は】

【ま】

【や】

【ら】

■ 編者略歴

宗林　由樹（博士（理学））
最終学歴：京都大学大学院理学研究科博士後期課程化学専攻退学
現在：京都大学化学研究所　教授
専門分野：水圏科学・分析化学
研究テーマ：微量元素・同位体の分析法の開発
微量元素・同位体の水圏化学

辻　　幸一（博士（工学））
最終学歴：東北大学大学院工学研究科博士後期課程修了
現在：大阪市立大学大学院工学研究科　教授
専門分野：物理分析化学・X 線分析
研究テーマ：微小部蛍光 X 線分析法と蛍光 X 線元素イメージング法の開発と応用
X 線全反射現象を用いた表面元素分析法の開発と応用

藤原　　学（工学博士）
最終学歴：大阪大学大学院工学研究科博士前期課程修了
現在：龍谷大学先端理工学部　教授
専門分野：分析化学・錯体化学
研究テーマ：金属化合物・考古試料・環境試料および生体試料を対象とした科学分析
分子軌道計算と X 線光電子分光法を組み合わせた化学結合状態の分析

南　　秀明（学士（工学））
最終学歴：大阪府立大学大学院工学研究科博士前期課程中退
現在：地方独立行政法人京都市産業技術研究所金属系チーム　チームリーダー
専門分野：分析化学・溶液分析
研究テーマ：金属分析のための試料前処理技術の開発
水熱処理による各種材料の化学的変化の解析

機器分析ハンドブック 3　固体・表面分析編

2021 年 3 月31日　第 1 刷　発行
2022 年 3 月20日　第 2 刷　発行

編　者　宗 林 由 樹
辻　幸 一
藤 原　学
南　秀 明

発行者　曽 根 良 介

発行所　（株）化 学 同 人

〒600-8074　京都市下京区仏光寺通柳馬場西入ル
編集部　TEL　075-352-3711　FAX　075-352-0371
営業部　TEL　075-352-3373　FAX　075-351-8301
振　替　01010-7-5702
e-mail　webmaster@kagakudojin.co.jp
URL　https://www.kagakudojin.co.jp

印刷・製本　西濃印刷（株）

　ISBN978-4-7598-2023-2